U0176750

规划实施总控

创新机制下的研究与实践

上海建筑设计研究院有限公司 著

上海科学技术出版社

图书在版编目（ＣＩＰ）数据

规划实施总控：创新机制下的研究与实践 / 上海建筑设计研究院有限公司著. -- 上海 ：上海科学技术出版社，2023.6
ISBN 978-7-5478-6174-5

Ⅰ．①规… Ⅱ．①上… Ⅲ．①城市规划－研究－上海 Ⅳ．①TU984.251

中国国家版本馆CIP数据核字(2023)第075810号

规划实施总控——创新机制下的研究与实践
上海建筑设计研究院有限公司 　著

上海世纪出版（集团）有限公司
上海科学技术出版社 　出版、发行
（上海市闵行区号景路 159 弄 A 座 9F-10F）
邮政编码 201101 　　www. sstp. cn
上海光扬印务有限公司印刷
开本 787×1092　1/16　印张 22.25
字数 380 千字
2023 年 6 月第 1 版　2023 年 6 月第 1 次印刷
ISBN 978-7-5478-6174-5/TU·331
定价：150.00 元

本书如有缺页、错装或坏损等严重质量问题，请向工厂联系调换

内容提要

　　本书从当代城市发展的新趋势、新需求出发，拓展《区域整体开发的设计总控》一书中"区域整体开发"的城市视野，通过凝练国外规划单元开发等理论实践的思想，总结国内以上海规划实施平台为代表的超大城市规划建设管理经验，系统建构规划实施总控作为法定规划管理有机组成部分的概念内涵，以及城市、设计、工程、管理四个维度的策略外延，探讨其中的工作机制和规划总控、设计总控、工程总控三大工作阶段。

　　本书总结上海建筑设计研究院在城市滨水区、站城融合地区、数字产业园区和医学园区、中心城城市更新地区等代表性项目实践中的总控模式和技术运用，系统介绍了以规划实施技术和建设管理审批全过程交互为支撑的"1+1+N"的总控工作成果体系。本书可为城市开发、城市规划、城市设计、建筑设计的政府管理人员、从业人员、研究学者和在校专业学生提供学习参考。

《规划实施总控：创新机制下的研究与实践》

编　委　会

主　　　任	姚　军
副 主 任	潘　琳
委　　　员	魏　懿　林　郁　徐晓明　蔡　淼　陈国亮　姜文伟
	刘恩芳　袁建平　赵　晨　姜世峰　李　定　苏　昶
	陈众励　朱学锦　赵　俊
学 术 顾 问	顾伟华　魏敦山　郑时龄　唐玉恩　李亚明
主　　　编	蔡　淼　李　定　刘恩芳
执行副主编	周旋旋　毛春鸣
副 主 编	成　卓　潘　智　范文莉　刘　阳　王彦杰　曹杰勇
	邹　勋　刘　勇
参编人员 （按姓氏笔画排序）	石圣松　加亚楠　刘　铸　池发银　孙源嫒　杨　浩
	杨旭鹏　吴屹豪　何　禾　何　悦　佟　琛　沈　磊
	沈若玙　张　菁　张　程　张书怡　张路西　秦怀鹏
	徐　乐　高其腾　郭云鹏　谢　越

序一

PREFACE I

今年 2 月，《习近平关于城市工作论述摘编》（以下简称《摘编》）出版发行。《摘编》集中体现了习近平总书记关于城市工作的科学思想。习近平总书记强调，城市是人民的城市，必须坚持以人民为中心，提高城市规划、建设、治理水平，要统筹规划、建设、管理三大环节，提高城市工作的系统性。这为作为城市建筑设计者的我们，就如何做好新时期城市建设工作，明确了价值观和方法论。

华建集团一直秉承"让建筑更富价值，让生活更具品质"的企业使命，致力于通过我们的设计，服务于城市的美好发展和人民对美好生活的向往。对此，我们一直以习近平总书记关于城市工作的科学思想为指导，在城市建设的理念和模式上不断探索，尤其是围绕超大城市的精细化管理，在如何做好顶层设计、如何做好科学合理的规划城市空间布局等方面，持续创新优化、迭代更新，以更好地支撑城市发展新理念的落地。

集团旗下上海建筑设计研究院有限公司（以下简称"上海院"）早在 2010 年就探索实践了以总体城市设计全过程把控大规模区域开发的工作方法，2011 年世博 B 片区央企总部基地项目在国内首次践行"设计总控"这一管理理念，并在徐汇滨江西岸传媒港、世博文化公园等区域开发项目中持续发挥重要作用。结合诸多优秀案例，上海院团队于 2021 年出版了《区域整体开发的设计总控》一书，取得了良好的社会反响。两年多来，随着城市开发理念的更新、城市运营模式的升级，以及设计技术的不断演进，上海院设计总控团队进一步完善了可复制、可推广的区域整体开发总控工作模式，系统提炼了"规划实施总控"的理论内涵，为提高城市空间的合理性、城市生活的宜居性和城市发展的持续性，做出了有益的探索。

　　城市是现代文明的标志，城市也是一个自然有机体。随着人类文明的进步和城市肌体的生长，对城市建设者也将提出更高的要求。希望上海院规划实施总控团队继续探索创新，持续推进规划实施总控理论的迭代更新，为打造更加人文、生态、智慧的现代城市空间贡献力量，为构建人与自然和谐共生的中国式现代化贡献力量。

2023 年 6 月

序二
PREFACE II

　　城市从来都是演进变化的，地处特定城市空间的建筑设计需要考虑实用性与审美性，力争做出城市名片，也还要考虑到城市更新迈入新阶段，城市建设中新建与保留、改造并举，不仅关乎民生，而且关系到大都市未来功能承载的空间品质。居住、文化体育、产业等不同类型的建筑设计，往往触及最根本的城市空间设计，全面提升城市建筑和环境质量是新时期城市建设的要求，需要更加长远的眼光。

　　近年来，在上海大都市战略空间布局和建设推进中，区域性整体开发和更新成为主要趋势，如 2010 年上海世博会、徐汇滨江西岸传媒港、杨浦滨江片区、徐家汇体育公园等都是区域性的整体开发更新的典型案例。这些案例突破过往单个项目的地块红线范围，做出整体的城市空间设计，将公共建筑设计、区域综合交通组织、公共服务设施提升、地下空间开发以及既有建筑和历史建筑保护与改造等各方面统一考虑，城市和建筑设计都注重对周边环境和城市功能的协调，建筑设计根植于特定的城市空间和社会文化。

　　当今时代是一个超速发展的时代，信息、数字、节能、生态、高科技等各种先进技术迅猛发展，人口的压力、空间的需求、集约化的效应等并存。为此，在我们的工作中，也需要根据新趋势及时调整我们的工作思路，用"综合性"和"创新性"的新思维、新办法带动经济社会发展，在技术方面与人民生活方式、生活条件、城市管理等结合，以创新设计为重要手段，促进引领城市更新、绿色设计与建造，促进产业结构升级、发展方式转型，提升自主创新能力，对于我们建设创新型国家，意义重大。

　　这需要综合多专业工程师组成一个设计团队整体开展工作。引进开放的工作方式，包括由城市规划师进行长期跟踪，全流程服务区域规划，提高空间品质，由建筑师充分发挥设计点亮未来的引领作用，通过高水平设计提升地区整体品质，重塑功能，重现风貌，确保城市更新高质量发展，力求创造出建筑与城市环境的完美结合之作。希望本书深入发掘上海院集科技攻关、技术研发、产品创新为一体的长期努力成果，将可复制、可借鉴的总控经验和模式予以推广。

2023 年 6 月

序三

PREFACE Ⅲ

凡是卓越的城市都有历史形成的特征，体现了思考和设计城市的不同方式，那些历史城市空间的永恒丰碑都是规划和设计的范例。城市空间形态的发展历程告诉我们，城市空间需要有规划，规划的实施需要协调和管控，最重要的是整体的多元管控。从历史的视角看，自规划起源以来，许多早期城市就已经开始有管控的理念、原则、制度、公约和模式，在城市发展演化的过程中也鲜明地表现出文化和地域的影响，包括时代特征、空间的社会逻辑、规划法规、建筑美学和建造技术等。

我们的城市需要从城市的管理层面通过相关的法规、政策、条例、图则进行空间管控，也需要通过全过程的总体城市设计实施空间规划，实现城市的战略发展目标，实现城市的理想、艺术和价值。2018 年，上海建筑设计研究院的团队在《区域整体开发的设计总控》一书中总结了设计总控实践与创新研究成果，形成了区域整体开发模式。《规划实施总控：创新机制下的研究与实践》在此基础上又拓展为空间规划和城市控制性详细规划的实施，提出规划实施总控作为区域整体开发的工作新模式，成为规划实施的导则。规划实施总控深入研究国内外的相关理论和方法，借鉴城市更新的案例，分析规划实施面临的问题，把握规划实施总控的技术方向，引进规划实施总控的工作机制，细化规划实施总控的要素和技术集成。衔接规划总控、设计总控和工程总控的各个阶段，形成政府管理方、实施主体方和总控技术方的组织管理体系。规划实施总控的区域涉及滨水区、产业园区、医学园区、交通枢纽、城市更新和旧区改造、历史文化风貌区、城市综合公园区等类型。

规划实施总控需要重视多样性和丰富性，协调管控主体、各开发主体和建设主体，协调各个开发项目。重视整体开发，重视公共空间，其核心是总控设计，编制规划设计总图、地区控制总图和工程实施总图。在技术层面上需要与上位规划对接，为实现规划目标，将相互关联的不同元素的复杂性与多变性加以协调，明确地区的发展定位，制定总控实施策略。整合城市规划、土地开发机制、空间权属、市政基础设施、综合交通、水环境、消防、人防、建筑、结构、景观、日照、安全、施工等专项工程要素，从规划、设计、施工到项目建成的后评估全过程，以发挥总控区域的整体价值。

《规划实施总控：创新机制下的研究与实践》是上海建筑设计研究院的综合团队倾注十多年的辛勤耕耘，深度参与上海多个区域开发项目的全过程总体城市设计总控的实践与研究成果。规划实施总控需要由规划师、建筑师、工程师组成的跨专业综合团队参与，根据不同的地区定位和规模制定技术路线。重视不同功能和风格建筑之间的关系，让建筑之间的空间不再只是空地，给人们留下想象的空间，变消极空间为积极空间，植入公共艺术，塑造具有特色的城市空间。

上海自 1990 年浦东开发开放以来，更为注重区域开发，包括陆家嘴中央商务区、新天地地区、虹桥枢纽、临港新城、世博会园区的央企总部基地、徐汇滨江西岸传媒港、世博文化公园、老城厢的乔家路和福佑地区、五大新城的核心区、杨浦滨江、北外滩等项目都进行了区域开发的多种总体城市设计。上海院参与整合世博园 B 片区的央企总部基地、徐汇滨江西岸传媒港、世博文化公园等项目的总体城市设计总控，形成了可复制与推广的区域整体开发的设计总控经验。《规划实施总控：创新机制下的研究与实践》也详细介绍了上海院团队的实践与思考，在下篇中列举了大量的优秀案例，让我们理解通过规划实施总控的艰辛付出所取得的成就。

规划实施总控需要直面现实，带动城市空间开发，使当前城市发展过程中面临的复杂问题得以理顺与化解，建立规划实施和全程动态管控的平台，使城市的理想变成现实。规划实施总控不只是规则和技术，也是品味和美学，需要整合不同的元素，而不是排除异类，让每个局部都在整体秩序中有其位置，让区域内所有的项目都能和谐共处，实现城市的共同价值和美好愿望，丰富城市的建筑语言和形态结构，彰显我们城市的多元特色，建成卓越全球城市中的空间丰碑。

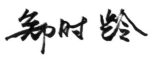

2023 年 6 月

前　言

FOREWORD

"规划创造空间，设计塑造场所"。

2023 年是上海建筑设计研究院有限公司（以下简称"上海院"）建院 70 周年，上海院伴随着上海城市发展而共同成长，在上海院前辈积累基础上，经历无数次变革、蜕变和重构，创作设计了众多散发城市魅力的建筑和空间场所，也重新定义着当代城市规划和建筑设计的实践。上海院自 2010 年起，在上海宝山长滩为代表的一系列项目中，已开始着手实践以总体城市设计全过程把控大规模区域开发的工作方法，在 2010 年上海世博会后开展世博 B 片区的土地出让前的城市设计工作，在国内首次提出并践行了"设计总控"这一概念，2016 年至 2021 年，在徐汇滨江西岸传媒港、世博 C 片区世博文化公园等项目中，设计总控已被实践证明是一种卓有成效的技术工作模式。

可以看到，在上海乃至长三角、京津冀、粤港澳大湾区等国家核心城市、城市群的建设中，以关键功能节点为城市"触媒"，带动所在地区的整体发展，既是从城市扩张到城市更新的客观衍变机制，也是各级城市政府的主动战略选择。新的产业功能需求不断涌现，城市空间正在承载越来越多的新技术内涵：一方面，规模集聚增加了城市的多样性，同时资源安全、公共安全风险也在加大，城市治理越来越成为一个复杂的系统；另一方面，对于人的尺度、人的需求、人的体验思考越加深入，通过产品化、服务化、数字化，未来必将走向更有深度的基于"人和社会"的城市创新空间。高标准的前瞻性规划与高品质的精细化设计相结合，将持续伴随城市发展的全程。

70 年来，上海院作为大型综合性设计院，一直紧随国家战略步伐，推进城市开发新理念、新模式，通过坚实的项目实践，不断完善工作方法，建立了城市规划、城市设计、建筑设计和各专业之间的系统协同工作界面，逐步完善了可复制、可推广的区域整体开发下的总控工作模式。本书正是在一系列实践基础上，系统提炼为"规划实施总控"的理论内涵：规划实施总控是法定规划编制和政府规划管理的有机组成部分，它以实现生态绿色的先进理念为原则，追求城市人居空间品质，起到有效衔接政府城市治理和市场开发运营的"桥梁"作用，对区域整体开发起到战略引领和精准管控、持续运行的作用，需要设计机构充分利用强大的综合技术平台，需要有序协调各主体、专项设计单位，这种以技术为核心的工作模式可以广泛运用到区域开发、工程建设、城市管理等相关领域。

本书作为"上海建筑设计研究院有限公司成立七十周年（1953—2023年）院庆系列丛书"之一，也是2018年出版的《区域整体开发的设计总控》一书的延续和拓展，汇集了上海院近20年来区域整体开发的优秀实践和理论积累，从概念内涵、理论框架到案例应用，充分展现了上海院在区域土地开发、城市更新与历史保护、控规实施和城市治理、低碳城市和智慧城市等多个领域热点的思考与探索。

本书成书过程中，以区域总控团队为主体完成上篇理论部分"认知与方法"，下篇实践案例部分"实践与思考"则由多个专项技术团队参与完成，这种集群式的工作组织方式正反映了规划实施总控的核心特征。城市滨水区、站城融合地区、数字产业园区和医学园区、中心城历史风貌区等不同团队，广泛交流项目的共性，坚定了"规划实施总控"的共同主题，各团队对不同案例中实践问题和方法检验的过程，充分证明了设计院以实践为基础的研发集成优势，也证明了城市规划、建筑、生态景观、工程技术多学科交融，可以发挥智库和平台作用，为城市可持续发展、精品城市空间建设提供新的方法和路径。

2023 年 5 月

目　录
CONTENTS

上篇
认知与方法

1 | 区域整体开发的实施

    区域整体开发顺应了当代城市空间治理的新要求，也是城市政府实现发展意图、与市场主体共同实施空间资源配置的过程，在对城市社会功能、公共活动、城市形象起重要作用的重点区域开展，即衔接宏观城市和微观建筑街区的中间层次。本章结合我国城市建设开发实际，拓展《区域整体开发的设计总控》一书的开发模式探讨，从当代城市发展的新环境和区域整体开发的新需求出发，对区域整体开发的地区发展定位、土地开发机制和空间权属模式进行分析，指出政府部门与市场协同、多元主体参与的区域整体开发，需要搭建"发展目标引领—区域开发模式选择—规划实施体系协同"的综合框架。

---

* 上海建筑设计研究院有限公司于 2021 年著。该书结合成功工程案例，详细阐述了区域整体开发及其设计总控。

1.1 当代城市发展的创新诉求

1.1.1 生态城市

生态城市，是从城市生态底线约束和国土空间规划改革的视角，来认识城市发展对空间规划的创新诉求。城市体现着人类文明的发展进步，是经济运行和社会活动高度集聚的载体。城市空间是自然生态的重要组成部分，又是经济发展和城市建设的核心资源要素。当今以生态文明建设引领高质量发展，城市的发展阶段发生特征变化，包括从土地的城镇化到人口城镇化，从增量发展到存量发展，从城市扩容到城市提质等。城市空间格局进入绿色时代，高质量发展、高品质建设成为地方政府的主要责任。

经过多年来"多规合一"的试点，中共中央组建自然资源部，统抓空间规划，并形成了"五级三类"的国土空间规划体系（图 1-1）。该体系以生态优化、绿色发展为指引，强化底线约束，以"一张蓝图"的形式，明确总体规划、详细规划、专项规划的分工，将各类专项规划作为总体规划的组成部分，在编制和审批阶段叠加、协调，依据项目建设程序各阶段法定编制、批复和调整，逐步精准确定建设项目位置和规模，依托城市规划数字化平台，形成动态更新、权威统一的"城市空间资源底图"。这个规划体系不是几类规划的简单合并，而是新的治理需求体现，形成整体性全要素的技术整合，为各层次、多类型规划之间的统一和上下贯通提供了基础。

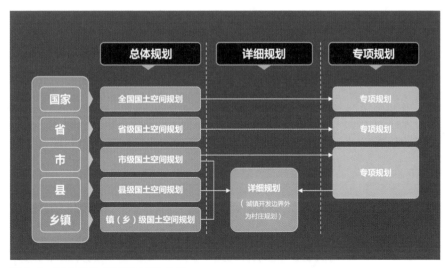

图 1-1 国土空间"五级三类"体系

作为城市片区这一中观层面的空间规划，需要顺承上位城市总体规划、前序专项规划的目标，还要综合性地提出本片区的发展目标和空间结构，并在此基础上对空间资源进行统筹安排，因此需要在生态文明的新背景下识别新的空间议题，从以下 3 个方面重视国土空间"一张蓝图"的作用。

一是城镇开发边界、生态保护红线、永久基本农田保护线等三线和"五线"等传统刚性内容的落实。

二是适应城市发展新要求，强化中观层面若干平方公里范围的政策分区承上启下的作用。例如加强以"公共安全、公共空间、公共设施"等为核心的专项规划管控体系，强化人口、绿化、公共配套等指标控制和政策引导，构建"功能分区 + 保护性要素 + 设施配置"的控制性详细规划[*]（以下简称"控规"）管控体系。

三是构建城市建设空间与生态空间的多元灵活使用，以城市自然本底和基本生态控制线为基础，高质量构建绿色生活体系，适应未来城市社会活动的变化。除了敏感的生态保护线外，农业保护线和城市开发边界等始终随技术变革而动态调整，为未来的更长期增长和发展留下足够的空间。与此同时，城市核心区采用集约紧凑的功能复合发展模式，这些都体现空间规划技术的"韧性增长"，规划作为城市空间的"一张蓝图"的管控工具，具有前瞻性、引导性。

生态城市的空间规划是一个实现可持续发展的空间管理工具，这是一种面向未来的，支撑可持续发展的，而非单向约束性的规划体系。

1.1.2　经济城市

经济城市，是从社会经济系统和城市空间相互作用的视角，来认识城市发展对空间规划的创新诉求。城市空间开发、再开发关系的迭代，是城市聚集效应持续做大、生产利益重新适配的过程。城市经济的高度发展，城市更新和存量开发进入发展常态，驱动城市空间进入高频次的迭代和多维度的拓展。当今城市竞争的核心已经从资源要素驱动转向创新驱动，从

---

[*] 控制性详细规划简称"控规"，是指针对不同地块、不同建设项目和不同开发过程，以对地块的使用控制和环境容量、建筑建造控制和城市设计引导、市政工程设施和公共服务设施的配套以及交通活动控制和环境保护为主要内容，采用指标量化、条文规定、图则标定等方式对各控制要素进行定性、定量、定位和定界的控制和引导，作为城市规划管理的依据，是城市政策的载体。

土地生产到空间生产，再面向数字生产，空间生产模式的转变推动着城市发展的进阶。

生产力的提升，源于科学技术的进步、城市发展的运作机制变化，以及价值取向的更迭。在发展的第一阶段，资源导向促成了土地经济时代，基于空间资源的设计，注重对物质空间的图景式描述。进入第二阶段空间经济时代，城市开发开始注重空间使用效益，围绕空间产品的设计，转向多元利益主体的关系协调。第三阶段即创新场景导向下的数字经济时代，面向空间场景的设计，新需求衍生空间创造，促进要素的流动，拓展空间的维度，设计的范式也随之改变[1]。

面对纷繁的城市现象，需要从不同维度去思考社会、经济和空间相互作用的规律。大规模的新城、新区开发的人口规模、城市功能中心的企业和人群种类、不同的城市区位适合什么类型的经济活动聚集、地区发展的内在动力与逻辑等，研究并回答这些基本问题，需要从"人与社会"入手，通过研究人群的活动与需求，系统性组织城市社会功能和空间设计，融合人群和创新社会空间。

未来必须走向更有深度的基于城市系统的空间规划。当代城市空间的发展现实越来越复杂，涉及的空间范围越来越大，若仅以单个项目为单位，容易形成规划层面区域空间组织的碎片化，基于城市系统的空间规划要求对城市的空间形态、文化生态到社会形态有更完整的理解，对于人的尺度、人的需求、人的体验有更贴切的思考，通过集群化、产品化、服务化、数字化，实现城市空间向项目空间的拓维。

一些国际化城市在政府前瞻布局下，已开始着手完善宏观空间格局与顶层机制设计，建立市域层面"人与社会"的和谐关系。例如最新的《大伦敦规划2021》（*The London Plan* 2021）中，通过将城市空间要素与轨道交通系统在空间上耦合，形成高关联性，支撑中央伦敦与内伦敦存量地区的有机更新、引导外伦敦增量地区的有序发展[2]。在2021年颁布的《上海市新城规划建设导则》中，规定了有人群针对性的城市职住平衡、保障性住房标准、公共服务设施配套标准，同时也提出了创新完善空间管理政策机制，引入全要素、全生命周期管理、区域整体开发设计总控等创新理念[3]。

中观规划设计层面，是在宏观市域格局的基础上，进一步关注人流、物流、资金流、技术流、信息流等构成的要素流动空间，综合运用规划、城市设计、建筑设计等工具，从供需匹配的角度，整合社会、环境、空间品质等全要素，在城市综合开发中，整合城市基础设施和公共服务设施的土地集约式、一体化建设，将有助于促进创新人口和经济社会活动不断集中，形成专业化、主体化、特色化的创新经济的发展空间。

经济城市的空间规划需要重视技术转型和城市产业功能的耦合，发挥空间规划为新产业、新经济提供应用场景，为新人群提供社会发展空间的作用。

1.1.3 治理城市

治理城市，是从政府与市场合作、优化城市治理的视角，来认识城市发展对空间规划的创新诉求。城市治理问题的复杂性来自城市的集聚规模和系统的复杂性。城市集聚效应意味着城市治理难度的增加：较大的城市规模，人口和企业高度集中，引发城市空间的压力；人口结构和社会文化的变迁，加大了城市的多样性和复杂性。与此同时，城市的资源安全、公共安全风险也在加大，城市治理越来越成为一个复杂的系统。2020年6月，习近平总书记在专家学者座谈会上强调要"把全生命周期健康管理理念贯穿城市规划、建设、管理全过程各环节"，为统筹解决现代城市治理难题、系统推进城市治理体系和治理能力现代化提供了全新的思路，也为各级政府更加精准有效地推动城市工作指明了方向。

在城市系统中，公共服务包括医疗卫生、能源供给、文化教育、居住配套、公共交通等，为城市企业与人群的规模化聚集提供支撑，任何承载基础设施、提供公共服务的空间，都可视为城市空间。而公共服务供给不足和公共空间缺失，是我国各类城市存量提质时期面临的主要问题，也是制约城市持续健康发展的瓶颈。在有限的土地上，要容纳各种类型的城市功能，并保证其运行效率，因此合理利用城市土地、空间资源尤其重要，土地开发与全生命周期的城市运营结合，分期滚动，才能持续解决城市公共服务需求日益增长的矛盾。

城市治理要特别关注城市空间作为公共产品的价值。城市空间价值体现在"人的需求"在空间上的供给和满足程度。城市紧凑集约发展下，空间由单维土地产品向多维立体产品转化，市场因素的加入为新空间塑造带来了更多元的可能。通过城市空间与市场因素互动，产生良好的界面关系，更好配置空间资源，发挥城市空间的积极效用。城市治理不再是自上而下由政府主导管控，而是一个政府空间治理与市场运营创新"相向而行"的过程，从政府方的"单打独斗"向社会多元利益方通力协作的"共同治理"转变（图1-2）。

城市空间正在承载越来越多的技术内涵。城市的公共价值、市场的商业运营，需要政府部门与市场携手合作。通过创新规划管理和规划设计模式，

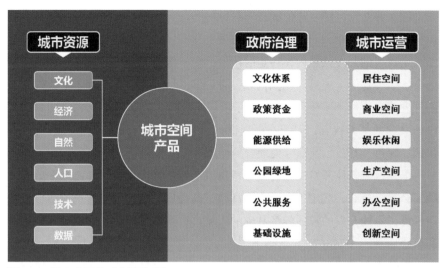

图 1-2 城市空间的"共同治理"

可以打造"城市资源—城市空间—城市服务"的通路，实现"政府治理 + 市场运营平台"的新模式。空间规划协同城市治理，是在符合国家意志的原则下，对地方的发展意愿、市场和社会的发展诉求，以及城市公民在空间资源层面的基本权利作出的动态调和。

城市公共空间由项目物业方运营，在项目建设前期的"协同规划设计"也将成为探索的方向，规划设计需要从围绕建设主题提供好方案，转向围绕运营主题提供好服务的转变。随着大数据、BIM 建模技术、分布式计算技术等新技术与各行各业的深度融合，城市治理数字化转型需求越来越迫切，空间规划也需要适应不断调整的"数字城市"治理结构。

治理城市的空间规划需要协同治理，探讨政府与市场合作的公共管理和空间运营模式，不同层次规划设计衔接、整合和互动，推动高品质城市空间可持续运行。

1.2　区域整体开发的特征

1.2.1　区域整体开发的战略性

华建集团上海建筑设计研究院有限公司（以下简称"上海院"）早在2010 年起，已开始着手实践以总体城市设计全过程把控区域开发的总控工作方法，并在后世博、徐汇滨江等区域进行设计实践。在《区域整体开发的设计总控》一书中，对"区域整体开发"进行了总结和定义：区域整体开发指一定规模的开发区域内，一定时限内，由一级开发商或政府主管部门（管委会、指挥部等）统筹，功能构成复合、多二级业主、多工程子项共同完成的开发建设项目，具有大规模、多子项、高密度、功能复合、公共空间开放、设施共建共享等特点，以统一规划设计、统一建设管理为原则，以"创新、协调、绿色、开放、共享"为理念的城市开发建设模式[4]。

上述区域整体开发概念更多是考虑城市经济社会发展到一定水平后的一种复杂建设模式，适用于土地价值高昂，高强度、立体开发需求迫切，具备高密度、集约开发的较强经济基础的大城市，其载体往往是大城市开发建设的核心地段。

当城市化进程进入高质量发展阶段，不仅是大城市，各级、各类城市均面临城市建设用地稀缺，大量建筑项目土地节约集约利用程度不高，环境污染、交通拥堵等城市发展问题日益突出，开始更加关注更高的城市公共活力、公共价值和长远效益，这就需要对"区域整体开发"的概念与内涵进行广度和深度上的拓展，在城市规划的层面，放眼至更大的城市空间格局进行探讨，以期适应我国各级、各类城市多样动态的规划实施环境，更广泛地为中国其他城市提供新的发展思路和实现路径。

大量相关城市研究表明，随着城市社会经济活动持续活跃，一些功能关键节点的作用越来越突出。通过关键节点带动所在地区的整体发展，既是客观上城市土地空间发展的内在衍生机制，也成为各级城市政府发展战略的主动选择。从城市发展进程看，新的功能空间需求不断涌现，城市需要更多的发展节点承载，这是各种城市功能中心不断产生、从单中心向多中心模式演化的内在机制。与此同时，关键功能节点在城市发展中的"触媒"作用得到关注，如政府主导的重大项目（奥运会、世博会、滨水地区、交通枢纽周边开发等），往往能带来极大的经济、社会与城市建设效益。这些关键节点作为城市重点地区，需要统一的、高标准的整体性、前瞻性规划。

本书研究中的区域整体开发的探索，提炼在各级、各类城市空间中具有普适性和典型性的"城市重点地区"，按照其空间分布特征分为三种基本类型：一是城市新兴功能地区，是城市重要战略功能地区，需要主城区全面赋能，发挥区域综合性节点的重要职能，应当从空间资源统筹的战略高度去组织与协调地区发展，如各地"十四五"规划中的新城和产业功能地区。二是城市潜力提升地区，指具有较大经济与就业增长机会，需植入新动能，解决城市发展"不平衡不充分问题"的重要节点地区,需要重点关注地区存量关系的清理和产业结构的优化,如城市中的工业存量地、待改造开发的居住社区、商业区等。三是城市中心更新地区,一般位于城市的中心城区范围内,指城市既有社区或园区人居环境亟须改善或功能亟待完善的地区,需要在延续原有历史特色的同时提升社区居住和公共生活的品质,如城市的旧城改造地区(图1-3)。这三类地区是区域整体开发的基本类型,具体特征将在1.3.2节展开。

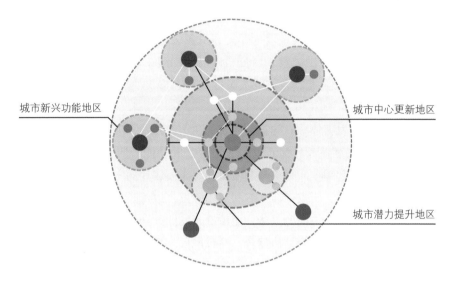

图 1-3 区域整体开发的三类重点地区

在土地混合使用、交通立体化发展、区域协调发展等城市高质量发展诉求的背景下,这些重点地区整体开发的意义不仅在于疏解城市中心区的压力,也为城市发展注入了新的活力,推动了城区的产业结构调整、功能重组和升级。本书拓展区域整体开发在城市维度的内涵,通过凝练国外规划单元开发等理论实践的思想源泉(详见2.1.1),总结国内以上海规划实施平台为代表的大城市管理改革经验(详见2.2~2.4),汇总上海院世博B片区央企总部基地、徐汇滨江西岸传媒港等设计总控项目的实践经验(详见2、3),从城市空间规划的角度扩展其定义如下:

区域整体开发是根据城市政府的发展目标,在一定空间和时间内,由城市不同级别的政府与市场主体共同实施空间资源配置,提升土地资源、建筑空间一体化价值的城市综合开发模式,也是实现土地规划管理和项目工程建设紧密结合的区域空间开发控制方法和开发建设过程。

1.2.2　区域整体开发的复杂性

　　相比单独地块项目开发，区域整体开发的复杂性表现为主体和客体两个方面。其主体方面，规划管理阶段，规划管理部门主导的依据规划蓝图做出行政许可，指导项目选址和土地开发建设的一系列工作，规划管理部门是规划实施的主体；土地开发建设阶段，规划实施的主体主要是开发商、城市综合运营等企业，按照规划进行项目策划、开发建设、招商引资和管理运营，这是规划蓝图的落地实现。同时，大规模区域整体开发的规划实施，还包括以政府部门为主体负责的公共设施和市政基础设施建设。因此区域整体开发的主体包括政府规划和建设审批部门、由各级政府或管委会成立的政府背景的一级开发公司、投融资平台公司，以及二级市场开发商、多主体合资公司等不同的开发企业。主体的复杂性体现在多元主体间的目标、责权和利益协调。

　　区域整体开发客体方面的复杂性表现在土地开发和项目建设开发。区域整体开发以公共利益为导向，以塑造集聚公共功能、活力的城市片区为目标，其开发规模超越单一地块开发项目。大规模成片的土地开发带来相应更为庞杂的权属关系，不仅牵涉众多利益相关方，也伴随着不同政府部门管理事权界面、顶层机制协同的复杂。而项目开发的复杂性，主要是由于区域土地功能混合、核心区空间结构复合，导致产权、建设、运营等各类权属界面的界定难度较高，技术审批审核中的多部门条块复杂（图1-4）。

图1-4　区域整体开发主客体的复杂性

在区域整体开发的过往实践中，更多以大城市土地高价值的区域为适用对象。随着区域整体开发的内涵由工程实施向整体规划拓展，空间范围由单体建筑、城市街区向城市片区拓展，其适用城市类型不再限于人口密度高、经济发达的大城市，而拓展至探索开放、共享、集约和绿色发展方向的各级各类城市，区域整体开发模式为其塑造功能复合、充满活力的功能节点和公共空间，提供永续发展的持久动力。

为了实现区域战略性、长期性的发展目标，协调开发主体与客体间的复杂性，需要重新思考在更大范围尺度下，区域整体开发的空间系统构成，促进二维宏观的区域土地混合使用，以及三维中微观城市空间场所的集约、增效。通过总结上海院在全国各主要城市地区的开发项目实践经验，以相关理论研究为基础，本书将《区域整体开发的设计总控》一书中区域整体开发的边界范围从跨地块的综合开发扩展至城市片区的整体开发，以系统思维指引城市片区的规划实施和项目落地。

区域整体开发包括城市片区（规划层级）、城市街区（核心层级）两个空间层级（详见 3.2.1），城市片区为 $1 \sim 3km^2$ 中观尺度，与上位规划划定的政策类规划发展单元规模类似（如城市更新单元、城市发展单元等），包括人口相对集中、充满活力的核心区，也包括承载了区域整体开发环境要素的蓝绿空间，以及影响项目内外衔接的重要市政道路与交通设施、市政廊道，需要保护的历史街区等。在此范围内，根据区域整体开发的定位特点，对其空间系统进行梳理，有利于项目的整体时间、空间统筹（图 1-5）。

我国的城市开发建设具有一个较长的管理链条，包括规划编制与审批、规划建设管理、土地出让与土地管理、开发建设管理多个环节。在分地块独立开发的传统模式中，仅关注地块开发本身，以已批复的法定控规作为开发前置条件，法定规划编制与建设地块的项目实施彼此分离，土地使用的规划标准与建设管控标准缺乏统一的管理体系，难以应对不断增长的城市空间集约开发，特别是城市存量更新中，保留与新建并存的现实需求，造成区域整体规划与单地块项目建设的脱节，城市空间的公共价值难以彰显。

本书对国家现行的 2011 版《城市用地分类与规划建设用地标准》，以及 2020 年发布试行的《国土空间调查、规划、用途管制用地用海分类指南》进行梳理，结合近年相关项目的区域整体开发实践案例，从法定规划土地使用和建设项目空间类型结合的角度出发，将区域整体开发的空间系统分为 6 种类型：蓝绿生态空间、市政基础设施、城市道路与街道、城市公共空间、建筑、建筑场地（图 1-6、图 1-7）。

（1）蓝绿生态空间

通常为城市建设用地范围内或周边过渡区域的蓝绿自然空间。在规划分类上，城市建设用地范围内的公园绿地、防护绿地等公共开敞空间；陆域内，自然或人工的河流、湖泊、沟渠等水域；可开发利用的滨海及海上旅游资源均属于蓝绿生态空间。

（2）市政基础设施

市政基础设施是以公用设施节点和市政廊道串联起来的工程系统，是保障城市可持续发展的关键性设施。在规划上通常由给排水、雨水、燃气、环

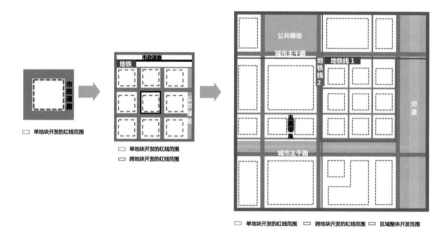

（a）区域整体开发空间范围的拓展

（b）区域整体开发的优势

图1-5 区域整体开发

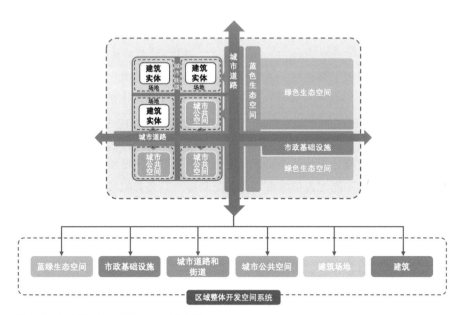

图1-6 区域整体开发的空间系统构成

（a）生态空间与基础设施、建筑复合
（世博C片区世博文化公园）

（b）建筑与场地、城市公共空间复合
（虹桥商务区）

（c）基础设施与城市公共空间复合
（徐汇滨江龙华港桥）

（d）建筑与场地、城市公共空间复合
（徐汇滨江西岸传媒港）

图1-7 各类空间系统复合示意图

卫、防灾、消防、水工等系统构成。

（3）城市道路与街道

城市道路与街道包含两个层次的概念。一是城市道路，即组成区域骨干结构的路网系统与主要交通运输节点设施；二是与地块开发关系密切的城市街道，是将行人、车辆等动态和建筑、场地等静态要素紧密衔接的空间载体。

（4）城市公共空间

城市公共空间是指开发地块红线外部，供城市居民日常活动、社会生活公共使用的室外空间，包括城市广场、公园等。广义上的城市公共空间还可包含蓝绿空间、交通设施、建筑场地等各空间类型中供公众使用、完全开放的城市活动场所。

（5）建筑场地

建筑场地是指建设地块红线以内，除建筑实体之外的包括附属广场、附属绿地、建筑退界范围的室外空间，其使用与建筑单体内部空间关系密切，也可作为有条件开放的社会生活公共使用。

（6）建筑

建筑是供人居住、工作、学习、生产、经营、娱乐、储藏等其他社会活动的实体空间与工程构筑。建筑实体所处的用地性质决定了该地块多数建筑所需要实现的功能，很大程度上引导了建筑实体的布局和形态。

按照所有权和开发主体的不同，上述系统中蓝绿生态空间、市政基础设施、城市道路与街道、城市公共空间一般属于政府统一开发的"地块红线外"范围，建筑场地、建筑属于市场开发的"地块红线内"范围。随着市场企业在城市建设和管理中发挥着越来越重要的作用，公共空间变得复合多样，生态空间、城市街道、广场公园，以及建筑场地、建筑单体内部的空间边界日趋模糊，其规划管理和运营值得进一步深入研究，本书在此仅做粗略的分类。

通过对区域整体开发范围与空间系统构成的研究，可发现较之于传统单地块开发，"跨越红线"的区域整体开发，为城市重点地区的成片土地集约混合和高品质空间营造创造了条件，有利于公共利益的彰显，也具有更大的开发韧性和市场活力。

区域整体开发从城市街区扩展至城市片区，易于形成开放、互连的空间结构，构建韧性城市公共服务体系，创造协调、宜人的城市环境，提升区域的整体形象。公共空间和公共基础系统的项目化，也将有利于区域规划目标的拆解与细化，在较大范围内实现交通市政效率优化、公共建设整合，强化规划实施的目标导向和途径，由现状条件和市场共同决定开发阶段和各阶段重点，提升政府与开发主体共同运作的协同性。

因此，在区域整体开发过程中，对区域范围内的公共空间和公共系统进行统一规划、设计和运营管理，是明确政府与市场各自开发边界、保障公共利益、实现整体开发品质效益的有效途径。

1.3 区域整体开发的实施路径与策略

1.3.1 区域整体开发的实施路径

区域整体开发，必须面对复杂的土地、建筑、产权、社会、经济、环境等问题，能从边界清晰、目标明确的系统科学角度推动区域整体开发，是实现空间整体性和时间连续性的重要支撑。实施导向下的区域整体开发，将城市战略发展目标和项目实施落地的各阶段有机对接，从问题辨析、机制设计到目标实现，形成整体贯通的实施路径。

上海院在参与世博 B 片区央企总部基地、徐汇滨江西岸传媒港、世博 C 片区世博文化公园等项目建设的多年实践中，形成了可复制可推广的"区域整体开发模式""设计总控"经验，一定程度上为城市发展过程中遇到的城市节约集约利用程度不高，以及环境污染、交通拥堵等"城市病"问题提供了有效的解决方案，促进城市核心区域的高质量开发建设。在此过程中，上海院逐步完善区域整体开发的内涵和研究方法应用，持续探索如何多维度引导城市空间管控，力争政府规划目标向项目建设目标的有效传导，顺应城市公共建设与市场开发高度结合的趋势，为城市可持续发展提供策略方法，为精品城市空间建设提供途径（图 1-8、图 1-9）。

（a）徐汇滨江西岸传媒港　　　　　　（b）世博 C 片区世博文化公园

（c）虹桥商务区　　　　　　　　　　　（d）静安张园

（e）金山滨海国际度假区　　　　　　　（f）张江城市副中心

图1-8 区域整体开发项目中的实践探索案例

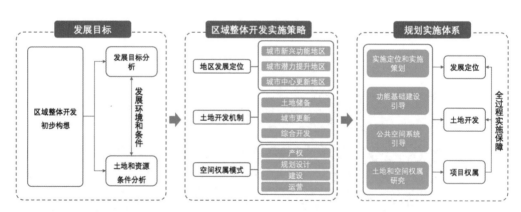

图1-9 区域整体开发关键实施策略

区域整体开发本质上是一项重要的城市发展战略，而不是多个具体开发项目的简单叠合，开发建设具有长期性，开发过程也受到地区发展构想、市场不确定性因素的影响。面对复杂而长期的开发进程，首要的不是研究地块项目建设的具体工程技术手段，而是对整体开发方向、整体思路的系统、前瞻性谋划，设计对地区开发具有关键作用的土地开发机制框架、项目未来的产权模式。成功的区域整体开发，需要关注地区发展定位、土地开发机制、项目权属模式等关键实施策略（表 1-1）。

表 1-1　区域整体开发的相关实践案例（上海）

案例	发展目标	地区发展策略	土地开发机制	项目产权模式	规划策略引导
虹桥商务区	功能多元、交通便捷、生态高效、具有较强发展活力和吸引力的上海第一个低碳商务社区	城市新兴功能地区	各市场业主独立开发，一级开发及公共区域由申虹公司代建	以红线垂直划分地块产权；局部连通，街坊公共通道作为独立地块单独划出	开展"空间深化、专项深化、导则深化"的精细化城市设计，涉及区域功能定位和业态策划、城市规划、建筑、交通、市政、民防、智慧绿色等专业； 同步开展区域能源供能、二层廊道、地下空间、交通枢纽等专项设计； 城市设计导则与开发模式匹配纳入土地出让条件
世博B片区央企总部基地	后世博发展的战略要地和先行军，定位为知名企业总部聚集区和国际一流的商务街区	城市新兴功能地区	采取委托代建制模式，委托上海世博发展（集团）有限公司负责地下空间工程	产权界面竖向划分，区域内地下空间一体化。13家央企小地块出让，地下连通，整体开发	从功能、空间、形态、技术层面，解读控规，确定总体精细化城市设计理念； 总控解决技术难题、建立公共信息平台，从设计、项目管理两方面确保规划设计理念的实现； 按照地上、地下控制要点组织设计导则，总控导则包括项目概况、总体设计导则、统一技术测试和总体专项设计导则
徐汇滨江西岸传媒港	文化传媒集聚区、功能复合的商务社区、富有特色的滨水活动区	城市新兴功能地区	地下、地面及二层平台公共部分由西岸集团一体化开发，各地块红线内由市场业主独立开发	产权水平划分，地上地下产权分离，地下空间产权独立，西岸集团持有；根据各地块红线对地上单体建设进行划分	解读控规和前期城市设计转化提炼设计策略，量化落实至建筑设计； 总控整合全专业成果形成总体设计方案； 以公共区域设计入手落实各项设计要点，协调设计建设中的子项与相关联地块； 编制总控则、专项导则、统一技术措施等。设计导则除设计特点、亮点外，还包括政府主管部门关注项

（续表）

案例	发展目标	地区发展策略	土地开发机制	项目产权模式	规划策略引导
世博C片区世博文化公园	世界一流城市森林公园；建设生态自然永续、文化融合创新、市民欢聚共享的城市花园	城市新兴功能地区	地上地下一体化开发	产权整体持有、地下完整一体。全部由上海地产集团持有	在前期工作基础上提出精细化设计策略； 实现交通、消防、绿化、智能化、绿建、景观、物业、泛光照明等单位进行整体化设计； "统一规划、统一设计"制定总体设计原则和设计标准，确定工作界面，编制公园总体设计导则； 总控审核梳理所有专项，优化专题设计，统筹协调各区块团队设计工作
金山滨海国际度假区	集生态观光、休闲度假、商务会展和户外运动为一体的世界级生态型城市滨海旅游度假区	城市新兴功能地区	滨海新片区，地上地下一体化开发；金山卫站综合体片区，地上各市场主体独立开发，地下整体开发	滨海新片区，地上地下整体由合资公司持有；金山卫站综合体片区，红线垂直划分产权，地上地下分层切分，地库部分由合资公司持有	方案设计阶段进行道路交通、水利工程、地基处理、竖向设计、能源工程、人防工程、景观设计、设计验证等专项研究，确认控规指标的技术可行性； 总控从城市设计和专项研究成果中提炼控规所必须管控的要素，形成成果，协助完成控规编制审批流程； 编制总体设计导则，协调后续整体开发运营
静安张园	通过文化融合、空间重塑、功能再造，再塑张园"沪上第一名园"	城市中心更新地区	上海静安置业（集团）有限公司作为项目建设主体牵头，地块整体开发项目；地下空间范围和一体化建设	由静安置业集团下属上海静安城市更新建设发展有限公司持有	控规确定功能面积容量、风貌保护、建筑形态、公共空间、交通空间、地下空间作为后续工作基础； 根据建筑类型不同，新建建筑、旧建筑改造、地铁换乘空间、历史建筑下方的地下空间，分专项设计，由总控汇总协调； 通过数字化应用、多样化施工和地下空间综合开发等技术创新，协调地上建筑保留保护与地下空间开发的工程技术

明确地区发展定位：从项目所处的发展环境和条件入手，通过对现状资源条件、经济条件和土地总量的分析，划定规划发展政策单元即区域整体开发范围，在该范围内制定地区发展的定位，包括城市新兴功能地区、城市潜力提升地区、城市中心更新地区等基本类型，明确开发主体单位架构和事

权，进行顶层设计（详见 1.3.2 ）。

选择土地开发机制：土地开发机制包含土地储备、城市更新和综合开发等主要典型模式。针对不同地区不同的开发规模、空间基础和核心重点项目，提出有针对性、有发展弹性的土地开发机制，以公共投资导向为指针，规模化配置公共资源和基础设施，高效率利用城市建设土地（详见 1.3.3 ）。

明晰项目权属模式：以地上地下一体化开发权属模式为例，区域整体开发中公共项目、代建项目、市场项目中的政府、市场权属界面，因土地出让创新而进一步多元发展，各项目优先顺序和任务关系相互制约，通过合理划分权属界面，统筹公共权属空间与市场权属空间，明确各主体的责权范围（详见 1.3.4 ）。

1.3.2 实施策略一：地区发展定位研究

随着城市空间结构日趋开放化与网络化，人流、物流、信息流高度汇聚的节点地区成为支撑区域与城市功能组织的重要空间载体。伦敦、东京、香港等国际大都市均将战略性节点地区作为支撑区域发展目标、优化提升区域功能布局的重要手段。伦敦、东京、香港、深圳、上海等地的发展战略中，都对这些节点地区开展了广泛的实践探索（表 1–2 ）。

表 1–2　伦敦、东京、香港、深圳、上海节点地区实践经验[1]

地区	类型	划定方式	布局	策略
伦敦	机遇地区：47 个	《大伦敦规划2021》中划定	多布局在依托公共交通线路的发展廊道上。机遇地区内密外疏，一般有着较好的交通可达性	机遇地区：通过支持此类地区的住房、商业和基础设施的建设促进伦敦的良性增长

1　资料来源：作者根据"郑德高，朱雯娟，林辰辉，等. 功能结构优化视角下的上海重点地区与潜力地区研究［J］. 城市规划学刊，2020（6）: 65–71.DOI: 10.16361/j.upf.202006009. 上海市城市总体规划（2017—2035）"及"上海市人民政府. 上海市国民经济和社会发展第十三个五年规划纲要. 检索来源：www.shanghai.gov.cn.2016.1"整理。

（续表）

地区	类型	划定方式	布局	策略
东京	核心据点：2个，共9片	《都市营造的宏伟设计——东京2040》规划中划定	两个核心据点均由若干（4~8个）片区组成，与空间结构和交通枢纽结合紧密	提升中枢功能：打造国际化商务环境、高品质居住空间、便捷的交通联系和可负担的住房
香港	都会商业核心区：3个；策略增长区6个	《香港2030+：跨越2030年的规划远景与策略》规划中划定	都会商业核心区位于城市中心；策略增长区位于主要发展廊道和区域跨界协调地区	都会商业核心区：集中发展金融工商；优化空间环境；提升基础设施水平。策略增长区：利用棕地和荒置农田；改善居住环境；发展现代服务业；加强区域联系
深圳	重点地区：18个	上下联动，市层面划定下发各区反馈后调整	位于城市主要发展轴线上；每个区2~3个	优化产业定位；提升空间品质，提高设施质量；吸引科技创新企业和人才
上海	重点地区：10个	《上海市国民经济和社会发展第十三个五年规划纲要》中划定	多位于城市发展轴和转型升级地区	增强城市功能和发展能级的重要空间载体，促进重点区域出形象、出功能、出效益，加快产业结构调整地区整体转型，有序推动战略地区发展

结合我国城市建设开发实际，从资金投入、项目安排、功能导入、人流集聚、开发强度等方面对区域开发的"城市重点地区"的特征、政策导向等予以分析识别，有整体开发条件的区域以三类"城市重点地区"为基础分类，分别是：城市新兴功能地区、城市潜力提升地区和城市中心更新地区。

1）城市新兴功能地区

城市新兴功能地区指承载国家重大战略或城市核心功能，具有优先发展权，需集中统一开发、给予特殊政策支持的新建为主的地区。该地区作为政府实现城市战略目标的重要抓手，应与城市主导功能定位相匹配，如深圳的18个重点地区包括深圳7个战略性新兴产业和6个未来产业的核心承载区。

从规划划定方式看，城市新兴地区偏自上而下划定，如伦敦的强化地区、东京的核心据点均为城市规划中直接划定的。从开发角度看，对于"新兴功能地区"应倡导高起点站位、高强度开发、高标准设计，高质量建设，实现开发的可持续性。如伦敦、东京、香港等地的重点地区开发实践中均体现了土地集约、高密度、混合利用、城市品质塑造的导向。

以上海为例，自"十二五"以来，上海城市外围新兴地区的选择从重大政策与项目角度出发，是特殊政策的承载地区。这类地区在城市中承载国家重大战略功能，享有资金、公共资源等方面特殊优惠政策，也是国家和城市政府战略中着力打造的节点地区。包括中国（上海）自由贸易试验区、张江科学城、虹桥商务区、徐汇滨江地区、上海国际旅游度假区等。

2）城市潜力提升地区

城市潜力提升地区指具有较大经济与就业增长机会，需植入新动能，解决城市发展"不平衡不充分问题"的存量再开发地区。从划定方式看，城市潜力提升地区偏自下而上。如伦敦的机遇地区充分考虑次一级政府的诉求，自下而上申报议定。从开发角度看，城市存量再开发地区具有较好的资源本底，能够通过环境改善与一定程度上的增量开发实现持续营利，进而提升城市竞争力，因此，从空间利用角度，应以"提升品质、彰显特色"为关键，重点关注土地集约高效利用、高品质城市空间供给、地区形象风貌展示。从功能导入角度，注重整合资源、分工错位，提供城市功能完善等方面的政策供给，植入新产业新动能，承担中心城市核心功能的外溢，以形成多中心网络化格局。此外还需要强化交通基础设施与网络建设，提升枢纽能级，从而推动枢纽地区活动的强化与多样化。

以上海为例，城市潜力提升地区主要承担着城市功能提升与稳定就业等多重使命，如"一江一河"两岸更新地区、工业存量地区、轨道交通站点周边待发展地区等。政府要起到示范引领作用，推动从效率优先向公平优先转变，保障政策红利得到合理、充分释放，保证城市更新高质量进行。城市存量再开发地区对功能业态、空间品质要求较高，需要发挥政府或国有企业平台优势，保障区域整体利益。鼓励通过平台公司积极协调各权利主体，充分听取社会公众意见，形成统一的愿景，并统筹规划、设计、开发、运营等各阶段工作，开展公共服务及基础设施的配套建设。

3）城市中心更新地区

城市中心更新地区指城市中心区既有生活社区或产业园区，人居环境亟须改善或公共服务功能亟待完善的地区。总体特征上看，城市既有的传统社区、老旧小区是城市更新中亟待改善提升的重要区域，传统的产业发展区、商业聚集区和商务办公区等随着城市空间的转型发展，也面临着结构优化、产业升级的压力。未来城市更新面临的一个更为艰巨的任务就是在建设幸福城市、美丽社区、健康邻里的过程中，通过资源挖潜实现持续更新，推动产业、商业商务和居住区走向管理有序、安全便捷、健康宜人的可持续新型社区。为应对既有商业街区的消费模式转化、商务办公区的使用需求变化、产业园区的升级迭代，以及老旧厂房功能置换等趋势，适应产业转型中的空间品质优化和利益主体转换，需要在更新过程中推动土地制度和建筑管控政策优化，围绕更新主线分类施策，探索差异化的政策供给和实施机制。

以上海为例，城市中心更新地区是当前值得关注的一种重点类型，如成片老旧小区、历史文化风貌区、旧改地区等，具有总体规模体量大、更新任务重的特征，同时又是城市生活和文化的本底，在保护地方多样性、延续地区文脉、提升活力等方面需要主动发力。此类地区应聚焦于城市更新政策顶层设计，提升政府实施主导职能；用好市场规律，做好底线控制与必要的资金支持，实现政府从"行政主导"向"政府、市场协同治理"转变。

区域整体开发，应从城市发展环境和区位条件入手，以上述三类"城市重点地区"为基础分类，并在此基础上进行类型细分，深化结合区域现状与发展实际，对土地经济测算和特色资源条件、社会条件进行总体研判，划定规划发展政策单元，作为区域整体开发范围，深化分类研究，明确地区发展定位。

1.3.3 实施策略二：土地开发机制选择

区域整体开发是复杂而长期的物质开发建设过程，需要政府发挥主导作用，协同市场开发主体，创新土地政策，采用有预见性的土地开发机制。依照城市增量和存量发展阶段的不同，以及不同的政府、市场主体合作方式、区域开发重点，较为有代表性的区域土地开发机制包括一二级联动的土地储备机制、区域统筹的城市更新机制、上述两种结合的综合开发机制。

在土地储备机制中，重点建设区域交通体系、基础设施、区域生态基底，做好一二级联动的投资平衡；在区域统筹的城市更新机制中，重点提升公共设施配套、人居品质和营商环境、建立历史风貌保护的系列标准；在上述两种机制结合的综合开发中，重点建设交通、市政、生态等结构性、基础性配套，完善公共设施配套和人居品质、营商环境。区域整体开发以公共投资为导向，规模化公共空间，激活土地资源（表 1-3）。

表 1-3 区域整体开发中的常见土地开发机制

类型 项目	一二级联动的 土地储备机制	区域统筹的 城市更新机制	两种模式结合的 综合开发机制
开发规模	成片、集中	点状、分散	运用综合规划、土地、财税等政策，引导多主体介入，统筹兼顾多方利益，可以包含"土地储备"和"城市更新"在内的模式。采用多种手段解决片区内各类土地历史遗留问题、保障基础设施服务设施供应、提供重大产业
开发基础	存量用地、备用地、基础设施薄弱等城市边缘地区	为适应现代化生活亟须对基础设施、服务配套进行提升改造的城市中心地区	
开发重点	政府主导一级开发、落实基础配套措施	政府引领、市场主导；存量盘活、注重整体品质提升	
公共投资导向	重点建设区域交通体系、基础设施、区域生态基底，做好一二级联动的投资平衡	重点提升公共设施配套、人居品质和营商环境、建立历史风貌保护的系列标准	重点建设交通、市政、生态等结构性、基础性配套，完善公共设施配套和人居品质、营商环境

1）一二级联动的"土地储备"机制

该类土地开发机制为目前各级各类城市的常见模式，其特点是由城市政府主导，与土地储备政策结合，多为成片集中的增量、存量用地，开发规模较大，当前对市场无吸引力或引入市场力量容易导致城市公共利益被稀释的地区。此类地区的开发基础一般较薄弱、设施配套服务功能缺失，以政府主导进行资金注入，通过土地储备获取成片土地，将开发重点放在落实重大配套设施，实现公共利益和城市整体利益的需要上面。在二级开发中，土地的具体使用者，即各个市场主体对获得使用权的土地进行开发、建设、经营和管理（图 1-10）。

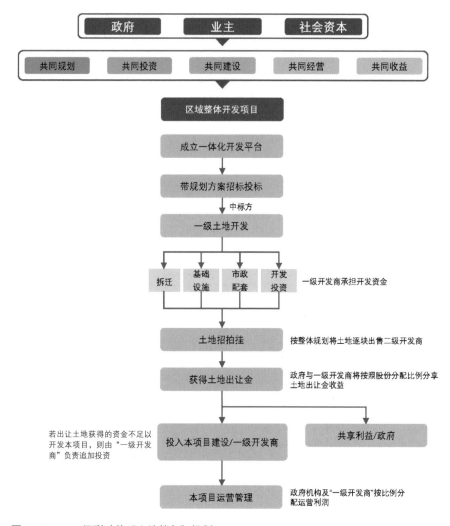

图1-10 一二级联动的"土地储备"机制

2）区域统筹的"城市更新"机制

　　该类区域开发机制的特点是政府与市场企业合作、以市场导向推动旧城再开发的区域开发机制。这一类型的开发模式区别于"土地储备"机制的集中成片，多呈点状分散分布，在城市中占比总量较大。因为主要面向城市"重点地区"中改善提升地区（包括中心城内旧城改造集中区或历史街区等），整体的基础条件虽能提供一定的城市服务功能，但既有的基础设施亟待更新，城市功能有待提升。该类型开发模式的开发重点以存量土地盘活为主要目的，解决城市更新过程中经济测算等核心问题，实现历史风貌保护、空间品质优化和结构升级的区域统筹目标。

以上海中心城区为例，2016 年，上海开展的 50 年以上历史建筑普查工作结果显示，上海市中心城区 50 年以上历史建筑的建筑面积约为 2 559 万 m^2，在上海市中心城区旧改范围内里弄建筑中约 84% 都是历史建筑，其中里弄房屋建筑面积约 813 万 m^2，需要保留、保护的约 730 万 m^2 [5]。2017 年，上海率先提出在城市建设中，从 "拆、改、留" 转变为 "留、改、拆"，以保护为主的城市有机更新方式。这些历史建筑基本上都在历史风貌区内，包含 "留、改、拆" 以后新增的风貌街坊，占比约 94%，其中又以风貌街坊为主，占到约 74% [6]。旧改地块和历史风貌区高度叠合，因此，处理好风貌保护和旧区改造的关系是上海城市更新面临的重要任务，也对未来城市更新实施提出了更高的精细化要求（图 1–11）。

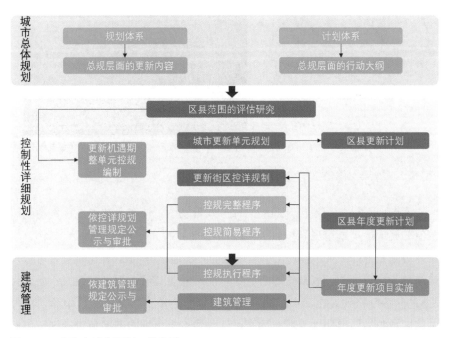

图 1–11 上海市城市更新工作体系

3）两种模式结合的 "综合开发" 机制

城市进入存量发展时期，往往需要通过上述两种模式结合的 "综合开发" 模式进行片区土地开发统筹。运用综合规划、土地、财税等政策，采用多种手段解决片区内各类土地历史遗留问题、保障基础设施服务设施供应、提供重大产业供应等问题。

以上海杨浦滨江为例，政府性投资公司"上海杨浦滨江投资开发有限公司"负责黄浦江两岸杨浦段综合开发建设，包括地产开发、产业投资运营、城区综合管理在内的城市综合运营，代表政府开展基础设施及公益性配套项目建设。杨浦滨江南段为解决目前项目土地权属复杂、规模尺度不一、推进时序不够明确、关联项目缺乏协调的现实困境，将5.5km²划分为新建、综合、更新三类规划单元，在单元内部通过遴选优质开发主体，协同推进关联项目等举措，改变开发项目与市政、交通等基础性建设独立推进的模式，对基础性、公益性、公共性要素进行管控，实现板块整体建设实施[7]（图1-12）。

（a）上海杨浦滨江南段区位　　　　（b）上海杨浦滨江南段城市设计及意向图

图1-12　杨浦滨江南段城市设计*

深圳面对存量用地再开发的三种方式分别为：针对合法用地比例达到门槛值的建成区"城市更新项目"、针对旧住宅小区的"棚户区改造项目"，以及针对未完善征（转）地补偿手续用地的"土地整备项目"，土地整备可进一步细分为房屋征收、利益统筹等方式。前两者为"城市更新"模式，后者为"土地储备"模式。在深圳沙湖"整村统筹土地整备"试点项目中[8]，由沙湖社区承担社区留地上所有配套设施的建设，由坪山新区负责社区留用地外围的公共基础设施建设；把产业空间拓展、房屋征收、社区安置发展以及公共配套完善等多项工作有机整合。深圳田头社区以城市更新与土地整备联动的"综合开发"模式，解决社区空间释放：满足城市更新政策的地区，纳入城市更新计划；其他需要土地征收的区域，由城市更新项目实施主体统筹解决田头社区涉及的所有拆迁和安置，政府拨付土地整备资金[9]（图1-13）。

---

* 　来源：《杨浦滨江南段绿色生态专业规划（公告版）》。

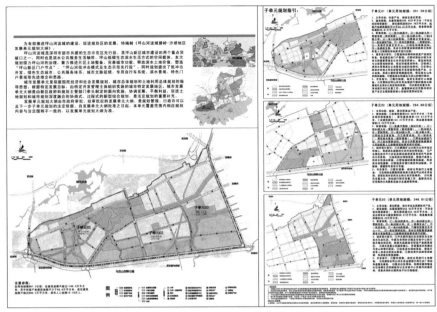

（a）深圳坪山河流域碧玲—沙湖地区发展单元规划

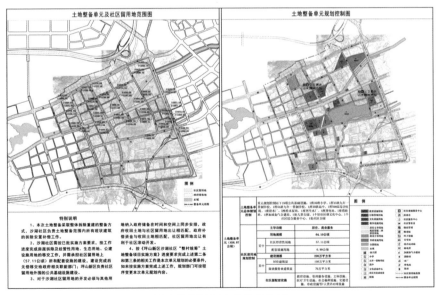

（b）沙湖社区土地整备单元

图1-13 沙湖地区发展规划*

---

* （a）来源:《深圳坪山河流域碧玲—沙湖地区发展单元规划大纲（草案）》;（b）来源:
《关于坪山新区沙湖社区"整体统筹"土地整备单元规划（草案）的公示》。

综上所述，随着城市可利用建设用地越来越多面临再开发，土地开发正在超越过往投资拉动、土地粗放出让的单一机制，趋向政府和市场多主体合作开发的机制创新，发展为包含土地储备、城市更新和综合开发等基础形式在内的多元组合变化。区域整体开发需要强化公共投资的规划引导，规模化组织公共基础系统和公共空间，提出有针对性、阶段性地分区、分类土地开发方案，为区域整体开发创造高质量发展转型的机遇。

1.3.4 实施策略三：空间权属模式明确

区域整体开发采用的多街区整体开发，从"区域整体"的角度考虑空间功能、交通流线、基础设施配置，设计、建设和运营均围绕项目产权为核心进行组织，产权界面决定了设计、建设和运营三类界面。在整体开发的实践案例中，上海院将城市街区尺度下的权属模式总结为以下四大基本模式，并总结："权属边界的梳理明晰，是实现综合开发的目标愿景，明确各方的责、权、利的工作基础。"

（1）"竖向划分，局部联通"模式

在传统单地块模式的基础上，"模式1"实行产权界面竖向划分，街坊内部地下空间一体化，街坊之间局部设置地下通道作为补充。实现了不同地块间的地下空间一体化，虽然仅局限于街坊内，但是提高了土地资源利用，改善了区域公共环境。而且由于街坊内单体少，协调相对容易，仅需要在传统模式的基础上处理好衔界面的关系。

（2）"竖向划分，地下一体"模式

"模式2"实行产权界面竖向划分，区域内地下空间一体化。"模式2"较"模式1"的地下空间联系更加紧密，有利于形成完整集约的地下空间设计。充分发挥城市土地资源的潜力，为节约城市资源、塑造区域形象、打造宜人的公共环境均提供了有利条件。但是以红线为界的产权、设计、管理界面，将整个区域划分成独立地块，与地面、地下室一体化设计存在矛盾。需经过各方面协调与权衡，达到地面一体化设计的理想状态。

（3）"水平划分，局部共用"模式

"模式3"中被开发区域分为地上各地块单项及地下单项。以地下室顶板上表面为界，将一体化的地下空间产权独立出来，由地下空间单项产权受让人单独聘请设计单位进行设计。而各地块红线仅对地上单体建设进行划分。对比"模式2"，"模式3"同样可以发挥城市土地资源的潜力，节约城市资源，塑造区域形象，打造宜人的公共环境。由于引入了地下空间单项设计，"模式3"地下及地面公共空间由一家业主负责，更能保证公共空间的连续性。由地下公共空间业主牵头，共建共享内容也能很好地得到落实。

（4）"产权持有，上下一体"模式

"模式4"避免了规划、设计及建设初期，由于多业主、多设计单位带来的繁杂协调对接工作，实现由一个开发主体整体把控、一套设计团队设计、一套施工单位建设完成的模式，工作条线清晰、需求明确，可以大大提高开发效率。在"模式4"中，开发主体需要一次性大规模投资，后续运营过程中逐步收回成本并逐步形成利润，因此开发主体需要有强大的资金支持，往往是政府主导或实力雄厚的开发商牵头。为缓解投资压力，项目需要统一设计、分期实施，这就在时间维度上形成新的衔接界面[4]（表1-4）。

表1-4 区域整体开发模式*

模式		平面示意	剖面示意	典型案例
区域整体开发模式	模式1："竖向划分，局部联通"模式			虹桥商务核心区一期项目
	模式2："竖向划分，地下一体"模式			世博B片区央企总部基地项目
	模式3："水平划分，局部共用"模式			徐汇滨江西岸传媒港项目
	模式4："产权持有，上下一体"模式			世博C片区世博文化公园项目

* 资料来源：上海建筑设计研究院有限公司. 区域整体开发的设计总控［M］. 上海：上海科学技术出版社，2020.

当区域整体开发由工程实施走向规划实施，空间范围由单体建筑、城市街区向城市片区扩大，不仅是上述地上、地下建设项目的权属界面复杂化，在公共项目、代建项目、市场项目中的政府、市场权属界面，也因土地出让创新而进一步多元发展。各项目优先顺序和任务关系相互影响、相互制约，能否通过合理划分权属界面，统筹公共空间与市场空间，将各建设主体的责权范围较具体地分开，建立协调的合作关系，进而有序互动，达成项目系统的协调状态，是决定区域整体开发成败的关键因素。

1.3.5 实施策略四：规划实施体系协同

在我国当前制度环境下，规划管理和开发建设属于规划实施的范畴，是规划实施链条上的两个重要阶段，具体工作以政府决策决议、投融资策划、前期规划与城市设计方案征集、法定控规审批、项目建设审批等形式，分散在区域开发实施的各个环节。前文关于地区发展定位、土地开发机制、项目权属模式等工作，尚未系统纳入法定城市规划的实施体系。

结合国内多个城市重点片区的实践经验可以看出，通过充分梳理既有的城市规划管理和开发建设框架，多向度地从科学决策、高效建设、有序运营角度理解规划实施，围绕城市规划的技术内涵，重塑上述各环节之间的相互协调、互嵌互促关系，将规划实施演变成一个统一连续的行动。

1）划定区域整体开发范围，开展实施策划

从规划管理范围和实施主体事权明确的角度，划定区域整体开发范围，以供城市规划管理部门、实施主体在统一的空间层面上，进行目标和导向的双向衔接，共同展开系统性的实施策划。区域整体开发范围与相应的法定规划单元、土地政策单元等一致或嵌合对应，利于在区域开发初始阶段，即梳理与管理口径一致的土地使用管控框架，明确保护、开发、保留的总量控制，统一总纲式的规划原则和公共政策标准，从更长的时间、更大的空间角度对规划实施做出阶段性安排，提出规划实施重点、次序及专项系统和重大项目间的统筹要求。划定区域整体开发范围，明确时空边界与层次，是区域整体开发结合城市规划管理、增强可实施性的基础条件。

2）进行公共系统和要素结构性控制，引导基础建设

运用综合土地规划，充分盘整土地资源，以公共空间和公共基础系统为主线，合理划分公共建设与市场开发边界，得到不同划分条件下的城市物质

空间资源分配方案，即结构性空间布局，通过结构方案比选、产业策划、土地运营、经济测算，引导公共投资对公共基础建设发挥作用，实现土地的集约利用目标和区域公共价值，持续提升公共服务质量。

区域整体开发位于中观层次，这一层次的规划设计需要承上启下，综合考虑城市片区、城市街区和建筑不同尺度的空间要素，综合把握基础设施、蓝绿生态空间、公共空间、建筑场地组合的系统整体性，统一进行结构性控制，保证地区的功能空间总体组织合理，包括上位与本级的发展理念在时间（未来测算）、空间（骨架结构）、节奏（土地指标的分步释放）、资源（土地指标总分账）等不同维度上得以落实。市政、交通、水务和地下空间等专项规划的前置与融合，将增强规划的可实施性和科学性，传达城市国土空间总体规划的刚性意图，更有利于用地布局方案向管理导则的顺利转化。

3）基于空间权属结构，提炼综合空间规划的技术集成

当前大量面向实施的重点功能区和城市更新规划编制，均以城市设计形式对控规进行校核优化，纳入法定控规条文获得政府批准后，各地块的用地功能及构成比例、开发强度等作为土地出让的依据。随着我国城市普遍进入存量发展，政府的公共导向和管控意图需要在市场机制运作中传导，上位规划、政策和前序专项规划与市场主体诉求有冲突，涉及多元利益主体产权、建设、管理的空间权属也日益复杂，面向空间管控的用地功能分区、面向建设行为的详细图则，需要跨越公共建设与市场开发的"地块红线"界限进行协调。

提炼建立综合空间规划的技术体系，对政府、市场协同的开发结构形成分区、分类，权属边界从宏观区域层面向中微观详细设计层面分解，提炼规划、建筑、景观跨学科技术，应对不同地域的区域开发场景。具体包括国土空间规划控制线划定、土地混合使用管控、城市设计与专项规划结合、多主体分层土地开发与确权等若干项空间规划关键技术，涉及区域规划、战略规划、总体规划、分区规划、详细规划、工程设计、城市设计、概念规划、规划环境影响评价、专项规划等多种技术类型（图1-14）。

"规划创造空间，设计创造场所。"区域整体开发是根据城市政府的发展目标，政府与市场主体共同实施资源配置，提升土地资源、建筑空间价值的综合开发模式，也是实现规划实施中规划管理与开发建设两个阶段紧密结合的全周期过程。各城市地方个性和编制主体的多元性，地方经济发展阶段不同，规划目标蓝图不同，管理组织水平和成果表达方式不同，都决定了在此背景下，规划实施的内涵和外延扩展、体系构建应更尊重各地城市发展规律，更贴近城市建设运行机制，更贴近参与城市发展的实施主体需求。

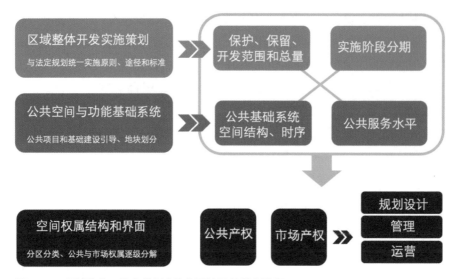

图 1-14 区域整体开发中规划实施体系协同的优化路径

参考文献

［1］ 刘泓志. 常态更新背景下城市设计的理念创新与路径探索. 数据来源：https://mp.weixin.qq.com/s/qX6YdB2WgDj5Zab0UbuvdQ.

［2］ Mayor of London. THE LONDON PLAN 2021［EB/OL］.［2022-10-10］. https://www.london.gov.uk/.

［3］ 上海市人民政府. 上海市新城规划建设导则［EB/OL］.［2022-10-10］. https://www.shanghai.gov.cn/cmsres/23/23b5a00e39c14deaa1b8b854ec15ccee/276edb9ce6476a09580e2168d0cc7790.pdf.

［4］ 上海建筑设计研究院有限公司. 区域整体开发的设计总控［M］. 上海：上海科学技术出版社，2020.

［5］ 澎湃新闻·浦江头条. 上海分类审慎推进旧区改造，拟修缮 50 万平方米优秀历史建筑［EB/OL］.（2017-07-12）［2022-10-10］. https://www.thepaper.cn/newsDetail_forward_1731361.

［6］ 上观新闻. 上海旧改范围里弄建筑 84% 为历史建筑，按照"一地一方案"制定每栋保护要求［EB/OL］.（2021-05-26）［2022-10-10］. https://baijiahao.baidu.com/s?id=1700807335630979483&wfr=spider&for=pc.

［7］ 清华同衡详细规划研究中心.【规划年会】2035 总规后上海在控规方面的探索与实践［EB/OL］.（2021-10-27）［2022-10-10］. https://mp.weixin.qq.com/s?__biz=MzA4OTMyNzIzOA==&mid=2650797329&idx=2&sn=6a3feff20f8a7a593fc6994e79297183&chksm=8817c6f8bf604fee85b6c05b793193845b490.

［8］ 戴小平，程家昌，孙志龙. 整村统筹土地整备与规划实施机制——以深圳沙湖社区为例［J］. 城市规划，2017，41（7）：114-117.

［9］ 刘荷蕾，陈小祥，岳隽，等. 深圳城市更新与土地整备的联动：案例实践与政策反思［J］. 规划师，2020，36（9）：84-90.

2 | 来自实践的规划实施机制与技术创新

　　以北京、上海、广州、深圳等为代表的我国核心城市，已经进入结构优化和城市更新的发展阶段，统筹规划、建设、管理，加强法定规划编制、管理与项目实施的有效衔接，是当前中央对城市工作提出的基本要求，其核心目的就是要满足城市高质量发展中土地集约利用和高品质空间建设的紧迫需求。本章汲取以实证研究促进理论提炼这一具有实践性的研究方法，尝试在上海规划实施平台"管理方法"和"技术方法"相结合的实践经验进行梳理的基础上，探讨以围绕规划实施为核心的，城市治理与规划设计互为促进的发展新方向。

2.1 规划实施的理论与方法梳理

我国城市从高速度增长进入到高质量发展的转型时期，如何更好地通过规划实施机制的完善，实现城市的有效治理与品质提升，成为城市治理关注的核心问题之一。

传统法定规划编制语境下的"规划实施"是指规划管理部门依据总体规划、详细规划、专项规划做出合法合规的行政许可，指导项目选址和土地开发建设的一系列工作，最终通过指标实施评估，实现法定规划编制、审批管理、评估反馈的闭环。而城市新发展时期的"规划实施"的内涵在扩展，不再局限于法定规划编制和传导的单一体系内，而是转向规划编制与建设工程开发控制结合得更丰富层面；不仅关注功能指标合理，更开始关注形态和谐，聚焦对城市空间品质具有影响的多种形式的项目开发。

国内外理论和实践显示，规划实施管理的方法和手段在不断丰富和完善，由最初法律和行政主导方式，向融合经济、社会、科学的综合性结合方式转变，这一过程运用多学科技术手段，将切实提高规划实施的质量和水平。

2.1.1 国外相关理论与方法

国际经验表明，规划作为一项政策工具，其实施过程涉及法律、行政、经济和政治机制的协调。单一的空间规划缺乏管理控制思想难以付诸实现，需要对经济因素、社会因素、环境因素等多种因素进行考量。大卫·哈维的"资本化城市理论"（Capitalist Urbanization）、罗维斯与斯科特等人的"空间辩证法"（Spatial Dialectic）都是以社会、经济价值为基础的城市研究，强化了城市空间规划的多学科交互属性。可以说，城市空间的规划和设计应同时借用社会学、经济学、管理学等交叉学科经验，由关注"结果"向关注"过程"转变。

从城市可持续发展和人本价值角度，相关规划思想丰富而多元：乔纳森·巴奈特的"城市设计"（Urban Design）思想、保罗·大卫多夫的"倡导性规划"（Advocacy in Planning）、阿尔伯特和德纳耶尔的"沟通式规划"（Communicative Planning），以及朱迪斯·英尼斯的"合作规划"（Collaborative Planning）等思想为代表，各种规划尝试应运而生。从城市系统发展角度，代表性理论有美国规划学者纳恩·埃琳的"整体城市主义"（Integral

Urbanism）理论，后续基于此提出"优质城市主义理论"等，倡导通过"整体"的方法，通过积极的设计解决方案，扭转城市社会景观的碎片化，在实现好的城市"整体性"过程中，突出表现为多元主体在公共政策的设计与制定环节中的合作[1]。从城市设计作为综合管理工具角度，城市空间形态的公共价值已经获得社会共识，城市设计逐渐成为一种空间引领下的工作思维方式，相关研究可梳理归结为城市设计管理运作过程研究、设计管理标准与政策导则的研究、设计管理中公共参与研究等多个方面。

在各国的实践中，具有代表性的实践包括美国新城市主义思潮下的区域规划和形态管控、德国在城市更新和高度社会分工下以建造规划为代表的法定管理工具、法国中央集权下协调建筑师制和协议开发区制度、荷兰以公共基础设施引领的国土空间规划编制等。

值得关注的有自 20 世纪 60 年代在美国逐渐兴起的规划单元开发（Planned Unit Development），作为一种开发管理控制方法，是与"单地块分散开发"相对的一个概念，指在规模较大（街区或多地块）的土地开发中，规划主管部门只要求开发商保证落实开发强度、公共空间及市政交通等强制性控制要求，而其他具体的控制规定如功能配比、建筑高度、建筑形式等，则是由市场条件和基地条件去决定并由开发商做出弹性的一种安排。规划单元开发体现出具有项目规模的经济性、公共服务设施资源的高效性和鼓励建筑多样性等优势[2]，将各地块作为一个整体进行开发而不是对每一个地块逐一设计[3]，作为一个单元整体进行评价和审批，而非像区划法规那样进行逐一分区的评价和审批。

类似的开发模式有法国的协议开发区（Zone d'Aménagement Concerté，ZAC），针对城市更新或城市开发的特定区域开展[4]，以编制协议开发区规划（Plan d'Aménagement Concerté，PAC）为常用的规划工具，作为政府公共部门与社会各主体之间的协商基础[5]。PAC 常以城市设计为平台，可以提出反馈并修改地方城市规划的建议，同时其确定的指标体系的管控内容也会附加于土地出让合同，以此形成设计意图法定化的全流程控制[6]。在协议开发的规划过程中，可以由协调建筑师全程跟踪管理（表 2-1）。

值得注意的是，西方不同国家规划管理体系的确立，与其法律体系、行政体制、土地制度和城市发展阶段等息息相关，具有特定的"地缘性"标识，具有社会、经济、文化背景的局限性，我国的理论与实践并不能直接嫁接应用。

表 2-1　国外相关理论梳理

国外相关理论	学者	主要观点
资本化城市理论 Capitalist Urbanization	大卫·哈维等	城市进程看作是资本积累的历史地理学中的积极过程[1]
空间生产理论 Spatial Dialectic	罗维斯、斯科特等	城市土地问题的核心是社会化生产的城市土地，与收益私有化二者之间的矛盾[2,3]
城市设计 Urban Design	乔纳森·巴奈特	城市设计的综合性、过程性和整体性，要综合多学科的知识，协调各种团体的利益关系[4]
倡导性规划 Advocacy in Planning	保罗·大卫多夫	规划是一个自下而上的过程，要综合考虑社会、经济、文化等诸方面的影响，平衡和协调各种利益冲突以达成社会共同遵守的契约[5]
沟通式规划 Communicative Planning	阿尔伯特、德纳耶尔	城市规划师与其他利益主体和利益集团进行合作，规划应当综合地反映这些主体的利益[6]
合作规划 Collaborative Planning	朱迪斯·英尼斯	这种规划是通过做而不仅仅通过想来完成的，以对话为基础，辅之以实际行动。它既为空间管理设定动态行为和活动的规划，又同时对空间发展远景进行展望[7]
整体城市主义 Integral Urbanism	纳恩·埃琳	整体城市主义的五个特质：杂交性、连通性、多孔性、真实性、敏感性[8]
规划单元开发 Planned Unit Development	丹尼尔·曼德尔克等	规划单元开发将各地块作为一个整体进行开发而不是对每一个地块逐一设计，作为一个单元整体进行评价和审批[9]
协议开发区 Zone d'Aménagement Concerté	—	协议开发区规划通常以城市设计为平台，让政府、地方集体、个人开发商和房地产业主等各方形成稳定的伙伴关系，在协商的基础上共同推进土地的开发，从而实现城市空间的更新和地方经济的复兴[10]

1　大卫·哈维. 资本的城市化 [M]. 苏州：苏州大学出版社，2017.
2　张应祥. 资本主义城市空间的政治经济学分析——西方城市社会学理论的一种视角 [J]. 广东社会科学，2005（5）：82-88.
3　Roweis S T, Scott A J. The Urban Land Question, in K.Cox（ed.）, Urbanization and Conflict in Market Societies, Methuen：1978：63, 72.

2.1.2　国内相关理论与方法

随着我国社会经济的全面深化改革，城市已经超越了过去西方城市规划管理所涉及的范围和深度，我国城市规划体系也直面各类城市发展问题的考验。对比我国与西方国家实践经验，西方国家劣势在于失控的社会参与使大量技术成果在利益博弈中遗失且耗费大量的时间与经济成本。我国具有保障规划实施的体制优势：以《中华人民共和国城乡规划法》为代表的法律法规为基础，决定了法定规划管控要素条文化；民主集中的行政体制，由上一级政府审批法定规划、相关部门审核建设项目，形成了"自上而下"的管控模式；土地国有制也有利于实现对土地开发的统筹控制。

我国法定规划体系框架，是应对快速城镇化过程而构建，在相当长时期内以城市扩张、发展为目标，逐渐形成的层级传导式法定规划。近年来，我国规划实施与开发建设实际相结合的相关理论，在深度和广度两方面都有持续拓展，包括新时期国土空间规划体系构建及技术发展方向[7]，政府管理机制下规划实施传导和管理方式的讨论[8]，也有研究提出将管理与技术方法融合的城市设计整体性优化的方向[9]，在我国城市普遍进入城市更新的阶段，认识"城市生命有机体"的工程、人文、管理等多学科交叉属性，面向"系统更新"的思想方法等[10]。总体来看，适用于我国体制的规划实施方法理论还在起步阶段，我国体制的优越性在探索中尚未得到充分发挥。

4　乔纳森·巴奈特. 重新设计城市——原理实践实施 [M]. 北京：中国建筑工业出版社，2013.

5　Paul Davidoff. ADVOCACY AND PLURALISM IN PLANNING [J]. Journal of the American Institute of Planners, 1965, 31（4）: 331-338.

6　Albrechts Louis, Denayer William.Communicative Planning, E-mancipatory Politics and Postmod-ernism. Handbook of Urban Studies [M]. London: Sage Publications Ltd., 2001.

7　Judith E. Innes, David E. Booher, 侯丽, 干靓. 网络化社会中的制度规划：合作规划理论 [J]. 国外城市规划，2004（2）: 23-28, 17.

8　纳恩·埃琳. 整体城市主义 [M]. 北京：中国建筑工业出版社，2019.

9　Mandelker, D.R. Legislation for planned unit developments and master-planned communities [J]. The Urban Lawyer, 2008, 40（3）: 419.

10　顾宗培, 王宏杰, 贾刘强. 法国城市设计法定管控路径及其借鉴 [J]. 规划师，2018, 34（7）: 33-40.

控规优化和城市设计引导，是目前我国规划实施体系优化方面的主要探索方向。控规作为我国法定体系中规划实施管理的主要依据，向上继承、深化、落实总规意图，向下作为开发建设的前置条件，形成土地开发的"契约"，其规划实施传导作用毋庸置疑。同时，"城市设计是落实城市规划、指导建筑设计、塑造城市特色风貌的有效手段"已经形成共识。从规划作为政府管理职能的视角，规划管控和设计管控都是对于城市建成环境的公共干预[11]。

当前，面向高质量发展、服务于规划实施的重点地区总设计师制度探索也十分活跃。在深圳、广州、北京等地已踊跃出一批眼光前瞻、思维开阔、经验丰富的总设计师群体，他们正在与政府部门携手共进，持续深化、丰富和完善实践。总设计师"要关注的不仅包括城市美学问题，还要考虑诸如城市片区发展的各种要素，系统之间的相互关系等更广泛、更全面的城市问题"。总设计师制度要协调、统合公众参与中比较分散的建议诉求，并在不同开发主体、管理主体、技术专业之间起到"起承转合"的重要作用[12]。由总设计师领衔，以城市设计的公共价值观规范建筑方的行为，从而形成对城市公共利益的维护，以公共利益、环境效益的维护为核心工作，基于城市设计原则参与建设管理[13]，有助于在规划实施中进一步提升空间品质、提高土地效率。各方从问题范畴、价值协调、专业统筹等不同角度对总设计师制度的特征做出了阐释，其共同点在于，都是将在当下实践中形成的对规划实施的深刻认识，反馈到对总设计师的制度设计当中。

随着我国城市人口的比重进一步增加，集约紧凑的立体化、复合化都市形态发展模式成为城市中心区发展研究的热门议题。从城市更新的系统性综合分析角度，研究认为城市中心区更新，需要经济效益、社会效益和环境效益三者的有机统一[14]。从城市规划设计、土地产权划分，以及项目运营等三大方面系统地提出旧城更新的具体操作对策，如规划原则、规划内容、规划策划、土地储备方式、融资模式、土地交易方式、政府行为、促进实施的政策、保障实施的制度建设等[15]。城市高质量发展转型下的规划实施在低碳城市、低碳社区与绿色建筑、TOD 开发、地下空间利用、绿色基础设施建设等方面均有广泛的工程科学视角的探索（表 2-2）。

表 2-2 国内规划实施相关理论观点梳理

国内相关理论研究方向	学者	主要观点
国土空间规划	吴志强等	融合生态文明，回归规划要义，面向技术赋能[1]
规划实施传导	孙施文等	充分考虑规划体系与治理结构的关系，从规划行政事权和实施管理角度考虑规划编制内容[2]
城市设计管理方法和实施方法	沈磊等	系统建构"城市设计整体性管理方法体系"与"城市设计整体性实施方法体系"[3]
城市更新	阳建强等	构建基于"城市生命有机体"的城市更新基础理论和方法体系[4]
总体城市设计和管控方式	唐子来等	建立和完善设计控制的传导机制，并推动城市设计控制由自由裁量型为主的管控方式转向规划约定型为主的管控方式[5]
城市设计导则地区总规划师、总设计师	孙一民、孟建民、王建国等	地区总设计师要关注的不仅包括城市美学问题，还要考虑诸如城市片区发展的各种要素，系统之间的相互关系等更广泛、更全面的城市问题[6]。 城市设计导则明确市场方的公共责任，以城市设计的价值观规范建筑方的行为，从而形成对城市公共利益的维护[7]
城市设计和工程建设相关领域	—	低碳城市、低碳社区与绿色建筑、TOD 开发、地下空间利用、绿色基础设施建设

1　吴志强. 融合生态文明 回归规划要义 面向技术赋能——解读《国土空间规划标准体系建设三年行动计划》[J]. 未来城市设计与运营, 2022（1）: 15-16.
2　孙施文, 刘奇志, 邓红蒂, 等. 国土空间规划怎么做[J]. 城市规划, 2020, 44（1）: 112-116.
3　沈磊, 张玮, 马尚敏. 城市设计整体性管理实施方法建构——以天津实践为例[J]. 城市发展研究, 2019, 26（10）: 28-36, 47.
4　阳建强. 新发展阶段城市更新的基本特征与规划建议[J]. 国家治理, 2021（47）: 17-22.
5　唐子来, 张泽, 付磊, 等. 总体城市设计的传导机制和管控方式——大理市下关片区的实践探索[J]. 城市规划学刊, 2020（5）: 18-24.
6　王建国, 孟建民. 院士观点: 城市总设计师工作的缘起、特征与展望[J]. 建筑技艺, 2021, 27（3）: 7.
7　孙一民. 总设计师制与城市设计实施[J]. 建筑技艺, 2021, 27（3）: 6.

2.2 我国核心城市面向实施的规划成果

以北京、上海、广州、深圳为代表的我国核心城市，已完成了城市整体空间结构搭建、大型基础设施布局，以及分期分片进行填充式开发建设的过程。对于核心城市而言，规划是否能适应城市转型阶段的发展需求，实现传导与实施落地，是在土地资源紧束和更开放市场、多方博弈压力面前必须回答的问题。近20年来核心城市的城市规划体系持续发展，展现为多样化、不断创新的实践成果，针对城市不同发展阶段"更好推进规划实施"的目的，提升了传统空间规划的可实施性。随着我国城市化进程的不断加快，城市发展质量问题日益凸显，公共产品和服务供给不足、环境污染、交通拥堵等"城市病"问题，是当前和今后一个时期制约我国城市持续健康发展和高质量发展的主要根源。因此，核心城市的规划实践成果对我国其他城市也有较强的借鉴意义。

总体来看，以北京、上海、广州、深圳为代表的各核心城市的法定规划体系普遍采用规模在 $5km^2$ 以内的规划编制单元进行城市全域覆盖，在单元范围内对应相应的城市公共管理（表2-3）。面向实施的规划实践包括三个方向，即：优化控规实施传导的法定图则、融合市场开发需求的实施引导方案和重点地区总设计师制度。"优化控规实施传导的法定图则"结合城市既有的以控规为核心的法定规划管理制度，实施内容的增补，提高市场经济下控规实施效能；尝试以控规纵向延伸的实施技术与政策机制结合的形式，解决城市规划与发展计划不协调、政出多门分散决策的矛盾，统筹政府公共发展计划与市场发展意愿在空间上的协调；"融合市场开发需求的实施引导方案"是结合各个城市的城市更新、产业功能转型等市场需求，针对存量开发和多元利益主体的协商式行动规划，通过对参与主体的责任落实和利益协调，实现城市功能提升与再造的系统工程；"重点地区总设计师制度"力图在制度层面改进，以专家咨询、总师总控等多种形式推进地区的发展决策和高品质实施，解决存量时期城市建设发展内涵式转型的问题。

2.2.1 优化控规实施传导的法定图则

控规在法定体系里处于承接城市总体规划，衔接土地出让环节和项目建设的中间环节，其中观层面的规划实施传导作用十分重要。在既定法定

表2-3　北京、上海、深圳法定规划体系管理单元空间范围示例

	一级	二级	图示
北京	中心城区街区 1～3km² （在详细规划阶段形成"街区—街坊—地块"三级管控递进）	中心城区街坊 10～30hm²	北京规划层级[1]
上海	控规编制单元3km²（以行政边界为基础、结合干线道路和河道，落实15分钟社区生活圈的规划要求，单元规划的单元划分控制在3km²，常住人口5万～10万人的空间范围）	街坊控规 在形成稳固的空间结构与开发单元后，根据土地出让工作，在充分对接开发需求的基础上，组织街坊控规编制工作	上海市单元规划[2]
深圳	发展单元2～5km²（以功能完整性、行政管理的系统性，以及实施的可行性，结合具体道路、山体、河流等自然地理边界，以2～5km²划定发展单元）	子单元 平均约30hm² （在单元空间基础上，划分子单元，以笋岗清水河片区城市发展单元共划定16个子单元，平均规模约30hm²）	深圳城市发展单元规划[3]

规划管理体系比较完善，对控规社会共识度较高的城市，采用以城市设计、建筑指标验证、实施计划等方式增补控规，显示精细化规划管控与项目实施的衔接。随着规划设计管理的力度、深度、精度不断强化，各城市形成具有各自特色的法定化图则体系，以优化控规向开发、建设阶段传导的技术成果形式。

1　根据资料自绘：《北京市密云区0104等街区控制性详细规划（街区层面）（2020—2035年）》《密云区生态商务区B、C组团规划综合实施方案》规划图则。
2　图片来源：《上海市徐汇区单元规划（含重点公共基础设施专项规划）草案公示稿》。
3　图片来源：《深圳笋岗清水河片区城市发展单元规划大纲》。

1）上海控规"1+1"图则

为适应超大城市精细化治理要求，上海自 2003 年起，以"分层次、分系统"为原则，在全市范围开展控规编制单元全覆盖，形成"以一张法定图则为主、单元全覆盖"的控规管理新模式。"1+1"图则形式包括：1 张普适图则，精简控制要素，确保刚性，强化对各类公共设施、基础设施和控制线的控制，增加对城市公共空间的界面管制要求，包括标志性建筑、街道界面、公共空间的具体设计要求等；同时，弱化对项目地块内部指标的控制，1 张附加图则，在特定地区，立足精细化管理，通过城市设计、历史风貌保护规划等，将全方位的空间管制、风貌保护等控制要素纳入刚性指标体系。重点对建筑形态、公共空间、道路交通、地下空间、生态环境做出相应的指标或引导要求[16]（图 2-1）。

2）深圳详细蓝图

深圳规划实施的核心从小区规划到控规再到法定图则，其特点是在规划编制上由封闭逐步走向开放，控制手段由方案到指标再到法定文件，在规划管理上从模糊到要素简化，再到依法行政[17]。自 1998 年《深圳市城市规划条例》确立了法定图则的法定地位后，20 多年的实践证明，在技术深度上法定图则近似于控规，而其意义超出了技术范畴，随着城市发展，详细蓝图在法定图则基础上进一步发展。在空间层面，聚焦功能控制和形体环境控制两大方面，形成 38 项具体要素，有效衔接项目建设；同时，结合用地实际情况和开发条件，提出实施规划方案的分期计划、管理操作建议、方案深化反馈等具体的实施安排[18]（图 2-2）。

3）北京规划综合实施方案

在落实国家国土空间规划体系改革要求，加强规划监督约束、切实维护规划严肃性的背景下，北京市建立了"三级三类四体系"的国土空间规划体系（图 2-3），并通过法定条例构建了"街区指引、街区控规、规划综合实施方案"的详细规划传导体系[19]。2020 年 4 月 20 日发布的"北京实施意见"，确定规划综合实施方案属于"详细规划"范畴。

规划综合实施方案，统筹建设空间与非建设空间、增量使用和存量更新、资源保护和建设任务、实施方式和成本控制等方面内容，作为实施土地资源整理、城市有机更新、基础设施建设、生态治理的依据，明确土地权属、规划指标、城市设计要求、市政及交通条件、供地方式、建设时序等内容，

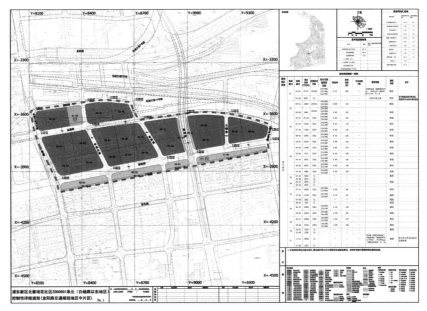

（a）普适图则

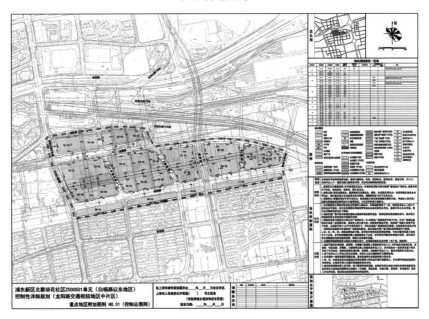

（b）附加图则

图 2-1 上海北蔡培花社区控规单元普适图则和附加图则 *

---

* 图片来源:《浦东新区北蔡培花社区 Z000501 单元（白杨路以东地区）控制性详细规划
（龙阳路交通枢纽地区中片区）》。

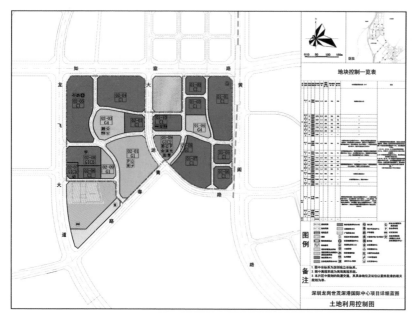

（a）土地利用控制图

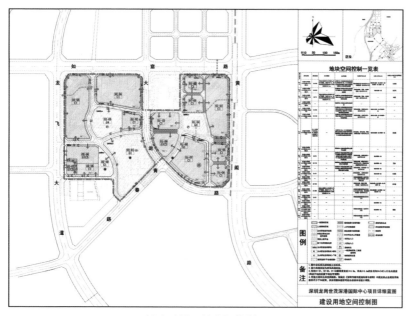

（b）建设用地空间控制图

图2-2　深圳龙岗世茂深港国际中心项目详细蓝图 *

---

* 图片来源：《深圳龙岗世贸深港国际中心项目详细蓝图》。

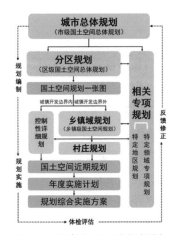

图2-3 北京市国土空间规划
体系示意图

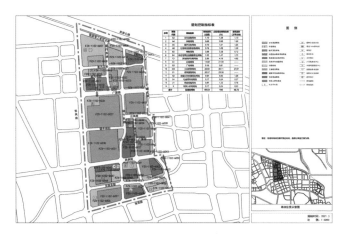

图2-4 北京规划综合实施方案规划图则 *

并与规划年度实施计划做好衔接[20]（图2-4）。工作成果呈现多种形式。一种主要类型是面向区域实施，空间范围相对较大，以乡镇或城市特定片区为规划范围，开展城乡统筹、区域协调等内容；另一种主要类型是面向土地供应和基础设施建设，空间范围相对较小，以一个或多个地块为规划范围，一般有较为明确的实施主体，确定具体的地块指标，制订详细的资金安排与实施计划，作为核发规划许可的依据。

2.2.2 融合市场需求的实施引导方案

随着各核心城市进入城市更新阶段，规划实施向融合市场需求的规划引导方向发展。规划实施涉及面广，各种因素彼此关联、相互影响，需要从多个角度予以协调。对于规划实施的总体谋划，必须从城市宏观层面着眼于长远发展的目标，对近期工作予以整体平衡。对从城市核心区和重点区域整体开发的角度的城市更新，不能仅进行个案的分析，还需对整体片区乃至整个城市发展的影响作出科学评估，进行综合实施方案的编制。对于规划实施涉及的政策，需要考虑在经济、规划、土地、法律、行政管理等多个方面，加强系统研究，制定完善的政策体系。

---

* 图片来源：《张家湾设计小镇启动区规划综合实施方案》。

1）深圳城市发展单元规划

深圳市于 2011 年探索建立城市发展单元制度，与法定规划平行实施，按开发实际需求制定城市发展单元规划。城市发展单元规划针对城市重点发展地区，建立多个利益主体协商的平台，综合运用规划、土地、财税等多种政策手段，吸引多方参与，实现利益共享、责任共担、多方共赢。以规划实施为最终目标，有效统筹自上而下的规划要求和自下而上的实施诉求。

城市发展单元规划包含城市发展单元大纲和子单元规划两部分（图 2-5）。在市场经济环境下，子单元划分与投融资模式结合，且自主权下放到利益相关主体的子单元中，可由开发主体根据大纲设定负责编制，由政府组织协调[21]。可以说，项目实施各类相关权益人共同参与协商，贯穿子单元规划编制始终，体现了面向实施的多方参与的协调性。

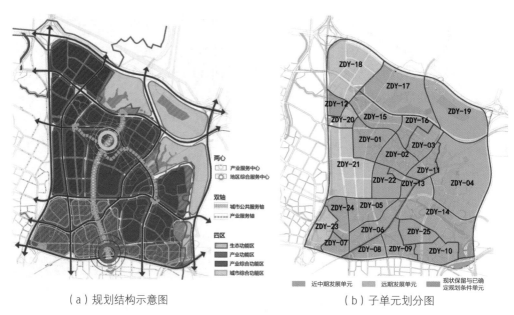

（a）规划结构示意图　　　　　　　　　　（b）子单元划分图

图 2-5 深圳发展单元规划*

2）深圳城市更新单元规划

2009 年，深圳颁布了《深圳市城市更新办法》，推动城市更新单元实施，创建了片区统筹更新模式，提出了"政府引导、市场运作、规划统筹、节约集约、保障权益、公众参与"的原则，具体实施对象为城市核心区域和战略

---

* 图片来源：《深圳龙岗华为科技城城市发展单元规划大纲》。

重点区域[22]。深圳市城市更新单元规划（图2-6）以确定规划要求、协调各方利益、落实更新目标与责任为重点，按照全市划定的更新单元和制定的更新计划，由多个专题研究提供支撑，就更新模式、土地利用、配套设施、地权协调等内容作出详细安排。主要内容有更新目标、方式、控制指标、基础设施、公共服务设施以及城市设计指引等，需对更新单元内拆除用地范围、利益用地范围和开发建设用地范围等进行划定。为了提高规划的可行性，更新单元规划编制阶段还需要制订实施计划，包括分期实施计划、落实期限、实施主体的各项责任（如拆迁、土地或设施移交责任）等内容。

图2-6 深圳城市更新单元规划*

城市更新单元规划作为更新项目开展的基本依据，突出经济可行性与实施计划安排，将产权核查与历史用地处置作为产权重构基础，构建满足利益平衡需求的可开发空间量化规则，开展详细的经济可行性测算，并制定包括移交配建、捆绑实施、搬迁安置等在内的具体实施安排，指导更新项目的落实。

3）广州城市更新项目实施方案

2015年广州市城市更新局正式挂牌成立，出台了核心文件《广州市城

---

* 图片来源：《关于龙岗区布吉街道南门墩片区城市更新单元规划（草案）的公示》。

市更新办法》，以及《广州市旧村庄更新实施办法》《广州市旧厂房更新实施办法》《广州市旧城镇更新实施办法》这3个配套文件。随着广州城市更新政策的完善，广州已将"三旧"改造提升为城市更新，内涵更加丰富、外延更加广泛。当前广州城市更新按照"三旧"改造政策、棚户区改造政策、危破旧房改造政策等相关政策要求，针对纳入城市更新项目实施年度计划的旧城、旧厂房、城中村"三旧"区域，结合项目主体需求，依据片区策划方案，编制更新项目实施方案，对接控规地块管理图则，编制具体更新地块的改造方案，落实各类专项规划，作为城市更新项目实施的依据。更新项目实施方案在对现状情况综合评估的基础上，通过详细的地价评估、经济平衡与资金安排，形成合理可行的开发规模与空间方案，并明确建设时序、实施主体及配建责任、社会经济环境效益等实施保障措施[23]（图2-7）。

街道景观贯穿城市场地

地面节点成为文化地标

空中节点打造多维自然

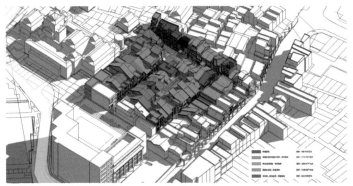

政府主导：由越秀区城市更新局主持，广州万科承建，社会参与，允许居民"自主更新"[1]。

图2-7 广州恩宁路永庆坊城市更新*

---

* 图片来源：https://www.gooood.cn/recovery-of-old-city-life-enning-rd-yongqingfang-renovation-in-guangzhou-china-by-atelier-cns.htm。

1 广州市荔湾区人民政府.激发老城市新活力，精雕细造永庆坊［EB/OL］.（2022-09-29）［2022-10-10］. http://www.lw.gov.cn/ztzl/wncyklw/lwjj/whlw/content/post_8589584.html.

2.2.3 重点地区总设计师制度

"城市总设计师"是一个统称，代表着规划师、建筑师等专业人士将城市发展和总体控制作为核心任务而承担的职责[24]。当前，实现城市高质量发展和高品质生活需要有高水平治理的支持，总设计师制度作为一种管理机制，逐渐在上海、深圳、广州等地的城市重点发展地区实践开来，虽然出现了诸如"总设计师""总规划师""总建筑师"等不同的名称，但其核心都是通过专业技术团队介入全过程规划实施，实现对城市建设管理的反思和改变，例如吴志强团队为上海世博会园区总规划师、何镜堂团队为广州国际金融城顾问总规划师、孙一民团队为广州琶洲CBD总设计师、孟建民团队为深圳湾超级总部基地总设计师等。上述总设计师制度的实践，均为城市重点地区的偏重建筑组群和综合开发的项目，一定程度上继承了传统的城市设计管理的工作思路，"基本上是以城市设计成果作为范本和管理的依据，本质上是通过节点的方式来推进的"[12]。

随着对城市总设计师实践探索的深入，结合不同的项目特征，出现了对于社会、经济各专业宏观系统性协调的规划师为总，或以中微观技术性协调的建筑师为总师的不同类型，以及单总师、双总师等不同模式的选择（图2-8）。总师制通过技术协调、专业咨询和技术审查，服务于城市设计的精细化管理。新时代城市内涵式发展所面临的城市转型问题日益复杂，不仅仅是物质空间美学设计，还需要关注城市发展中各种关联系统之间的

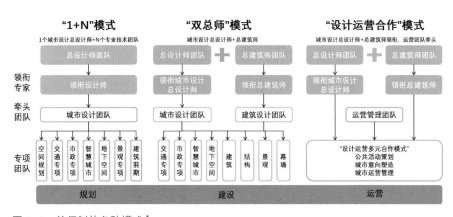

图2-8 总师制的多种模式*

---

* 根据资料自绘：王富海.新时代面向规划实施的地区总设计师制度探讨［J］.当代建筑，2022（5）：36-39.

相互关系；总设计师制度的核心使命就是为城市发展的转型破题，谋划可科学实施的规划，帮助建立城市建设发展的自我优化机制；更强调过程的合理性，基于城市和产业的发展规律，结合时间、财力、组织等运营要素，以渐进规划的方式，对地区的建设运营做出合理的时空安排[25]。当前，面向高质量发展、服务于规划实施的城市总设计师制度仍在持续探索，其定性定义、工作范围、组织架构、运行机制等各方面内容都需要在实践中不断明确，研究总师制与行政管理的界限。

我国核心城市法定规划成果的编制演进表明，规划实施不再是"自上而下"单向的空间规划编制和层级式的传导过程，而是综合性的城市发展治理。法定规划编制正在与城市区域整体开发的土地计划、财税平台等系列政策结合，不断融入以控规为核心的技术过程，实施导向日益凸显。

由于我国城市化发展的不平衡，核心城市面向规划实施的技术成果，可为其他城市提供具有普适意义的启示和借鉴，包括三个基本方向：

第一，核心城市控规编制和管理模式，对于部分后发城市仍具有一定的借鉴示范价值。控规实施，以标准的规划开发控制体系为主导，集空间规划、开发策划、城市设计于一体的技术成果法制化、规范化仍大有可为。

第二，规划实施与公共投资计划、土地管理对接，突出重点地区和重要项目推进的行动计划，是运用政府主导和统筹手段，规范市场化发展，研究制定对上承接国土空间发展指标，对下引导项目建设的综合实施方案。

第三，在存量时代，城市中多数地区建设，面临对已形成路径依赖的城市建设发展模式如何进行转型的问题。城市总设计师制度在制度层面改进，以专家咨询、总师总控等多种形式推进地区的发展决策和高品质实施。

2.3 既有规划实施面临的问题

随着城市化的快速发展，以北京、上海、广州、深圳为代表的我国核心城市，在建设和扩张过程中，不同程度地遇到了土地资源紧缺、已建用地利用低效、城市更新推进困难等问题，并以法定图则和实施引导方案为主要探索方向，针对城市不同发展阶段"更好推进规划实施"的目的发挥了作用，提升了传统空间规划的可操作性。

然而，法定规划对接项目建设实施的长期矛盾仍然存在：法定规划对城市发展要素从政府目标角度进行"自上而下"的整体性安排，大量行动计划、项目策划等貌似实施的工作内容，仍然没有脱离蓝图式的思维。而项目建设实施是以项目和市场为基础，展开的"自下而上"的具体行动，规划指标、空间要求落地与实际开发建设的推进步骤、项目运营安排相脱节。此外，发展于城市核心区城市更新实践中的区域整体开发，项目工作展开往往面临5～10年较长开发周期（详见1区域整体开发的实施），规划实施和落地传导机制更加复杂，难以毕其功于一役。

　　我国的土地开发建设有一条较长的管理链，主要包括规划编制与审批、规划建设管理、土地出让与土地管理、开发建设管理、不动产登记与房屋管理等多个环节（图2-9）。可见，土地开发建设经历了从规划层面的土地用途到建设实施层面的建筑使用功能的管控传导过程，规划编制与审批、土地出让与土地管理、不动产登记与房屋管理作为影响土地建设用途与实际使用效果的核心环节，规划实施漫长流程对区域整体开发的目标具有重要影响。

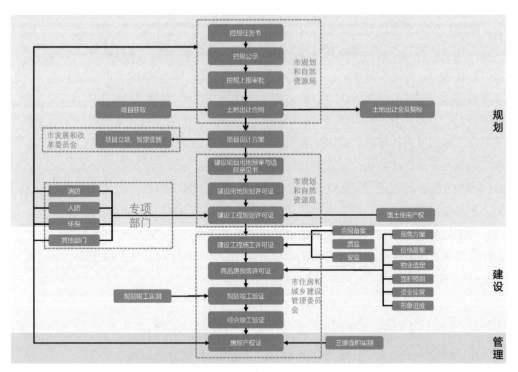

图2-9　规划实施的"规—建—管"政府管理流程[*]

---

[*]　根据资料自绘：中国城市规划设计研究院上海分院《新城试点区规建管机制研究》，2022.8.26。

在理想的制度设计中，理应针对各环节形成跨部门、连续且有效衔接的管理流程，但现实情况是，由于没有统一的管理体系，规划实施包括规划、建设、管理三个主要阶段，是涉及多个政府部门参与、多项流程的复杂机制。从城市政府管理的既有机制来看，在规划阶段由规划部门参与规划前期控规，从土地出让合同到建设工程规划许可证的一系列审批流程；在建设阶段，住建部门参与建设工程施工许可证到房屋产权证的一系列流程；过程中还涉及消防、人防、环保、房管等各专业部门；在管理阶段，政府管理与项目的实际运营管理之间存在真空。本应体现规划弹性的长周期的区域整体开发通常遇到以下瓶颈：在政府、市场二元合作机制下，从法定规划到项目建设的规划实施，"规—建—管"三个阶段彼此脱节，不能适应当前阶段城市高质量发展的需要，对其中主要难点分析如下：

2.3.1 规划阶段：技术指标缺少综合平衡论证

规划阶段的实施难点表现在控规阶段指标设置缺少市场开发和专项规划论证，难以向实施传导。规划整体性是从区域整体的角度考虑一系列开发容量的指标设置、公共资源配置，以及公共服务提供，这些指标在没有市场验证的情况下，常常缺乏操作性。另外，在专项规划和控规之间的横向传导存在障碍，一方面作为项目土地出让前规划条件的依据，控规一般对专项规划采取意见部门征询的模式，确定主要设施的落位和控制线等要素，专项部门确定的规划条件深度较浅，采取底线控制的思路和模式，缺少充分的论证支撑。另一方面，各专项规划之间由于分属部门、编制时序、参照技术规范不同，各系统间经常存在空间需求上的碰撞冲突，在控规编制阶段不能充分协调，专项规划难以联动，造成前期规划工作的资源浪费。即使符合规划弹性的用途微调，可能也需要征询各相关部门的意见，并且需要经历重新拟定规划条件等冗繁程序。

2.3.2 建设阶段：各界面缺少高效的统筹协调

建设阶段的实施难点从规划管理角度，表现为项目建设的控规条件难以持续优化。规划、建筑管理部门的审批流程环节间存在脱节，方案审议、图纸审批、验收与后续管理手续比较复杂。在城市片区尺度，由城市总规和控规确定的道路红线、公共绿化绿线、河道蓝线、市政和公共设施边界、开发功能指标等，在项目建设的尺度，经常会产生项目功能开发和城市空间割离，蓝线、绿线划设不合理等问题。在多元（合作）开发模式下，多元化开发主体的统筹意愿和实力差距较大，控规蓝图在由土地开发控制进入项目实际建设阶段后，各界面缺少高效的统筹协调。

项目开发模式的多样性，决定了其"产权、设计、建设、管理"界面相互交织，使得报批、报建和建设管理的复杂性加大，在空间一体化的要求下，规划、交通、建筑设计、水利、能源、结构机电等各个专业之间协调难度大，造成与建设管理之间的潜在隔阂。

2.3.3 管理阶段：运营协调机制亟待建立

管理阶段的实施难点表现在政府管理、项目运营之间的评估反馈机制尚未建立。全生命周期的管理阶段，不仅包括政府规划管理，也包括项目运营管理。常见的政府规划管理文件更多地基于我国规划管理和法定规划编制的法定体系，对总体指标、范围、边界等有明确的规定，但对分层开发、立体公共空间品质、人行舒适性、公共设施的筹建与运维存在空白和盲区。面对项目运营管理流程，由于缺乏政府规划、市场层面统一的协调管理，各运营主体包括大小物业、市政交通等城市功能运行、市场盈利运营等，缺少主体间持续性的互动反馈调节机制，也缺少各主体对城市法定规划实施问题的预判和总结，施工建设和运维管理阶段缺乏清晰的反馈组织架构与闭合的工作流程。

自然资源部的重组和国土空间规划体系的建立尝试打通规划编制与审批、土地出让与土地管理、不动产登记与房屋管理多个影响土地建设用途核心环节的管控方式，这也要求在区域开发项目的规划和建设管理环节中形成统一的标准逻辑。

2.4 上海规划实施平台的创新机制实践

2.4.1 规划体系发展的三个阶段

作为全国较早引入控规的城市，从1982年上海市虹桥开发区首次尝试通过编制规划进行开发控制以来，上海通过对以控规为核心的法定规划体系不断完善，有针对性地解决了不同时期城市发展诉求。控规也经历了一个从无到有、从单一到系统、从粗放式到精细化的演变过程，在城市发展和规划管理中发挥了重要作用[26]。

2003年《上海市城市规划条例》颁布施行，初步确立五个法定规划管理层次；2008年在上海"两规合一"背景下，控规改革提速，建成相对完整的控规体系；2017年开始，为响应"上海2035"总规理念，上海着力探索各层次规划的新内涵，进行全域满覆盖的精细化规划管理。上海规划体系构建完善的过程中，始终伴随着超大城市社会经济发展和城市空间转型的不断深化，政府体制改革紧跟土地、城市空间集约利用的发展步伐。按照城市发展进程，总结上海各阶段规划工作重点的转变，分为三个阶段（图2-10）：

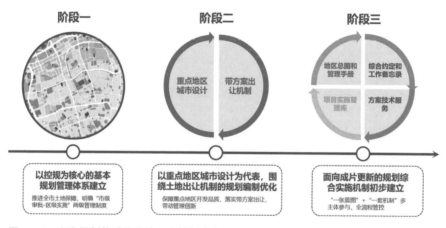

图 2-10 上海规划体系构建的三个特征阶段

1）以控规为核心的基本规划管理体系建立

（1）控规体系建立和系列工作制度推行

2003年《上海市城市规划条例》建立了"总体规划—分区规划—控制性编制单元规划—控规—项目管理"5个规划管理层次，以及996个控规单元。至2010年完成6300km²全市市域单元控规覆盖，上海出台了一系列政策文件，从管理规定、技术标准、成果规范、操作规程等四个方面明确"四位一体"管理工作的各项制度和要求。法定控规作为上海规划体系的核心环节，一方面实现了规划编制与管理程序的对接；另一方面也体现了由"建设型"向"控制型"的转变。控规对城市建设管理的基础保障作用逐渐形成社会共识。

（2）"两规合一"：保障控规实施的制度设计

自2008年开始开展规划土地管理模式探索。以城市规划引导和管理土地及城市空间，一是改变了规划管理理念，提高了城市规划的管控能力；二是引入土地年度计划手段，提高了城市规划的配给能力。两规合一制度的推行，对投资项目的空间统筹发挥了明确的效果，但市场角度则显得缺乏应变和弹性。在这一阶段的城市发展中存在着诸多涉及土地使用和空间管理的现实问题，聚焦在控规这一核心环节，这就对控规的科学性、合理性和可操作性提出了新的更高要求。

（3）市级审批、区级实施分工

机构设置上，上海明确了规划全过程管理的"三分开"，即编制、审批和实施分开[26]。市规划管理部门组织编制（设计单位编制），统一组织、协调和保障控规工作的开展；市人民政府审批；区县人民政府组织实施，同时发挥区规划管理部门的主动性[27]。逐步下放规划、市政设施管理事权，并不断结合区县的工作特点和情况，细化完善分区分类的操作规程。此外，成立上海市规划编审中心，分离规划审批与技术审查职能，旨在对各阶段方案的合理性提出修改完善意见，对程序、基础、规划、规范等进行技术审查。设立规划委员会负责审议、协调规划中的重大事项，为市人民政府提供规划决策的参考依据。

2）以重点地区城市设计为代表，围绕土地出让机制的规划管控优化

2005 年起，在世博会和黄浦江滨江开发等城市重大事件背景下，上海对世博地区、虹桥交通枢纽地区、徐汇滨江地区等多个重点地区提出高起点规划、高水平设计、高质量建设的要求，合理的土地出让机制和运营管理模式是实现上述城市区域超前理念和功能整体性、提升形象品质的重要保证。重点地区的国际方案征集和城市设计工作在此条件下开展，三维空间设计和公共要素控制的引导，成为这一时期规划编制优化的重要手段。

为了解决"土地出让"与"市场运作"的冲突，进一步落实整体功能和形态规划，上海在土地出让上探索建立带方案招标制度，结合形态控制设置合理门槛，作为规划条件纳入土地出让合同中。结合项目自身不同的开发机制，将开发需求、功能策划、设计方案、基础设施及地下空间建设等要求在土地出让前予以明确，保证项目从规划到实施的有效传导，确保开发建设的品质（表2-4）。例如在徐汇滨江西岸传媒港地上土地出让采取"带地下空间、带设计方案、带绿色标准"的"三带"开发模式，支持建设用地地上、地下分开出让、地上部分带条件出让[28]。

表 2-4　不同开发机制下土地出让前需要完成的工作及路径 *

开发主体	出让方式	地块出让前需要完成的主要工作					案例
		开发需求	功能策划	城市设计及建筑概念方案	建筑工程设计	地下空间设施建筑	
一、二级开发商	三带	√	√	√	√	√	西岸传媒港
	二带	√	√	√	√		世博 B 片区^注
一级开发商	三带			√	√	√	世博 A 片区
	二带		√	√			世博 A06

注：其中世博 B 片区出让前为"二带"（带方案、带绿色标准），出让后，通过大量统筹协调工作，二级开发单位均同意委托一级开发商世发集团对地下空间进行统一建设和管理，从开发模式看，仍可归入三带出让。

　　围绕土地出让机制，依托城市设计机制可以更好地发挥"一张蓝图"的引领作用，有助于推进重点片区的整体开发。城市设计作为一种控制成果参与城市建设管理，以城市空间总体构图引导地块设计，同步规划发展提供了"一张蓝图"，并总结提炼为各地块地上、地下土地出让时的规划设计条件。上海世博 B 片区央企总部基地项目、徐汇滨江西岸传媒港项目中均采用了"城市设计+设计总控"模式进行规划设计，衔接政府城市理念，为业主制定总体设计导则，为单体建筑设计提供约定框架，确保土地出让后总体设计的协调性和整体性。徐汇滨江西岸传媒港项目通过编制控规附加图则，确立了城市设计的法律地位，推进了规划管理由指标管理向空间管制转变，为上海市规划管理精细化奠定了坚实的技术基础。

　　为了加强空间引导的法定化，2011 年《上海市控制性详细规划技术准则》首次提出"重点地区控规需编制附加图则"，以加强在原控规指标控制基础上对城市空间形态的管控，推出以"普适图则"配合"附加图则""1+1"的图则成果控制模式。"普适图则"是对普遍的控制线和刚性指标的控制；"附加图则"则是将城市设计成果核心转化为城市空间管理政策的一种法定工具 [16]（图 2-11）。

* 资料来源：周建非. 精细化管理模式下城市设计和附加图则组织编制的工作方法初探
[J]. 上海城市规划，2013（3）：91-96.

（a）徐汇滨江西岸传媒港城市设计总平面图　（b）徐汇滨江西岸传媒港城市设计效果图

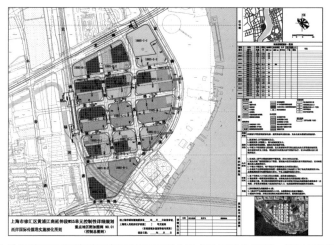

（c）徐汇滨江西岸传媒港实施深化图则（重点地区附加图则—控制总图则）

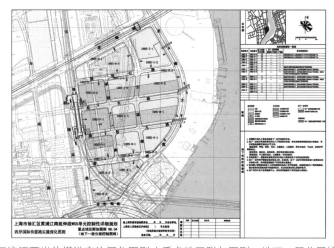

（d）徐汇滨江西岸传媒港实施深化图则（重点地区附加图则—地下一层分层控制图则）

图 2-11 重点地区城市设计和附加图则（以徐汇滨江西岸传媒港为例）

在《上海市控制性详细规划成果规范（2016 版）》《上海市控制性详细规划成果规范（2020 试行版）》中，城市设计管控范围从原本确定的"重点地区"向全市城镇建设用地扩展，细化三级地区的成果深度和管控力度（表 2-5）。这一过程中，控规更加强调设计要素的细化、设计目标传导和对接开发需求。从设计要素分类角度，附加图则对建筑形态、公共空间、道路交通、地下空间、生态环境做出相应引导，注重对基础性、公益性、公共性要素的提升。从设计目标传导角度，城市设计以附加图则的形式纳入控规并建立法定地位。从对接开发需求角度来看，结合不同的开发机制和实施条件，守住底线并加强弹性适应，形成差异化的规划开发条件。

表 2-5　上海城市设计分级分类引导表 *

分　类		分　级		
		一级地区	二级地区	三级地区
公共活动中心区		中央活动区、城市副中心范围内根据控规划示出的核心区域	中央活动区，城市副中心范围内根据控规划示的区域，地区中心	社区中心
重要滨水区与风景区		黄浦江两岸、苏州河滨河的腹地地区、佘山国家旅游度假区、淀山湖风景区、国际旅游度假区等根据控规划示出的核心区域	黄浦江两岸、苏州河滨河的腹地地区、佘山国家旅游度假区、淀山湖风景区、国际旅游度假区等根据控规划示出的区域	重要景观河道两侧、市级和区级公共绿地及周边地区
交通枢纽地区		对外交通枢纽区根据控规划示出的核心区域	对外交通枢纽地区根据控规划示的其他区域三线及以上轨交换乘枢纽周边地区（二线轨交换乘枢纽周边地区可视情况纳入二级地区）	其他轨交站点周边地区
历史风貌地区		历史文化风貌区、风貌保护街坊风貌保护道路（街巷）和风貌保护河道的两侧街坊	历史文化风貌区和风貌保护街坊以外的文物保护单位，优秀历史建筑的保护范围和建设控制范围所涉及的街坊	—
其他地区	居住区	—	根据控规划示出的区域	居住区
	产业区块	—		产业社区产业基地
	存量地区	—		建成地区

* 资料来源：《上海市控制性详细规划成果规范（2020 试行版）》。

3）面向成片更新的规划综合实施机制初步建立

上海城市空间结构已基本稳定，实现控规全覆盖，规划工作重点由分解管控指标向聚焦公共利益、增强空间引导、强化有效落实转变，以精细化技术标准进行全域规划管理。在增强内部技术方法适应性的同时，也尝试从规划编制改革和规划体系完善的角度，推动城市更新时代超大城市规划治理模式的转变。

2015 年《上海市城市更新实施办法》和 2021 年《上海市城市更新条例》颁布，目标是提升城市功能，对建成区城市空间形态进行可持续改善，核心政策突出"政府引导下的减量增效"，城市更新实行区域评估、实施计划和全生命周期管理相结合的管理制度。从规划机制上看，城市更新单元作为上海城市更新的基本规划单元，是成片地区结合控规实施规划的管控依据。从土地机制上看，上海城市更新项目实行土地全生命周期管理，以"合约"形式对土地利用及城市更新建设要求进行约束性空间管控。

在《上海市国民经济和社会发展第十四个五年规划和二〇三五年远景目标纲要》确定的"中心辐射、两翼齐飞、新城发力、南北转型"的空间格局下，主城区的城市更新、嘉定、青浦、松江、奉贤、南汇五个新城地区、宝山和金山南北产业转型地区成为上海新一轮城市发展的战略高地[29]。在中心城地区，城市更新通过"契约式"管理，在土地合同中明确需要增加的开放空间与公共服务设施等，落实成片更新地区所紧缺的公共要素。主城区外围的新城、产业转型地区作为独立的综合性节点城市，其空间格局优化需在既有建成区占比较大的基础上开展，《上海市新城规划建设导则》提出"把全要素管理内容纳入土地全生命周期管理，率先建立重点地区的区域整体开发设计总控机制"。在政府与市场间建立紧密的互动机制，通过直接、高效的规划设计平台，协调政府与市场之间的不同利益诉求。

2021 年，上海市规划和自然资源局印发《关于开展建设项目规划实施平台管理工作的指导意见（试行）》和《上海市建设项目规划实施平台管理工作规则（试行）》。"针对城市开发和城市更新中多主体、小街区、区域广、周期长等情况，结合'一江一河'等重点区域以及五个新城的重点地区，先行开展规划实施平台管理工作"。这项举措是上海在规划实施机制层面，依托世博 B 片区央企总部基地、徐汇滨江西岸传媒港设计总控等实践案例，完善规划体系，探索规划综合实施的又一次机制创新。

2.4.2 规划实施平台的工作架构与优化

上海多年的城市发展，跨过了高速增长、转型发展再到城市更新的过程，城市空间发展也相应经历了增量为主、增量与存量并重，再到目前以存量再开发、社区更新为主的阶段性演进。上海自 2000 年起逐步建立一套完整的控规工作体系，2005 年起围绕一系列重点地区、重要项目尝试"带方案出让"深度的城市设计试点工作。自 2015 年起，推进成片城市更新的工作中，结合土地政策和区域评估，着手进行包括城市更新、新城建设在内的规划管理新机制的构建。在不同时期和发展阶段，控规优化、城市设计和土地机制支持三方面要素环环相扣，相互促进，构成了上海特色的实践历程中不可分割的环节。

2021 年 8 月颁布的《关于开展建设项目规划实施平台管理工作的指导意见（试行）》（以下简称《指导意见》）及《上海市建设项目规划实施平台管理工作规则（试行）》（以下简称《工作规则》）中，上海在国内首次提出"规划实施平台"这一名词。规划实施平台的引入是依托控规体系、强化规划实施的一项重要制度设计：由平台集中搭建工作架构、组织规划设计、推进规划和项目审批，直至工程实施建设，体现了规划管理与建设管理在实施导向下融合的新趋势。

1）工作架构

按照《指导意见》和《工作规则》，规划实施平台的工作架构包括三方面的主体：

（1）政府及相关管理部门

市或区政府、区或管委会的相关管理部门、市相关管理部门。

（2）综合实施主体

具有地区基础开发、协调推进、设计服务、运营管理能力的区域开发建设单位。

（3）专业服务团队／专家委员会

包括规划、建筑、景观、生态、交通、市政、商务、运营等领域专业团队，规划编制单位，相关行业领域具有较大影响力的专家[30]。

在工作组织和管理方面，不同主体之间的协调通过规划实施平台的一整套系列工作机制来实现，包括行政许可机制、组织控制机制、规划传导机制。在技术方面，依托地区总图技术，与城市设计纳入土地出让条件的实施保障机制结合为导则、项目实施库、管理手册、综合约定等系统成果输出形式，作为协调各主体共识的主要工具和项目落地方案。通过管理方法和技术方法两个维度的优化，形成贯穿全域、全过程的平台体系（图2-12）。

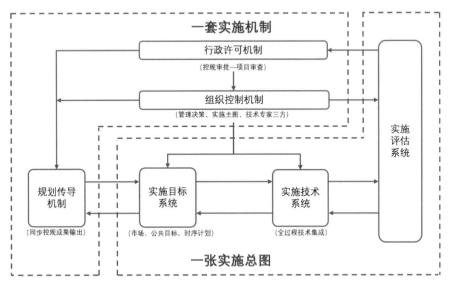

图2-12 上海规划实施平台"实施管理与实施技术"结合的整体性方法

2）管理方法优化

法制规划平台明确了在规划设计与规划实施之间，有不可逾越的重要环节——规划审批，上海规划实施平台依据规划审批进行权力与责任的约束。本节对《工作规则》和《指导意见》政策中内在逻辑进行总结，从行政许可、组织控制、规划传导三个方面进行梳理，提炼"规划实施平台"相对于原控规体系的管理优化要点。

（1）行政许可机制

地方政府行政许可制度构成规划行政和项目实施的基础。通过简化市区管理层次，由规划实施平台完成的方案市区共同研究、专家评审或相关技术论证的项目，审批建设项目方案时不再重复征询，推动"规划管理—项目许可"由前后分离向前后衔接转变。

（2）组织控制机制

规划实施平台包含两方面的组织架构。一是"综合实施主体—政府及相关管理部门—专业服务团队/专家委员会"组成的三方平台，激活区一级市场实施主体主观能动性，由专业技术力量对行政管理、政府部门实施决策进行有效支撑。二是"统筹协同工作机制",由实施主体构建实施平台,多部门协同工作,实现集中、扁平化管理与高效决策。

(3)规划传导机制

规划实施平台注重对基础性、公益性、公共性内容的规定与执行,不再以控规审批作为规划管理的终极节点,而是将控规相应关联成果(基础要素底板、任务书、附加图则、专项规划研究)作为协商过程中的成果形式,进行管控内容的充分讨论,延长控规达成管控共识的作用时效。

3)技术方法优化

按照实现政府治理水平现代化的要求,规划实施不能单纯强调"严格",而要在自觉、自主上多做文章,取得共识是规划实施的关键,实现规划编制、审批、实施的全过程的多方参与。规划实施平台围绕以"地区总图"为主要技术创新形式,探索建立共识的理念和切实可行的操作机制。本书对《指导意见》《工作规则》政策中的规则要素进行总结,从实施目标系统、实施技术系统和实施评估系统三个方面进行梳理。

(1)实施目标系统

城市开发和城市更新项目建设中多主体、小街区、区域广、周期长的特点,实施难点多,容易模糊实施焦点。规划实施平台始终锚定"高质量发展,高品质空间"目标,整合开发、设计、建设、运营、管理力量,通过地区总图专项研究、统筹协调,分区、分级、分类落实规划、建设、管理各项要求。

(2)实施技术系统

控规中公共要素内容需要与项目落地建立直接的关联,需要不断地全过程建筑设计验证,比如容积率和高度的调整,公共服务设施、交通其他要素的影响和建设时序等都要纳入验证过程。规划实施平台编制与法定规划体系相衔接的(根据批准的控规)、满足部门管理要求和实施主体需求的地区总图,具有综合设计和技术校核地位的技术方法体系。同时,做好地区总图等技术文件编制标准与规划资源信息系统数据标准的对接。

(3)实施评估系统

以控规修编、调整为目标的法定规划评估,容易落入"以文本落实文本"的流程性评估,在规划实施平台的运行中,对项目实施库运行、地区总图制定和维护、工作备忘录执行、技术服务效率等工作情况及规划实施执行度进行全过程评估,通过评估反馈机制和动态总图维护平台的建立,改善规划体系内部运作水平,提高各政府部门的协同运作效率,反哺未来的规划编制。

2.4.3 规划实施平台初期实践探索

自《指导意见》《工作规则》政策颁布，上海规划实施平台运作近两年的实践中，"行政许可机制"是系统整体运行的基础，"组织控制机制"是日常管理和重点项目实施中多主体参与的保障，"规划传导机制"确定的公共系统管控共识是实现城市长效治理的手段。同时，为保障重点项目的运行、决策效能，"实施目标系统""实施技术系统""实施评估系统"共同作用，促使区域整体开发项目长期、长效的实施落地。

根据《指导意见》《工作规则》政策要求，上海五个新城的重点地区（图 2-13）先行开展规划实施平台管理工作。实现新城建设"迈向最现代的未来之城"的总体目标愿景，满足"最具活力""最便利""最生态""最具特色"等发展要求[31]（图 2-14），各重点区域结合自身特点进行工作要求细化。如嘉定新城选取远香湖中央活动区（示范样板区）2.82km² 先行搭建规划实施平台，由新城公司作为综合实施主体，研究《远香湖示范样板区建设项目规划实施平台工作计划书》并获得区政府批复（图 2-15）。南汇新城初步完成临港新片区"3 + 1"管控平台，明确 17 个重点开发地区，选定 7 个实施统筹主体（图 2-16）。

临港新片区作为国家战略地区，目标建设"开放创新的全球枢纽、智慧生态的未来之城、产城融合的活力新城、宜业宜居的魅力都市"。滴水湖片区文旅宜居区规划实施平台作为前期试点，以"特征化、精准性、示范区、全过程"组织平台建设工作，由港城集团作为综合实施主体，主管部门（临港管委会）对平台进行指导工作、审定成果、实施评估、责任监督。设置全过程专业服务团队进行伴随式技术咨询，规划统筹团队、设计统筹团队和建设统筹的团队（图 2-17）。规划实施平台搭建后整体推进各项工作：

① 结合文旅宜居区的规划定位，对标最高标准、最高水平，结合区域工作实际，制定《文旅宜居区建设项目规划实施区域平台管理工作计划书》。

② 汇总跟进区域内建设项目情况，研究综合实施库，主要包括土地出让情况、建设计划、建设项目情况等。

③ 聚焦重难点问题，分解关注事项，形成一批清单，汇总近期亟须解决的问题清单，通过控规调整和专项研究及时消解，保障区域建设计划顺利进行。

④ 有序推进地区总图及管理手册精细化编制，近期初步完成地区总图和使用手册框架搭建，并启动空间总图精细化编制工作。地区总图依据控

（a）嘉定新城

（b）青浦新城

（c）松江新城

嘉定新城：三大样板示范区，即远香湖中央活动区、嘉宝智慧湾未来城市实践区、西门历史文化街区；五大重点发展区域，即东部产城融合发展启动区、北部科技驿站、安亭枢纽功能联动区、嘉定老城历史风貌区、横沥文化水脉[1]。

青浦新城：1+3重点区域，即青浦新城中央商务区、城市更新实践区（江南新天地）、未来新城样板区、产业创新园区[2]。

松江新城：四大重点地区，即松江枢纽核心区、上海科技影都核心区、老城历史风貌片区、产城融合示范片区[3]。

（d）奉贤新城

（e）南汇新城

奉贤新城：五大重点地区，即新城中心、数字江海、国际青年社区、南桥源以及东方美谷大道[4]。

南汇新城：重点规划建设四大区域，即国际创新协同区、现代服务业开放区、洋山特殊综合保税区（芦潮港区域）、前沿科技产业区[5]。

图2–13　上海五个新城重点地区分布示意图

1　上海市人民政府. 嘉定新城"十四五"规划建设行动方案［EB/OL］.（2021–03–30）［2022–10–10］. https://www.shanghai.gov.cn/nw12344/20210330/4bb580702c7f4ab3883df154d382cc03.html.

2　上海市人民政府. 青浦新城"十四五"规划建设行动方案［EB/OL］.（2021–03–31）［2022–10–10］. https://www.shanghai.gov.cn/nw12344/20210331/3a4d7f82462e4664875d2886494615e7.html.

3　上海市人民政府. 松江新城"十四五"规划建设行动方案［EB/OL］.（2021–05–17）［2022–10–10］. https://www.shanghai.gov.cn/nw12344/20210517/16bd45ee903a45a884fed3d4cb36c736.html.

4　上海市人民政府. 奉贤新城"十四五"规划建设行动方案［EB/OL］.（2021–04–09）［2022–10–10］. https://www.shanghai.gov.cn/nw12344/20210409/13b71e3e3590408d80182276cafbc007.html.

5　上海市人民政府. 南汇新城"十四五"规划建设行动方案［EB/OL］.（2021–04–14）［2022–10–10］. https://www.shanghai.gov.cn/nw12344/20210414/35194ede4f5f4972a20ef515d884a8ca.html.

图 2-14 上海五个新城规划理念 *

图 2-15 嘉定新城规划实施平台管理架构 **

---

* 图片来源：根据《上海市新城规划建设导则》绘。

** 图片来源：中国城市规划设计研究院上海分院《新城试点区规建管机制研究》。

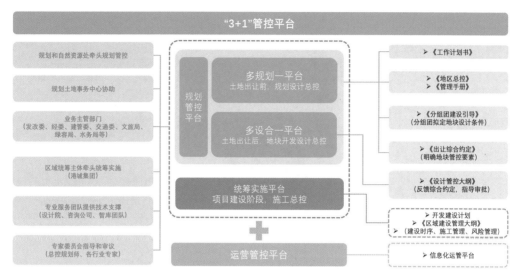

图 2-16 南汇新城规划实施平台管理架构*

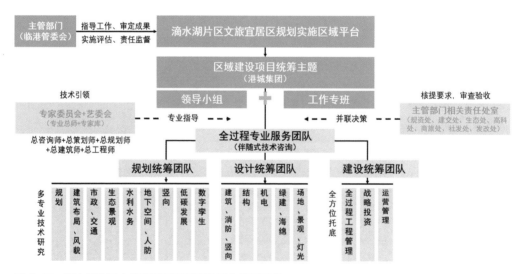

图 2-17 滴水湖片区文旅宜居区规划实施平台组织架构

---

* 图片来源：中国城市规划设计研究院 上海分院《新城试点区规建管机制研究》。

规、部门管理要求、实施主体需求、专项研究成果形成，包括空间总图与专项总图。在站城一体化开发重点区域，依据控规、城市设计方案、精细化专项研究形成设计总控，同时进行地区总图信息化建设、动态更新；使用手册依据专项研究清单编制，作为地区总图说明文件，对规划实施要素进行全面引导和管控。

⑤ 完善平台工作管理和保障机制。包括日常工作会议、工作报告、后评估等实施保障机制。

2.5 规划实施总控的技术发展新方向

城市内涵发展呼唤与之相适应的城市治理新形态。城市及区域发展的不平衡性、城市空间问题的复杂性、科技创新的驱动力、政府与市场不同主体目标的多元差异，共同驱动着规划与设计技术的转型。技术转型要及时回应时代需求，坚守以人民为中心的核心价值，重视顶层制度变革的基石作用，充分发挥技术创新的能动作用，为城市治理特别是空间治理提供新资源、新动力。

本书汲取以实证研究促进理论提炼这一具有实践性的研究方法，打破传统规划纯理论的封闭性瓶颈，尝试在典型城市上海的控规发展历程和规划实施平台政策要点进行梳理的基础上，指导未来规划设计技术的创新。

上海规划实施平台是政府对土地开发理念的前瞻思考和正确领导下，面对区域整体开发中成片土地开发周期长、资金投入大、系统涉及面广、组织实施难度大的实际困境，边探索边实践边总结，创新总结了一整套系统解决方案。即以项目实施为核心，政府与市场二元合作，同步整合行政许可、组织机制、规划传导、实施目标、实施技术和实施评估，在"政府主体—实施主体—技术主体"三方统筹组织平台下，以"管理+技术"结合的整体框架，实现政府与市场在规划实施传导方向上的一致；技术方面，采用以"地区总图"为核心的专业技术集成，围绕区域开发中公共性、基础性支撑要素，统一规划、统一建设，统一管理，将规划设计技术同步嵌合到"规划、建设、运营"的城市治理全周期之中。

上海对规划实施平台的探索实践，同步超大城市发展治理转型，通过城市治理和规划设计技术相互融合，对上海既有的控规体系、土地开发管理进行调适和优化，改善规划编制与项目建设的关系，应对了社会和经济转型发展中的复杂性和长周期带来的不确定性，也可为其他转型中城市提供启示和借鉴。

城市治理转型是规划设计新技术发展的基石，新的规划技术也改变了传统城市空间治理的手段。以区域整体开发的土地和城市空间为载体，探索"城市治理+规划设计"的技术发展新方向，通过构建引领性、整合性、全程性、适变性、综合性的"规划实施总控"系统机制，推动城市治理的技术变革与制度创新融合，实现高品质设计和高效能治理的有机统一（图2-18）。

图2-18 "城市治理+规划设计"四位一体的技术体系

2.5.1 引领性：统一规划，激发共识，引领社会协同

规划实施与所在城市社会经济和法制发展水平相关，当国内城市特别是经济发达地区进入城市更新时代，城市发展需求的变化迫切需要制度面的支撑，政府对土地开发理念的前瞻思考和正确领导，是破解诸多瓶颈问题的先行条件。在政府主导机制下通过政府专题会议、成立管委会机构，由统筹意愿和统筹能力较强的平台公司负责组织本地区的建设开发，协同多种重要的政府机制进行协调推进。

在政府主导机制下，统一的规划理念和先导方案，起到激发共识和引领社会协同的作用。规划设计着力于转变区域发展方式、塑造区域特色风貌、提升区域环境质量、着力创新区域管理服务，将聚焦设计的技术向善与聚焦机制的管理体制改革结合，传导政府开发理念，提升以"功能合理布局、资源均衡配置"为特征的土地综合发展效益，站在区域整体协调的高度确定区域定位、加强空间开发管制、优化空间布局和形态功能、谋划开发实施，体现政府规划"战略引领"和"刚性控制"的重要作用。

2.5.2　整合性：科学配置发展资源，保障公共价值

在城市空间资源总量约束的前提下，如何处理好保护与发展的关系，将有限的可建设空间资源，配置到最需要的地方，同时兼顾社会公平与环境优化，是区域整体开发的首要问题。在科学配置空间发展资源的同时，应以公共利益的实现为基本准绳。一方面是因为我国在快速城市化进程中城市建设还存在较多的公共设施欠账；另一方面，人居生活改善有了更高目标，对公共配套设施和城市公共空间的要求也更进一步。这些都对空间资源再优化、重组提出了新的挑战，激发城市公共活力，提高城市整体竞争力，改变了区域整体开发的理念和未来图景。

规划实施总控模式通过构建"政府—市场"合约治理机制，实现政府主导与市场化运作的协调。对于影响公共空间开发品质的事项，以及地块之间的统筹事项，规划实施总控秉承政府主导与市场化运作双赢的原则，各开发主体间通过构建市场合约治理机制，协商签订一系列的双边、多边协议，约定各建设单位在产权、设计、施工和运营中的界面分工，实现项目的协调统一推进。

规划设计需要综合考虑城市片区、城市街区和建筑不同尺度的空间系统要素，综合把握城市空间的系统整体性，促进基础设施、蓝绿生态空间、公共空间、建筑实体、建筑场地等多种公共系统，统一规划，统一设计和管理，采用灵活创新的方式，复合叠加为多维的城市空间，跨越公共建设与市场开发的"地块红线"界限，实现区域公共价值和项目市场价值的双赢。

2.5.3　全程性：数字平台治理，嵌合项目发展全周期

我国原有基于新增建设用地供应、建设、管理的制度已经运行几十年，由于存量土地再开发和城市更新特征广泛出现，城市公共事务日益复杂，城市治理迫切需要连贯化、系统化，以及面向项目建成后运营的精细化。规划实施技术如何更好地嵌入既有城市治理体系，并反馈带动治理体系完善，对于保障区域整体顺利开发具有重大的意义。

面向核心城市创新的土地出让模式，未来的规划设计不同于常规设计工作。在徐汇滨江西岸传媒港等设计总控工作中，需要由十几家单位共同完成"相互提资、相互确认"，BIM 技术与云平台结合，在设计、施工至运维过程中广泛应用数字技术，结合规划管理动态更新，设计总控相关技术实现了国内领先。

全周期管理体系，将区域整体开发对象视作生命体，注重前期规划研判谋划、中期专题策略应对执行，再到后期复盘评估动态更新，各个环节运转高效、组织有序、协同一致。规划设计持续跟进土地出让与规划管理、建设管理审批、项目运营不同层面、不同部门的管理事权，协调解决发展改革委、规划和自然资源局、住建委、消防等多部门在控规审批、土地出让、专项规划审批、项目建设管理中的实际要求，依托 BIM、GIS 等数字信息集成平台，嵌入城市开发全周期，实现"一张蓝图"的全平台治理，协助规划目标理念在项目全周期的传导，实现城市区域整体开发管理创新。

2.5.4 适变性：控规同步适变，提升治理效能

我国城市已建构了以控规为核心的规划管理体系，控规强调条文式的规则和管控，以满足控规条件的"契约"形式纳入土地出让过程。与此同时，控规编制的机械性和调整程序的繁冗性正在凸显，控规管理条文的刚性内容，与后续的市场开发和运营脱节，基于具体项目的规划调整，又不能全面反映最初的"规划蓝图"所确定的发展理念。传统的控规管理，不能适应项目开发长周期和市场运营的要求。在当前国内经济运行条件下，需要发挥市场在城市建设中的主动作用，在规划管理领域，应简化管理冗余，以新方法推动以控规为核心的既有规划实施体系，向更灵活、更综合、更利于经济发展的方向变革。

政府审批机制创新，通过多个政府平台协调推进，充分发挥政府在规划理念和目标协同、行政审批、土地出让创新政策支持、项目建设推进等方面的关键作用。规划实施总控，一方面明确综合实施主体，传达目标导向要求和空间安排的弹性、可选择性，统筹二级市场主体在控规框架下的开发诉求；另一方面将项目管理思维引入城市空间治理领域，强调以直观有效的技术蓝图激发共识，导入专业标准，同步"一张时间表"，简化不同规划审批层级、不同审批部门之间的低效往返，跨地块统一各类准建证，协同规划主管部门落实公共规划底线管制，延长控规系统的作用时效和科学适变。

2.5.5 综合性：设计赋能，多领域技术集成拓展

在核心城市生态约束、高度建成的城市基础条件下规划实施的技术系统应走向集成化的方法创新。在常规实践中，不同空间尺度通常对应不同的专业领域，由规划师编制大范围的规划，建筑师提交中观范围的设计蓝图，专业工程师编写聚焦工程执行层面的可行性研究、专项规划和实施设计成果，专业面的相对隔离，造成单兵突进和往返工作、效率叠冗，客观上也加剧土地开发控制、项目建设阶段的脱节——这就需要有一系列的制度和运作机制来消除这样的矛盾。

规划设计要为政府治理和市场运营创造价值叠合的空间条件，形成相互促进的空间关系。设计技术将从仅仅回应风貌与形态命题的设计方案，向主导实施的综合统筹工具转移，从传统垂直向度的上下游技术串联，向水平向度的多领域技术并联进行拓展，从空间主体为核心设计内容，向多元主体之间的关系与机制设计进行创新。

"规划创造空间，设计创造场所"。通过规划、建筑、景观、工程技术的集成创新，定制适合项目具体情况的设计体系，一方面是对政府规划目标的再转化，将规划的综合性和法定性的内容，转化为与当前条件和能力相结合的、支持具体实施操作的管控内容；另一方面专注于公共空间，梳理公共空间与开发地块之间的复合界面，通过空间产品的设计创意，充分结合韧性的公共空间，来创造新的城市资产，用多场景的场所营造来实现城市价值向"以人为本"回归。

在各地城市的实践中，面向规划实施的政府机制改革，正不断融入规划设计的全过程。城市功能、空间与权属等社会经济关系变革中，通过产业转型升级、土地集约利用的区域整体规划调控，结合市场主体开发的实际需求，"适地、适时、适人"进行法定规划体系的调适和创新，推动着空间规划技术方式转变。

基于政府主导机制、市场合约机制、组织协调机制、审批创新机制、技术集成机制的多元组合实践，探索构建引领性、整合性、全程性、适变性、综合性的"规划实施总控"系统机制，将有助于实现区域整体开发项目从公共基础环境营造、科学工程营建、到项目开发建设和后期运营管理的全过程实施保障。

规划设计是满足城市空间供需关系的系统设计，而城市治理是确保城市服务供需平衡的公共政策过程。"城市治理＋规划设计"，应基于公共品质提

升，聚焦多主体利益平衡，重视制度、机制、技术的平台搭建，将设计技术嵌入城市空间治理的过程。数字化信息平台的建立发展，规划与运维结合的实施评估、公众参与的调整重构，都是有待开发的新的规划设计领域。结合"城市治理 + 规划设计"的规划实施总控，最终要贯通技术与制度，实现"制度 + 技术"的双轮驱动转型。

参考文献

［1］ 纳恩·埃琳. 整体城市主义［M］. 北京：中国建筑工业出版社，2019.

［2］ David, Palmy N. Factors Affecting Planned Unit Development Implementation［J］. Planning Practice & Research, 2015, 30（4）：1–17.

［3］ Mandelker, D.R. Legislation for Planned Unit Developments and Master-planned Communities［J］. The Urban Lawyer, 2008, 40（3）：419.

［4］ 顾宗培，王宏杰，贾刘强. 法国城市设计法定管控路径及其借鉴［J］. 规划师，2018，34（7）：33-40.

［5］ 唐子来，程蓉. 法国城市规划中的设计控制［J］. 城市规划，2003（2）：87-91.

［6］ 陈洋. 国土空间规划背景下的控规全覆盖方法探索：基于法国地方级城市规划的经验［C］//. 面向高质量发展的空间治理——2020 中国城市规划年会论文集（17 详细规划），2021：140-150.DOI:10.26914/c.cnkihy.2021.030038.

［7］ 吴志强. 融合生态文明 回归规划要义 面向技术赋能——解读《国土空间规划标准体系建设三年行动计划》［J］. 未来城市设计与运营，2022（1）：15-16.

［8］ 孙施文，刘奇志，邓红蒂，等. 国土空间规划怎么做［J］. 城市规划，2020，44（1）：112-116.

［9］ 沈磊，张玮，马尚敏. 城市设计整体性管理实施方法建构——以天津实践为例［J］. 城市发展研究，2019，26（10）：28-36，47.

［10］ 阳建强. 新发展阶段城市更新的基本特征与规划建议［J］. 国家治理，2021（47）：17-22. DOI:10.16619/j.cnki.cn10-1264/d.2021.47.005.

［11］ 唐子来，张泽，付磊，姜秋全. 总体城市设计的传导机制和管控方式——大理市下关片区的实践探索［J］. 城市规划学刊，2020（5）：18-24. DOI:10.16361/j.upf.202005002.

［12］ 王建国，孟建民. 院士观点：城市总设计师工作的缘起、特征与展望［J］. 建筑技艺，2021，27（3）：7.

［13］ 孙一民. 总设计师制与城市设计实施［J］. 建筑技艺，2021，27（3）：6.

［14］ 耿慧志，杨春侠. 城市中心区更新的观念创新［J］. 城市问题，2002（3）：14-15.

［15］ 王洋. 城市中心区旧城更新实施机制研究［D］. 武汉：武汉理工大学，2007.

［16］ 上海市规划和国土资源管理局，上海市规划审编中心，上海市城市规划设计研究院. 城市设计的管控办法——上海市控制性详细规划附加图则的实践［M］. 上海：同济大学出版社，2018.

［17］ 令晓峰，叶如宁. 城市规划控制与引导的新思路——探索一种图则化的开放式规划控制体系［J］. 现代城市研究，2007（4）：17-24.

［18］ 深圳市城市规划委员会. 深圳市详细蓝图编制技术规定［EB/OL］.［2022-5-10］. https://wenku.baidu.com/view/505367997c192279168884868762caaedd33bad9.html.

[19] 实施方案课题组. 北京市规划综合实施方案内涵要点思考（中·概念内涵篇）[EB/OL].（2022-01-12）[2022-5-10]. https://mp.weixin.qq.com/s/ja2-5YjBWX8Pg1FIXm7-1Q.

[20] 王鹏. 规划综合实施方案的特征与编制策略——以北京大兴国际机场临空经济区（北京部分）0105 街区为例 [J]. 规划师, 2022, 38（1）: 126-130.

[21] 罗罡辉, 李贵才, 徐雅莉. 面向实施的权益协商式规划初探——以深圳市城市发展单元规划为例 [J]. 城市规划, 2013, 37（2）: 79-84.

[22] 广东省人民政府. 深圳市城市更新办法 [EB/OL].（2022-02-16）[2022-7-10]. http://www.gd.gov.cn/zwgk/wjk/zcfgk/content/post_2531998.html, 2022-02-16.

[23] 唐燕, 杨东. 城市更新制度建设: 广州、深圳、上海三地比较 [J]. 城乡规划, 2018（4）: 22-32.

[24] 庄惟敏, 吴春花. 三问 "城市总设计师制" [J]. 建筑技艺, 2021, 27（3）: 8-9.

[25] 王富海. 新时代面向规划实施的地区总设计师制度探讨 [J]. 当代建筑, 2022（5）: 36-39.

[26] 徐毅松. 新形势下, 切实推进上海控制性详细规划发展的认识和思考 [J]. 上海城市规划, 2011（6）: 14-20.

[27] 上海市人民政府. 关于印发《上海市建设工程规划管理市、区（县）分工实施意见》的通知 [EB/OL].（2011-07-16）[2022-10-10]. https://hd.ghzyj.sh.gov.cn/zcfg/ghss/201705/t20170508_719770.html.

[28] 周建非. 精细化管理模式下城市设计和附加图则组织编制的工作方法初探 [J]. 上海城市规划, 2013（3）: 91-96.

[29] 上海市人民政府. 上海市国民经济和社会发展第十四个五年规划和二〇三五年远景目标纲要 [M]. 上海: 上海人民出版社, 2021.

[30] 上海市规划和自然资源局. 关于印发《关于开展建设项目规划实施平台管理工作的指导意见（试行）》和《上海市建设项目规划实施平台管理工作规则（试行）》的通知 [EB/OL].（2021-01-30）[2022-10-10]. https://ghzyj.sh.gov.cn/zcfg-cxgh/20210714/2085a8ff4a1f469e99c67c22deb8b795.

[31] 上海市人民政府. 上海市新城规划建设导则 [EB/OL].（2021-01-30）[2022-10-10]. https://www.shanghai.gov.cn/cmsres/23/23b5a00e39c14deaa1b8b854ec15ccee/276edb9ce6476a09580e2168d0cc7790.pdf.

3 | 规划实施总控——区域整体开发的新工作模式

　　规划实施总控是法定规划编制和政府规划管理的有机组成部分，实现科学、先进、规范的规划与建设管理的工作模式创新，承担衔接政府城市治理和市场开发运营的"桥梁"作用。规划实施总控是一种以保障高质量规划实施为目标，并为综合规划、土地出让、地块开发、建设运营全生命项目周期提供保障的新型工作模式。作为一种工作模式，可运用到规划设计、开发建设、制度建设各相关领域，包括总控制度保障体系、总控组织管理体系和总控技术支持体系。

　　规划设计团队是规划实施总控的技术统筹方，在规划实施总控与规划建设管理全程交互的目标下工作，从区域整体开发的城市片区、城市街区两个空间层级，探寻基于城市、设计、工程和管理四个方面的策略体系。采用纵向贯通与横向整合结合，"总—分—总"运行的工作方式，构建面向策划实施的规划总控、面向建设实施的设计总控、面向运营实施的工程总控的系统工作阶段。

3.1 规划实施总控概述

3.1.1 基本概念：保障高质量规划实施的新型工作模式

自 2010 年起，在上海宝山长滩为代表的一系列项目中，已开始着手实践以总体城市设计全过程把控大规模区域开发的工作方法[1]，2010 年世博会后，开展世博 B 片区的城市设计工作，对土地出让前的图则和公共空间作出科学支撑，上海院在国内首次践行创新"设计总控"这一概念和工作模式，之后在徐汇滨江西岸传媒港项目、世博 B 片区央企总部基地项目、世博 C 片区世博文化公园项目等项目中，通过实践不断完善规划实施总控的工作方法，并由此展开对区域整体开发项目的理论总结。2021 年上海市规划与自然资源局正式发布《关于开展建设项目规划实施平台管理工作的指导意见（试行）》[2]，开始推行一整套面向区域整体开发的总控工作机制，受到各类开发建设主体、管理主体及设计界的重视。

在丰富实践和理论总结的基础上，本书提出"规划实施总控"的概念：一种以高质量的规划管理实施、项目建设实施、项目运营实施为目标，以技术为核心整合协同政府、市场力量，并为综合规划、土地出让、地块开发、建设运营全生命项目周期提供保障的新型工作模式。

规划实施总控是法定规划编制和政府规划管理的有机组成部分，实现科学、先进、规范的规划与建设管理的工作模式创新，承担衔接政府城市治理和市场开发运营的"桥梁"作用，构建面向策划实施的规划总控、面向建设实施的设计总控、面向运营实施的工程总控的系统工作阶段，真正将城市治理与规划设计相结合，对转型时期的区域整体开发起到战略引领和精准管控、持续运行的作用。

规划实施总控以总控行政制度体系为基础，以总控组织管理体系为保障，以总控技术支持体系为核心，作为一种工作模式，可运用到规划设计、开发建设、制度建设各相关领域（图 3-1）。

1）规划实施总控的对象

规划实施总控适用于前述章节所示的区域整体开发，解决此类地区发展目标多元、开发规模大、土地和空间权属复杂、参与主体多、建设运营周期长的技术难点，满足城市新区开发、潜力地区存量开发和旧城更新为代表的不同地区发展需求。以推动区域整体开发项目实施为导向，对包括蓝绿生态

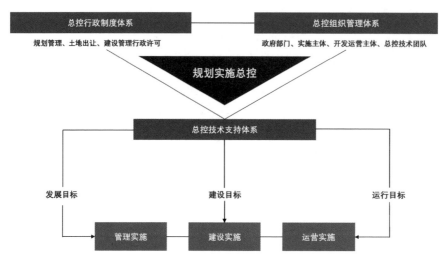

图 3-1 规划实施总控概念内涵

空间、市政设施、城市道路、建筑场地等在内的基础性、公益性、公共性要素进行管控，最终使建设项目高品质、高效能实施。

2）规划实施总控的目标

规划实施在传统意义上是城市总体规划到分区或单元规划，再到控规，以控规为管理手段对项目设计自上而下实施法定规划管控的过程。存量时代下，随着城市片区发展的各种要素，系统之间的相互关系等更广泛、更全面，规划实施内涵发生变化，仅在物质空间、建筑设计和工程建设上着力，并不能充分实现高质量的规划实施。高质量的规划实施应是高水平的规划管理与高质量建设、高效率运营三者的统一。

规划实施总控的目标包括规划管理实施目标、项目建设实施目标和项目运营实施目标，以规划总控、设计总控、工程总控三个阶段的衔接，打通区域整体综合开发的规划、建设、运营全周期。

3.1.2　总控工作体系和组织架构

1）规划实施总控工作体系

（1）总控制度保障体系是规划实施总控工作开展的基石

依托国家规划和建设领域相关法律法规，城市政府"控规审批和项目设计审查"的规划许可制度构成总控行政制度体系，也是区域整体开发实现土地出让和项目建设的基础。规划实施总控与规划行政许可流程同步开展、紧密衔接，包括控规编制与审批、土地出让、专项（实施）规划意见征询与审批、项目设计方案审查等。

过程中，在总控技术体系支持和反馈下，通过进一步简化、整合手续，减少重复征询，推动传统的"规划审批—项目设计审查"前后分离向前后全程贯通、衔接转变。在各地实践中包括多种形式，如上海的规划实施平台、深圳广州的重点地区城市总设计师制度等。

（2）总控组织管理体系是规划实施总控高效运转的保障

总控组织管理体系是"政府管理方、实施主体方、总控技术方"构成的三方实施统筹平台。政府管理方一方面负责选定综合实施主体，另一方面加强总控工作的组织保障，审定综合实施主体的工作内容。综合实施主体负责搭建工作平台，全面统筹推进规划实施总控各个系统，并遴选综合实力较强的专业技术团队，以及在专业领域比较有影响力的专家共同开展工作。

（3）总控技术支持体系是规划实施总控工作顺畅运行的核心

规划设计团队是规划实施总控的技术统筹方，在规划实施总控与规划建设管理全程交互的目标下工作，从区域整体开发的城市片区、城市街区两个空间层级，基于城市、设计、工程和管理四个方面的策略体系，采用纵向贯通与横向整合结合，"总—分—总"运行的工作方式，通过规划总控、设计总控、工程总控工作阶段，实现从实施策划规划、实施建设、实施运营全过程的介入。技术工作包括两个层面，一是实施谋划，根据地区的空间战略、产业思路、运营策略等，设计制订顶层规则，提高总控工作的战略性和统筹性。二是实施技术支持，包括技术沟通、协同政府办公、技术会审、评估反馈等工作机制，根据技术难度作出具体分工。

规划实施总控包括总控制度保障体系、总控组织管理体系、总控技术支持体系，其中总控技术支持体系具有全面把控与决策的核心作用，以技术的全过程贯穿，强化了三个工作体系共同推进高质量规划实施的目标统一。

2）规划实施总控组织架构

构建"政府管理方 + 实施主体方 + 总控技术方"三方主体在内的全局性实施统筹平台，三方主体的主要工作组织及职能，如图3-2所示。

（1）政府管理方：职能优化、简政放权

政府管理方包含市区两级政府、规资部门和其他相关责任部门，政府搭建制度平台是总控工作的根本保障。由政府规划主管部门牵头负责、统筹管理重要片区规划实施总控的推进工作，政府管理部门作为决策管理方起到统

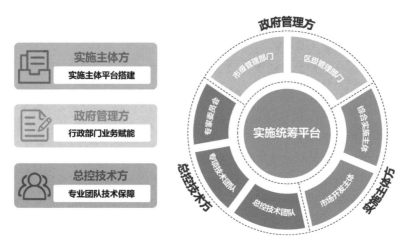

图 3-2　规划实施总控实施统筹平台

筹、协调、管理、服务、保障、审核、监督等职责。市区两级政府相关责任
主管部门，在各自职责范围内对重要片区的实施管理赋权赋能、应放则放、
简化流程。相关责任部门全流程依责参与，加强组织保障，指导三方平台搭
建工作，审定技术成果，对总控相关责任的落实进行监督与评估。

（2）实施主体方：平台搭建、市场驱动

实施主体方包含综合实施主体与市场开发主体。综合实施主体为较有经
验的土地一级开发主体，通常由功能性国企承担实施主体责任，其工作包括
计划拟定、总体协调、分工对接、组织成果编制和技术审核、整合二级开发
主体、实施公共项目、长期整体运营等统筹牵头职能。应充分发挥实施主体
主观能动性，全面统筹推进相关工作，承担组织保障责任。赋予实施主体全
生命周期管控的职能，负责区域的统一规划、设计、建设和运营，推动各类
设施共建共享，实现区域空间统筹集约利用。

市场开发主体应在实施统筹平台工作框架下，落实刚性管控，协调子项
设计与整体的关系，最大化实现项目愿景。

（3）总控技术方：统筹引领、全程协同

总控技术方由专家委员会、总控技术团队、专项技术团队组成。由实施
主体方选定"总控技术方"为平台提供技术支撑，专家委员会负责实施谋划、
关键议题咨询建议和成果评审评估，提供战略性、引领性、专业性意见。以
总控技术团队为核心统筹制定总控技术规则，搭建沟通平台，维护公共利益；
协调总体设计与各相关专项设计的技术工作，保障规划意图的一贯性，整合
研究成果、专业建议和部门意见；同时配合实施主体方与政府管理方进行各

项报批报审、计划管理工作，做到全方位技术支持和全过程技术咨询。各专项技术团队提供相应的专业技术支持，包括建筑、景观、生态、交通、市政、水利等专业。

3.2 规划实施总控的概念内涵

3.2.1 适用范围：两个空间层级

在区域规划实施中，多项目、多地块的实施阶段交错推进，将项目的时间阶段转换为对区域空间的层级分区，符合动态规划科学实施的需要，体现新时期集约发展目标。

从开发区域自身的视角，区域空间的层级分区是促使区域功能形成集聚发展的空间基础；从高质量规划实施的视角，区域空间的层级分区有利于从公共基础系统落地和实施事项分类的角度，实现全过程、分层次、分阶段的土地管控和城市空间管控。

规划实施总控是以区域整体开发的土地和城市空间为载体，实现推进区域内外部协调和区域内核心空间品质落地的全过程。根据不同空间尺度、城市空间格局中的重要性及对区域整体影响的程度，规划实施总控对整体开发范围进行空间层级划分，可以促使总控意图在不同空间范围下更加具有针对性，是有效发挥总控作用的主要方法。

综合国内各城市区域整体开发规模的研究，规划实施总控提出两个空间层级（图 3-3）：第一个层级是城市片区层级，也称规划层级，这个空间层次为中观尺度（一般为 $1 \sim 3km^2$）。第二个层级是城市街区层级，也称核心层级，这个空间层次一般为中观到微观尺度的 $20hm^2 \sim 1km^2$。规划层级、城市街区层级共同构成开发的基本层次结构，为落实城市整体发展目标、推动空间资源有机协同发展、实现核心区城市空间品质而作出系统性布局；同时在全过程、全要素的区域开发模式下，实现针对不同阶段、不同层级的区域差异化管控与设计。由规划实施总控技术单位全程参与城市片区层级综合规划和核心层级的项目对接，有利于实现规划到项目、总体到核心的规划意图顺利高效传导。

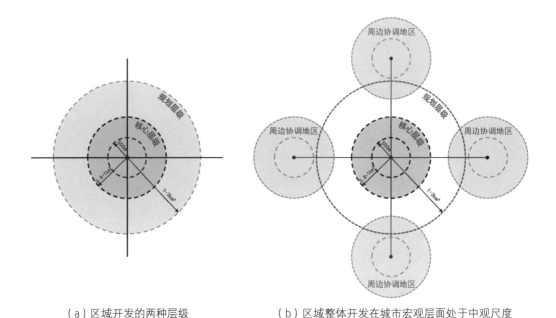

（a）区域开发的两种层级　　　　　　　（b）区域整体开发在城市宏观层面处于中观尺度

图 3-3　规划实施总控的两个空间层级：城市片区和城市街区层级

1）城市片区层级：区域开发的支撑，实现区域内外全域协同和整体价值提升

实现土地开发与规划实施联动的城市片区尺度，是区域整体开发中的规划层级。城市片区为城市交通和功能组织密切关联的地区，或法定上位规划划定的特定发展政策单元范围，该区域面积一般为 1 ~ 3km²。根据国内大中城市经验研究，当城市土地过于复杂时，土地政策单元尚未明确达成开发共识，市场主体意向尚不明晰，规划实施较不可控，因此，这个范围不宜划设大于 5km²。

城市片区层级的重点是实现土地利用与交通协调发展，关注生态、景观等核心价值空间与人工建设空间的结构关系，同时明确地块可开发边界和主导开发功能。开发上，城市片区层级范围内由统一的政府主导和一级开发主体主导基础设施和生态环境建设，由二级开发商运行出让后土地的建设；内在逻辑是经营性项目与非经营性项目能合理组合，尽可能实现区内责、权、利相一致。各开发地块有适度灵活的空间形式和开发规模组合，便于跨街坊地开发，为吸引一流的开发商高水平地开发提供充分的空间和条件。

2）城市街区层级：区域开发的引擎，推动规划管理和项目实施全程落地

承载地区主导功能，以一个 15 分钟左右步行可达的系统为基础的城市街区尺度，是区域整体开发中的核心层级。该区域面积尺度一般在 $1km^2$ 以内。区域空间开发强度高，建设投资密集，公共功能高度集聚、空间集约一体化。

城市街区层级空间规划的重点是必须以上一层级明确的地块功能定位和空间结构为前提，保证地块功能的完整性、统一性，在功能分布及混合度、开发强度、设施配置和空间形态、建筑标准等方面作出明确的规划指引，并影响反馈至开发时序、投资策略的决策过程。在规划和立项审批程序上，城市街区层级的项目通常为优先推进；开发上，作为区域整体开发的价值引擎地区，由统一的政府主导和一级或二级专业开发主体运行。技术上，核心层级关注空间产权、设计建设、运营维护等权属界面，力求实现高品质设计和开发。

3.2.2　规划实施总控与法定规划编制、管理的关系

规划实施总控以保障高质量规划实施为目标，规划实施的效果与所在城市社会经济和法制发展水平密切相关，当国内城市特别是经济发达地区进入城市更新时代，城市发展需求的变化迫切需要不仅仅是规划技术范式的转型，更是制度面的支撑与回应。

作为法定规划编制和政府规划、建设管理的有机组成部分，规划实施总控承担衔接政府城市治理和市场开发运营的桥梁作用，实现"规划实施总控与法定规划管理"两线全程交互，是结合技术条件、市场需求传导政府规划理念的系统工作模式。

规划实施总控与法定规划编制、管理的关系体现在：

1）规划实施总控是区域开发决策的有力支撑

规划作为城市发展的龙头和引领，体现在政府对土地开发理念的前瞻思考和正确领导，这是破解区域整体开发瓶颈问题的先行条件。规划实施总控将大规模区域规划实施置于城市的综合系统中，围绕城市发展的共同目标，基于专家咨询团队的战略谋划和策略性思考，抓住区域资源、城市系统、空间品质的主要方面，由规划实施总控技术团队进行综合规划统筹，

以产业功能策划、空间规划、城市土地运营、总体城市设计为技术支撑，对整个项目进行全局设计和控制规则制定，对政府实施规划决策起到有力的支撑作用。

2）规划实施总控系统对接法定规划"一张蓝图"编制

在国土空间"一张蓝图"的改革契机下，规划实施总控传导"总体规划、控规、专项规划"三类规划要点直至项目建设实施。在法定规划条线下，将各专项规划中控制线和设施用地边界等"底线型"要素，汇总为刚性约束的土地开发控制条件，通过土地出让前期阶段的控规审批程序，纳入规划实施总图；控规城市设计阶段的城市空间管控等弹性引导，同步纳入总控导则和管控要素体系，以综合的技术集成对规划管理层面所制定的控制指标及空间结构进行模拟验证，对各项目地块设计和专项规划设计起到集成、指导、引领和协调作用，增强法定规划编制的科学性和可落地、可持续性（图 3-4、图 3-5）。

3）规划实施总控优化项目规划、建设审批程序

规划实施总控采用全局性、系统性、动态性的工作机制，在不同的项目开发阶段，针对不同总控成果使用主体输出不同的管控内容，通过技术协调，保证规划实施目标的一致性与整体性。采取简政放权的规划审批和管理方法来匹配相对刚性的土地出让中的功能用途条文标准，建立反馈灵活的动态管控机制。

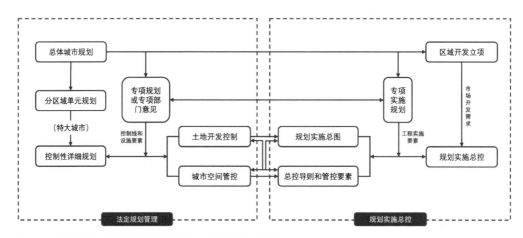

图 3-4　规划实施总控对接法定规划"一张蓝图"编制

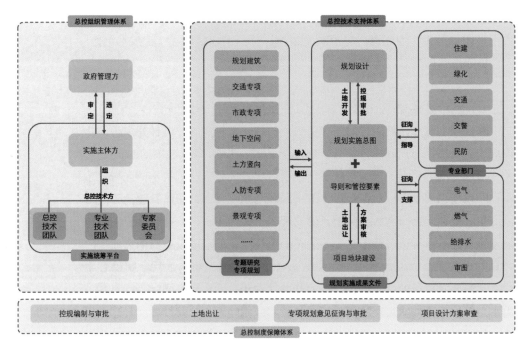

图 3-5　规划实施总控对接项目规划、建设审批程序

　　一方面，规划实施总控以综合技术对综合空间开发目标进行三维模拟和多专业协同验证，预判实施技术难点；另一方面，充分结合市场开发主体诉求，以"整体最优"的原则，来统筹满足各地块开发功能用途的空间营造。依托规划实施总图这一平台型成果，可突出土地开发控制和城市空间环境中公共性、基础性要素，促进由政府规划到市场实施的双向反馈，以总控设计带动全过程中的公共配套建设、成本测算、费用分摊等多环节，减少政府单向、静态的管控风险，在面对长开发周期中可能会出现的新问题有较为完善的协商解决机制，事实上协助优化了动态的规划编制与审批机制。

3.2.3　实施途径：目标策略、总控平台、实施约定

　　规划实施总控是在政府规划审批、土地出让等制度保障体系基础上、构建"政府管理方+实施主体方+总控技术方"三方在内的组织管理体系，共同推进高质量规划实施的目标统一。

　　规划实施总控需要面对三个层面的城市空间落地目标：一是面向法定规划衔接和区域发展战略的规划目标指引；二是面向空间资源配置的用地发展计划和功能分区；三是面向项目建设层面的建设管控。

因此，规划实施总控采用目标策略、总控平台、实施约定三个层面自上而下、闭环衔接，构建以"总控制度保障、总控组织管理、总控技术运作"三个体系融合的规划实施途径。

1）目标策略层——关注事项和公共项目库、专题研究

除延续上位总体规划、前序专项规划的结构性控制与原则性规定、同步控规中开发指标与控制线传导等规划常规编制方法外，规划实施总控还通过关注事项与问题识别，来加强区域层面项目实施的指引。围绕不同区域定位及空间议题，规划有针对性地提出解决问题与挖掘潜力的思路，包括关注事项清单、专题问题研究、公共项目库梳理等。关注事项清单是帮助开发主体梳理预警在开发推进过程中有哪些潜在的关注点，如基础设施与周边地块的设计建设关系，开发过程中的审批突破点等，在建立清单之后，明确各事项在不同开发阶段的解决路径，统筹开发管理和技术资源。同时，针对某一类重点关注事项如轨道交通相关问题、区域风貌问题、公共设施配套建设问题、特殊工程技术问题、区域交通联通统筹问题等，组织相关技术人员开展专题研究，研究成果纳入公共实施项目库，通过实施总图、导则系统推进规划实施。

2）总控平台层——规划实施总图和导则

规划实施总控综合性地提出本区域的发展目标和空间结构，并在此基础上对土地、空间资源进行统筹安排。规划实施总图是一个整合时空的全要素动态信息库，针对区域产业功能与用地指标测算落实为具体的空间用途和管控指标，针对公共系统与城市更新部分，又进一步作出了针对具体建设的指引。

在符合总体规划和城市战略、控规"守住底线，精品导向"的要求基础上，结合区域开发项目策划和规划理念，引导和管控整体开发刚性要素（公共用地和功能设施、各类控制线）与弹性要素（建筑高度密度、形态空间等）灵活结合，形成总控工作的工作基础，随着区域开发的整体推进，总图深度持续进行动态更新；同时，由总控单位组织协调各地块设计单位及专项单位的设计工作，并完成项目范围内未被其他单位覆盖的其他所有设计工作，以及对本项目各专项设计单位的设计管理工作，如相互提资、相互配合、协同推进。将规划实施总图作为碰撞检测工具，通过将不同专业、不同项目的设计信息交汇验证，高效集成信息，指导区域整体开发。

3）实施约定层——规划条件与开发合约

对于区域大型复杂项目，运行主线是围绕土地出让合同和整体开发规则展开的，土地出让合同是由规划资源部门和土地受让方，在明确土地受让范围及"规划设计条件"或"开发规则"基础下签署的。作为土地出让合同的附件，"规划设计条件"明确了项目土地受让、规划设计、建设管理、费用分摊和产权等方面的原则，由综合实施主体和各开发单位共同签署。

通过总控技术支撑与平台搭建，统一多开发主体，形成总控实施管控合约系统。土地出让前，综合实施主体依托实施统筹平台，根据批准的控规和规划实施总图，编制规划设计条件草案，也可结合项目情况提出地块设计建议方案，规划资源部门将审定后的规划设计条件、设计方案等纳入土地出让合同。土地出让后，项目开发主体应与综合实施主体以工作备忘录等形式，协调二级开发过程中的组织管理和技术统筹工作（图3-6）。

图 3-6 规划实施总控的工作运行

3.2.4 技术核心：规划引领、专项前置、系统整合、设计赋能

总控技术支持体系是规划实施总控的运行核心，具备管理和设计两大运作特征，即"规划引领、专项前置"的规划管理特征，和"系统整合、设计赋能"的实施管控特征，以科学、规范的技术体系设计，解决既有规划实施中规划建设管理与项目实施脱节的问题，力求实现规划发展理念、法定规划管理、空间建设运营品质的高质量实现。

1）规划引领，统一共识

在大规模区域规划实践中，多项目、多地块的实施阶段交错推进，法定控规和城市设计编制有效期短，合理性有限，规划实施总控将规划实施的近、远期阶段，通过转换为对空间分层、分区统筹，对工作事项的分阶段、分类管控，以产业功能策划、城市土地运营、总体城市设计等为技术支撑，对整个项目进行全局设计和控制规则制定，实践从顶层设计到落地实施目标的共识统一。

2）专项前置，科学建设

在过往实践中，专项规划编制与控规的编制管理不同步，各系统碰撞时难以实现同期协调，造成政府审批工作往复和较大的资源浪费。"专项前置"基本的工作思路为围绕同一目标、同一平台、在同一时间，综合多专业团队，以空间总图为载体，在前期规划阶段即进行分项系统研究和设计，以综合解决城市发展中的问题为导向，引导多部门共同决策，强调各专业协同互动、互为支撑，各部门并联审批、滚动推进的工作方式，从而形成"总规、控规与专项规划"高效集约、协调统一的规划管理平台。

3）系统整合，公共管控

区域整体开发的公共系统包括蓝绿生态空间、市政基础设施、城市道路与街道、建筑场地、城市公共空间等。规划实施总控实现政府对市场管控力度可达范围内的梯度差异，一方面着力推进核心地区即城市街区层面的规划实施，对核心区外围的城市片区范围留给市场开发更大的发挥空间。另一方面，在规划实施过程中，对刚性与弹性的"度"的把控上，着力通过公共项目库等推进保障上述公共性、基础性、功能性系统的实施，实现区域范围内

的公共空间和公共系统统一管理，保障公共利益，更好地适应规划实施环境的动态变化。

4）设计赋能，品质协同

面对核心城市的生态约束、高度建成的城市基底等复杂环境下，空间规划设计需要集成化的设计创新。设计赋能是体现规划实施总控的重要手段，其目标将从回应形态风貌命题的空间规划方案，转向主导实施的规划统筹工具。通过空间资源的配置和设计，实现由绿水青山向金山银山的资源增值，实现城市公共价值的最大化，提升以"功能合理布局、资源均衡配置"为特征的城市空间综合发展效益。统一的规划理念和设计方案，起到激发共识和引领社会协同的作用，聚焦问题导向的设计平台，能够统筹以"先地下后地上、先配套后开发、先环境后建筑"的开发过程，持续保障管控目标的落实，实现跨系统、跨专业的多维向度协同。

3.3 规划实施总控的策略外延

实现规划实施总控，从四个方面来建立其策略体系，分别是：城市维度、设计维度、工程维度、管理维度。

城市维度，站在区域整体开发的角度上，提炼社会、经济、生态和人文资源特质，系统性梳理和研究兼具战略性、可实施性和针对性的空间策划和规划方案。

设计维度，针对不同空间设计的目标对象，运用设计方法深化解决复合型难点问题，做好二维土地到三维空间的"桥梁"工作，促进不同参与主体在同一目标下的沟通协调。

工程维度，实现多专项规划交汇于总控平台，以专业思维贯穿长周期开发，做实工程技术基础保障，提升工程集约建设水平。

管理维度，在不同的项目阶段建立动态的管控机制，实现由政府规划管理体系向项目建设、运营管控的双向优化和转换，深化推进规划实施总控的作用能效（图 3-7）。

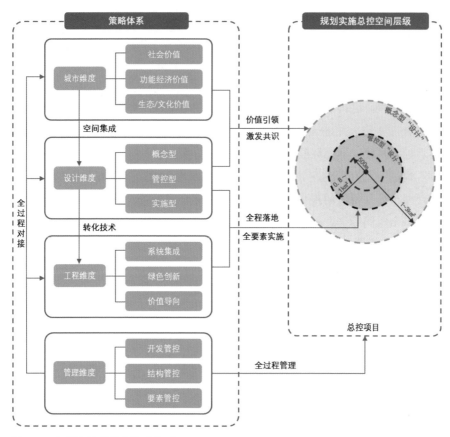

图 3-7 规划实施总控的策略体系

3.3.1 城市维度——针对性城市空间规划

城市维度，是在规划实施总控工作中运用全局思维，是贯穿规划实施总控全过程的关键策略维度。

当代城市发展从城市功能到结构都已发生许多变化：功能上，在城市以大都市区形态进行发展的背景下，人的活动具有区段化倾向，就业、生活、闲暇活动更多地结合在一起，出现了许多新的组合，促进了各种各样新的社会交往发生。结构上，城市今后的发展不是在谋求平面的拓展，不是要在一块空地上进行规划建设，而是强调减量、存量的运用，对地区关系进行整理和优化，城市地区出现了立体收缩的趋势。因此，对于城市结构的整理，未来是以点状的、片区或者地区性的局部修正与完善为主。于是城市区域内出现了片段化和主题化的功能节点特征，通常也是在这个层面与土地政策单元边界重合，这就为区域空间组织带来了新的课题。

区域整体开发地区具有战略性，复杂性和长期性，也包含了多元化的发展目标。市场经济环境多变，大片区的规划面临着更为复杂的实施环境，需要政府和实施主体发挥积极的主导作用，更需要专业的城市研究和科学的有预见性的空间策划作为支撑。在价值导向上，规划实施总控应以可持续发展的城市公共价值供给为主要取向，合理高效运用战略空间资源，并为城市存量发展提供引导；同时也要制定有针对性的空间规划，有策略地分阶段提升土地开发的集约性，不断激活城市的创新功能和生命力。

规划实施总控中的城市维度策略，是以产业空间策划、区域结构规划和城市设计为基础进行整体的、宏观的系统研究，由城市政府和综合实施主体组织下的总控技术团队，综合运用策划、设计、规划、建筑多学科理论知识，面向后续开发进行的、体系独立的综合研究性工作。

总体上来看，在城市维度下的规划实施总控工作中至少有三个方面必须特别予以重视，一是区域核心的战略型、潜力型重大功能设施的落地，二是区域交通骨架的调整重构，三是生态、自然景观地区与人工建设的协调。

1）明确区域主导价值和定位，发展核心功能空间

面对城市新兴重点建设地区、中心城区外围存量发展地区和中心城区改善提升地区等不同区位类型，研究该区位适合何种经济活动聚集和土地潜在价值，梳理地区发展的内在动力与逻辑；同时，处理好城市片区尺度、城市街区尺度、邻里社区单元几个尺度层次的关系，空间规划需考虑不同尺度层人群需求与空间的匹配关系。

规划实施总控由传统详细规划的追求空间形态，转向注重市场运作规律，保障以人口规模和建设规模为代表的量化预测，上下反馈传导的合理性，以功能空间需求思路对接区域土地供给，依据城市人口、就业岗位、交通客流规模等专题研究和专项策划测算结果，得到接近真实的研究结论，针对性地确定地区功能定位，评估用地规划与重大基础设施的可实施性，形成与地方发展实际相匹配的空间解决方案。在城市维度下的规划实施总控，既要体现科学性、战略性，也要体现可实施性。

2）匹配区域交通与区域空间组织

随着区域一体化进程和交通网络快速建设，经济发达地区城际交通与城市内部交通正在高度融合，项目所在地区的交通可达性和其土地经济价值具有正向关系，而利用交通网络的完善、引入新型交通方式可以实现区域内核

心功能区、战略性地区直连直通，整体提升显化地区土地开发价值，将潜力地区培育成区域性功能集聚地区。

针对性的城市空间规划应当与综合交通专项研究完全同步，充分重视交通方式组织和交通量预测的专项规划结论，更好地安排交通网络与地区功能节点之间的关系，提高核心区块接驳交通的效率和可达性，充分发挥交通网络对区域一体化的支撑作用。

3）把握生态空间、人文景观与城市建设的关系

区域整体开发地区是提升城市能级的未来机会地区，在当前生态文明的国家战略下，生态空间、特色人文景观与城市建设之间的关系会直接决定区域开发的规划主题和实施品质。

当代都市人们的需求升级为：更强的个性需求、更舒适难忘的体验需求、更便捷的服务需求，高品质城市空间应该提供更多的体验式、浸入式、不可替代的场所，区域发展的核心价值正是要服务于所在城市人群日益增长的多样化需求。通过挖掘具有区域吸引力的生态、人文特色资源，将有利于塑造开发地区与城市功能高度融合的一体化空间，而这类综合建筑群体、场地文脉与自然生态空间的开发关系，需要守住开发底线，引领开发高线，以整体有序的空间规划结构进行阐释和表达，并通过土地用途规定、街区划分、步行网络设计等与土地开发时序统筹结合，最终实现城景融合的实施效果（图3-8）。

3.3.2 设计维度——激发共识的设计赋能

设计维度，是公共管理、市场开发、设计师多方主体的融合共识，也是规划实施总控在多主体、多专业的多元目标验证下有效传递公共价值的策略所在。规划实施总控，作为城市目标在三维空间上的落位集成，不再是以"城市体形环境构思和安排"[3]为主要内容的传统城市设计；而是多专业、专项协同合作，对传统设计的空间生成、品质价值、技术实现途径等方面进行拓展和整合。

以功能性关联地域为特征的区域整体开发中，不再以空间体量论等级，而以功能形象扬长板，越来越多功能节点的出现，伴随着具有"都市性"的特征形象和空间品质。如何对全域、全要素进行生态、生产、生活有机组织，如何让城市家园更加有温度，如何在高密度下实现住有宜居，如何以用户为中心集成多专业手段精细设计，都是当代的热点话题。

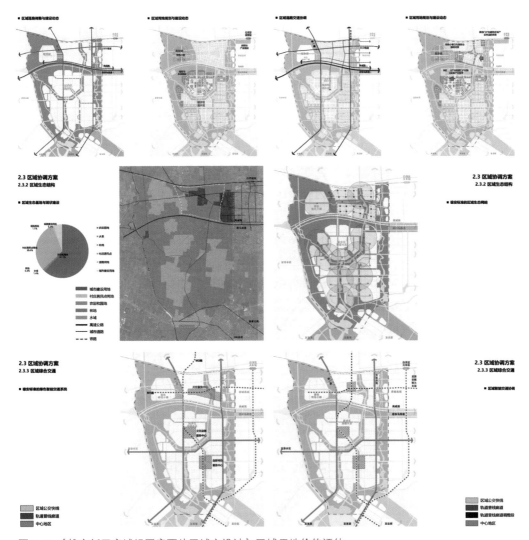

图 3-8 《雄安新区容城组团容西片区城市设计》区域用地价值评估

　　在价值导向上，中国城市在进入深度城市化阶段，越来越多的大中城市提出"生态复合的紧凑城市"的理念，生态价值、空间品质成为衡量可持续土地价值的砝码。在技术途径上，"产城融合、可持续发展、公共交通优先、低碳节能、数字智慧"等多个领域进行技术迭代，设计应加强功能混合和空间复合利用的空间技术研究。规划实施总控的设计策略，在多元目标的问题导向下，以直观的三维形象蓝图作为解决复杂功能空间组织问题的基础工具，通过集群化、产品化、服务化、数字化，由规划设计统筹相关的其他规划相互衔接、相互配合去共同完成对城市建设引导，同时兼顾近远期开发的经济测算逻辑，更趋向产品面向市场的设计定制化，让设计在高品质的新时代来发挥更大的独特价值。

规划实施总控的设计策略聚焦于三种类型：一是区域协同层面的概念型设计，二是重点地区层面的开发管控型设计，三是城市地段或街坊层面的实施型设计。

1）概念型设计：优化格局，激发行动

区域协同层面的总体概念型设计，首先就是要研究了解城市产业、功能发展对空间和服务的需要，充分协调区域和城市的发展关系，协调开发地块风格、体量造型、色彩材质、空间层次与区域整体风貌的关系，因地制宜地组织总体空间次序，塑造空间特色，推进形成独有的城市氛围和片区个性。

其次，概念设计对象应当重点聚焦在城市生态和公共空间领域，生态和公共空间联通遵循"外部连通内部、内部构建网络"的原则，凝聚城市共识、策动区域特色，从传统的空间要素设计，走向策略目标的公共实施项目库拆解，依托城市政府和各级建设主体主动向下作为，确定区域网络连通目标、确定公共空间品质标准，抓住"主空间"，通过突出公共空间的集成设计去展现服务品质、空间特质、地区风貌、景观环境，优化整体区域格局，激发自上而下、由政府到市场的共同目标和行动。

2）开发管控型设计：以形定量，以量束形

城市重点片区尺度是区域整体开发的核心层级，也是规划建设管理的焦点地区。规划实施总控发挥设计"以形定量"的思维优势，即根据项目所处的城市资源特点，选择性提出控制指标和控制要素，从"整体最优"角度进行水域、陆域地上地下空间的合理布局和集约利用，统筹公共服务配套、市政和交通等功能需求，综合考虑项目运用技术的可实施性和可操作性。

例如建设地下快速路或地下空间轴线后，各地块地下空间开发应充分考虑地下效率、匹配相应的建筑空间与使用时间。

例如在滨水项目中针对水安全、慢行系统、公共功能等方面提出了要素叠加分析形成形态结构，再将人文需求和功能特色场景需求叠加在空间之上，从而实现既能与城市融合，又能反映出公共空间愿景的、可实施落地的定量指标体系。

　　规划实施总控中的设计是一种同平台多专业合作的统筹设计、包括统筹平台和服务平台，外延跨度较大，通过三维设计将核心控制指标和形态引导要求融入法定规划，融合后端建设开发时序、土地出让环节、项目公共运营维护，以公共区域的建筑、形态为重点管控对象，运用三维模型，明确立体公共要素的系统定位、形式走向和建设标准、运维界面，前置性地为提升公共空间的品质管理提供支撑。

　　此外，规划实施总控中的设计方案，除了满足对于建筑物外观的需求，还应实现对建设成本、公共费用的总体控制，更加深入、具体地分析实施方案，根据目标客户人群和总体成本要求，从最基本的模块开始划分设计任务，将成本测算贯穿设计始终。

3）实施引导型设计：场地、建筑、街道的精细化设计引导

　　实施引导型设计，是重点围绕公共空间、城市服务，将空间、时间、经济、生态、人文等多类型要素纳入设计研究，其整体布局和空间设计对于使用者的感受起着重要作用，通过统筹商业空间、人行空间、车行空间、停车空间和市政空间、地上与地下的有机衔接实现多方协调统一，一定程度上拓宽生产生活的空间尺度。

　　在具备工程和经济可行性的基础上，实施设计协调好公共空间与建筑实体关系，输出针对场地、建筑、街道的定线、定量、定指标的实施引导内容，同时匹配用途规划和项目审批管理环节的政府机制特点，运用设计平台工具进行政府与市场的多方沟通、协商。例如规划实施总图设计包括规划合理的出入口位置、确认空间的合理布局、不同功能区域的划分、建筑物主体的形状和位置分析等，同时还要考虑到附近人流过往路径和车辆行驶的路线等交通组织、消防疏散等相关内容。这些内容使其具有科学性、合理性，维持建筑、人与环境的总体协调。

　　越来越多的创新设计包含了城市产品的策划运营，融入更多的城市研究、社会思考，还肩负着引导大众公共审美的作用，从空间的单一逻辑到经济、交通、建筑、景观、工程复合逻辑，规划设计与园林景观设计、建筑设计的边界日趋模糊，规划实施总控的设计策略需要探索衔接多学科的设计方法（图3-9）。

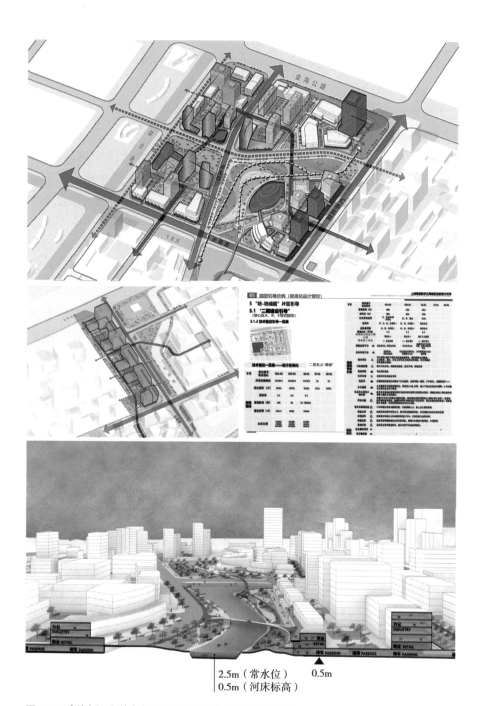

2.5m（常水位）
0.5m（河床标高）
0.5m

图3-9 《数字江海数字化国际产业城区》场地设计引导

3.3.3 工程维度——专业技术的创新与集成

工程维度，是专业思维贯穿开发全程的保障维度，也是规划实施总控作为多条线、多专项技术交汇平台的核心策略所在。

为解决土地资源稀缺与发展空间需求的矛盾，出现了功能混合开发、场地立体组织，以及交通、市政工程综合化建设的新趋势。一些重要市政、交通设施场站、线位、走廊的设计在规划前期决策中的作用十分关键：一方面，规划需要将项目置于城市大格局中考虑未来的功能发展和市政基础设施提升，解决项目与外围区域的衔接问题；另一方面，在项目土地集约整备、复合建设过程中，需综合考虑采用关键技术创新集成，立体建设绿色基础设施的可行性。工程系统集成设计在整个总控过程中，对项目成果的效益产生巨大的影响。

在规划前期阶段，控规与各专项规划联动调整机制尚不完善。区域整体开发区别于传统单地块开发的特点是同一区域内、同一时点上，建设主体多，项目制约关系强，专项设计单位、工程建设单位的技术对接难点较多。过往实践中，单项的市政专项规划编制往往不同步，各系统碰撞时难以实现同期协调，各专项之间由于分属部门、编制时序、参照技术规范不同，也存在空间需求上的互相冲突，造成工期拖延和政府管理资源浪费。

应对日趋综合和复杂的专业深度，工程技术的考量越来越倾向于将各个专项前置到规划先期阶段，进行一揽子"问题碰撞"和矛盾解决，系统考虑集成创新，进行跨系统、跨专业的统筹协同。通过规划实施总控对道路、竖向、水系、排水、管线综合和地下空间等实体工程专项规划，进行分项系统研究和设计，同步于前期规划设计。由规划实施总控技术团队进行综合规划统筹，搭建起规划设计与各支撑专项的桥梁，采用专项规划与总体空间规划专业互动，相互校核的方式，实现规划要素与工程的融合，形成高效的多专业协作同步交汇。

面向工程维度的规划实施总控，有三个方面需要重视，一是各专项规划的系统整合和分阶段适变，二是工程空间的绿色集成创新，三是关注市政交通工程的生态人文价值。

1）各专项规划的系统整合和分阶段适变

传统规划的做法是由规划团队对专项设施提出需求预测和布局方案，再由专项团队开展专项规划验证。规划实施总控项目则由专项团队基于总控思维，同步开展专项规划和设计，专项团队要有规划思路，规划团队要有工程考虑，合力实现总体方案可持续工程的适变性：总体空间规划团队与专项技术团队共同明确总控目标理念和远期实施框架，在此框架基础上落实近期建设实施方案。

由于相关工程技术尤其是信息类设施技术迭代更新较快，面对长周期的区域整体开发，在规划工程策略要有弹性调整的方案，通过空间控制上预留弹性，各专项规划措施上提供多元解决方案来进行应对，综合考虑项目运用技术的可实施性和可操作性。

2）工程空间的系统集成和绿色创新

区域整体开发汇集了城市道路、管线综合、竖向和地下空间等多专项工程，绿色、韧性、健康等理念在区域开发中已提升到应用层面。明确上述各类空间的选址布局、占用规模和建设形式（包括地表、地下、线性、点状等），在项目实施中的先导作用越来越关键，而过往各专项设计环节分离或理念性、定性设计较多，欠缺指标化、具体化的设计要求和设计指南，导致实施落地时前提条件不一，难以协同。

规划实施总控工作需要关注城绿水共生的多网合一建设、市政交通工程与城市空间复合化、能源再利用、海绵城市，以及 5G、物联网、智能化信息技术等占用工程空间的整体集成。系统集成不完全只是为了多学科而多学科、为了多部门而多部门，而是围绕共同的目标，聚焦关键问题提供解决方案。让多部门参与规划中，让多学科交织在工作体系当中，其本质是带来不同的视角和更多的创新方法，并促进共识的形成，让复杂的问题可以更有效率地解决。

3）关注工程人文属性和生态景观价值

占据城市地表和地下空间的市政工程（如水利、桥梁、防汛墙工程等）不仅是城市基础功能的支撑，也是城市风貌展示和景观游憩的重要动线。随着高品质城市空间建设的推进，越来越多的城市需要"缝合"大型基础设施，包括铁路、市政管廊、高架桥梁等对城市空间的割裂影响，总控设计团队应结合区域的实际特点，在结合区域风貌和景观资源评定的过程中，各系统相辅相成、相互照应、从整体上提升工程布局和选线的合理性，通过整体规划手段将城市、公园和基础设施连接起来，形成有机整体。

规划实施总控技术应充分运用建筑、水利、景观、规划、市政、土地等专业团队为一体的优势，不是为工程建设而进行工程设计，而是体现当代"人"的视角，以总控思维系统性解决项目的功能塑造、空间融合、减震降噪、工程结构、生态消隐等问题，重视工程设计的绿色、韧性、健康等理念的可视化，打造与设计方案特点结合、体现人文属性和生态价值的绿色基础设施和公共活动空间，凸显保护自然与人文环境、提升自然空间利用效能的人文工程设计理念（图 3-10）。

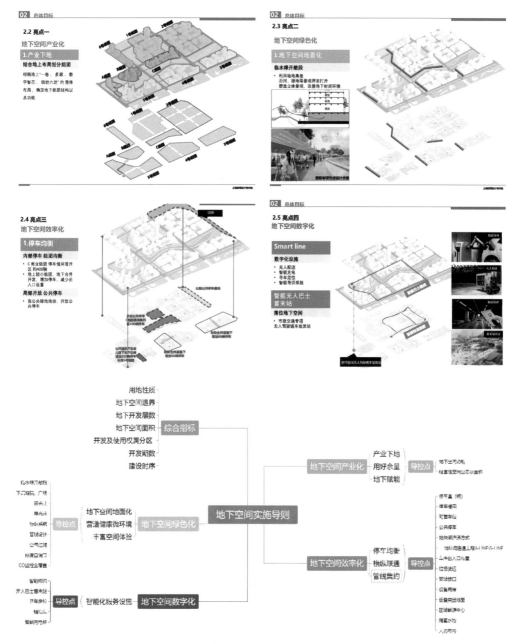

图 3-10 《数字江海数字化国际产业城区》地下空间集成

3.3.4 管理维度——全过程规划管理和项目运营

管理维度，是运用动态思维最重要的全周期的工作方式，也是响应从传统建设开发方式走向深度城市治理和项目运营的技术策略。

在快速城市化过程中，现代工程技术和经济力量不断创造出更多城市空间，新的城市空间与原有的城市空间不断碰撞、嵌合。如果缺少有力的规划控制和项目管理，向内，城市公共空间将被基础设施与各类建筑侵蚀；向外，城市将陷于无限制的低效率膨胀，对城市的发展形成障碍。我国大中城市经过了前期的高速发展后，逐渐转向更具内涵和理性地发展，尤其是 2020 年以来房地产市场变革，城市建设模式从传统开发方式转向深度运营，对城市空间规划技术的管理内涵也提出新的要求。

管理策略的不同，取决于项目不同阶段中空间尺度的差异性。在区域整体规划阶段，规划管理尺度是以城市干道、自然边界围合成的规划管理单元，管控策略应关注对单元整体功能的构成、布局结构、各级中心区域的混合度、同时体现地块之间功能的协同性；在控规及规划许可阶段，规划尺度往往具体到以支路围合的地块层面，规划实施总控应重点关注公共空间体系、不同建筑功能组合的协同度；在项目的建筑设计层面，管理内涵需要制定符合项目特点的公共功能空间与各地块协同运营的方案。

由于存量土地再开发和城市更新特征的出现，城市公共事务日益复杂化，规划实施技术需要更好地嵌入既有城市治理体系改革。管理维度的规划实施总控，需要考虑与国土空间、各类专项规划、政府施政、公众共享等方面的衔接，并最终传导至项目公共空间的运营，形成三个层次的管理策略：一是以土地单元划定为方法、针对"主体公共空间"的开发结构管控，二是与法定控规结合的城市系统管控工具，三是实施总控编制项目运营专项方案，运用数字化平台为后续的市场开发和功能业态持续注入价值。

1）开发结构管控：土地分期单元和主体公共空间管控

为促成更加紧凑集约、混合网络的用地和空间体系，规划实施总控需要科学划定土地开发单元，在用地、业态、总量、建设模式等管理要素上，进行宏观层面的战略性谋划，因地制宜地进行全域、全要素的规划用途管控，从供给侧的角度去适配土地利用类型，形成能"干到底"的空间规划蓝图。有了大的构思和良好的基础，就能更好地落实到"一张图"上去，体现战略性和可实施性的统一。

从大量规划实施总控的样本实践中反馈，管理最佳的尺度宜采用双层次：1～3km² 的城市片区层级和 1km² 以下的城市街区层级。在城市片区层级所覆盖的片区尺度下明确框架性立体公共空间结构，重点管控与城市空间形态的肌理密切相关的主体公共空间，在城市街区层级衔接控规指标和市场需求，增加区域开发的资源特征要素，强化主体空间的特质，推动多建设主体合作开发情景下工程建设的顺利进行。

2）系统要素管控：规划建设管理的工具箱

为保障整体开发规划管理的"最后 100 米"空间意图传递准确、有效且合理，规划实施总控结合不同的开发模式、开发阶段特点，运用规划、城市设计、建筑设计等学科工具，关注土地与规划管理、建设管理审批不同层面、不同部门的管理事权，进行管控要素体系的综合研发，与法定规划管理实现全过程交互。

系统管控要素一般包括功能控制和形体环境控制两大方面。规划实施总控的特点是依托各专项系统导则，形成综合管控要点，不仅仅是常规城市设计对形体环境的单一管控，而是从基础功能角度提供综合解决方案，协调解决规划和自然资源局、交通、发展改革委、能源、水利、绿化、住建委、消防等多部门管理中的实际问题，多部门共同建设规划"一张图"，主动为管控要素三维层面的定线定位提供总控技术支撑，为城市的发展质量提高创造坚实的应用条件。

3）项目运营管控：数字化平台下的共享运营

高质量要求下的规划实施总控需贯彻"生态宜居""绿色智能""共建共享"等新理念导向及相术标准，在城市空间布局和建筑系统上创建面向运营的管控模式[4]。规划实施总控的优势是通过多专业的协同设计形成指向明确的技术导则，对公共开放的市场产权空间、地下停车设施、共享能源设施等基础性空间、基础设施进行同步管控，通过全程运维管理接入城市规划管理，并最终传导至项目的公共性、基础性运营层面，强化精品工程"最后100 米"的落实。

例如徐汇滨江西岸传媒港采用地下空间整体开发的开发模式，根据各地块建筑功能与运营管理情况的差异将相同类型资源进行整合，在区域地下空间内建立公共联络系统，统一配置资源，对区域内单地块在特定时间内不足的配套服务需求，通过地下空间的公共联络系统，便捷地借用区域内该时间段内空闲地块的地下空间资源，有效实现区域交通整合，从而实现地下空间资源共享，达到地下空间资源需求与资源供给的动态平衡[5]。

数字化技术是极大推进城市管理的新技术，城市公共区域的运营，需要融合消防、城管、交通、水务、公交、旅游等多类信息平台集成，已成为城市重点地区全生命周期运营的技术手段。依托数字平台更加高效、精准地梳理城市系统，发现管理盲点，空间数据库的建立、共享和使用，需要多部门的通力合作，也需要规划实施总控的前瞻研究和布局（图3-11）。

3.4 规划实施总控的工作机制

由政府主导、市场实施主体推动的实施规划，在中观层面 1 ~ 3km² 的城市片区层级上开展，总体层面的工作机制以"总图纵向贯通"和"多专项横向整合"，在城市总体规划、前序专项规划和建设项目规划之间起到承上启下的传导作用，在约定空间范围内成为城市规划管理、建设实施过程的组成部分。

总体机制之下的支持工作机制包括：总控协调机制和总控评估机制，明晰"提出目标—技术协同—评估反馈"的规划实施路径。规划实施总控不是空间的简单拼合，而是与法定规划体系在整体战略性、空间结构性和功能层面的有机整合，同时体现出市场实施过程中灵活开放的重要特点。

区域整体开发中观层面的空间层级，要求综合性地明确本地的发展目标与空间结构，使得上位城市总规与总控区域的发展理念在时间（未来测算）、空间（骨架结构）、节奏（土地指标的分步释放）、资源（土地与空间指标总分账）等不同空间权属界面、维度上得以落实。因此，公共系统和公共空间的实施落地，是总控项目推进中的重要方法，本节将呈现2个项目实例。

3.4.1 总体工作机制：规划实施总控"纵"与"横"

在区域整体开发实践中，"总图贯通"与"多专项合一"两个体系构成了纵向贯通与横向整合两个不同基础逻辑的实施总控框架，主要是基于我国国土空间规划编制和管理体系中纵向与横向两方面的特点，结合了建设项目审批提高效能的现实需求（详见第一章）。总结规划实施总控的"五个一"创新工作方式：围绕区域整体开发项目初衷与"一套理念"，协助实施主体

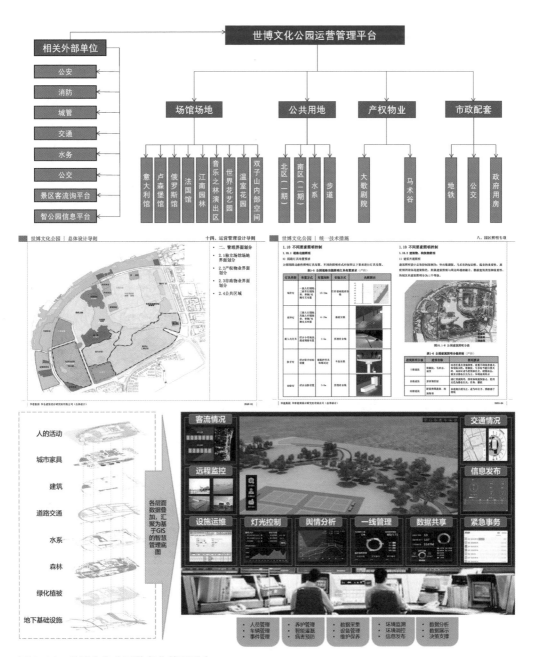

图 3-11 世博文化公园数字化管理平台

方与政府管理方构建"一个平台"（实施统筹平台）。以"一套总图"（规划实施总图）为核心，动态更新，纵向贯穿项目全生命周期；以"一套导则"为主干，横向衔接各专项规划成果；制定"一张时间表"，协调多项专业技术团队工作，协同区域投资、建设、审批、运维等同步推进全时全过程动态管理（图3-12）。

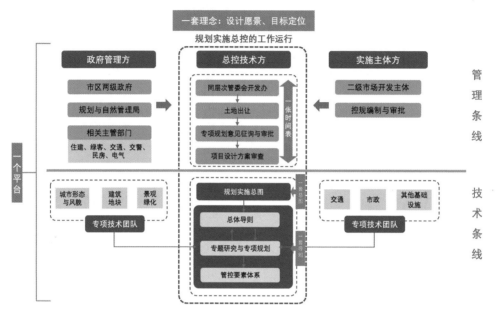

图3-12 规划实施总控的工作机制（专题研究与专项规划由各专项技术团队完成，总控技术团队负责汇总整合）

1）纵向：总图贯通

区域整体开发不仅仅是一个自上而下的法定规划执行过程，也要考虑到实施方在地区发展环境提升、市场模式选择上的主导作用，需要统一政府与市场两者，建立"主动适变型规划"。以规划实施总图为核心技术工具，纵向贯通区域整体开发规划、设计、建设、管理全过程。

围绕规划实施总图，由总控单位负责牵头规划设计，协调开发地块设计单位及专项设计单位，并完成项目范围内未被其他单位覆盖的其他技术工作，以及对本项目各专项规划、专项设计单位的管理工作，相互提资、相互配合、协同推进，纵向贯通项目全过程：

规划实施总图同步控规编制和调整的过程，将控规开发控制指标从区域层面落实到街区、地块设计层面，明确各开发地块设计共同的出发点。以实施为导向，抓住影响城市重点地区长远发展和开发实施的关键性问题，总控技术团队帮助地块开发主体梳理并预警潜在的设计关注点、专项矛盾点和审批的协调点，明确各关注事项的解决路径。

规划实施总图在总控各阶段协调确定总体与各专项、整体与局部间的权属边界、技术边界、功能边界等界面，保证项目有效顺利开展。在解决界面碰撞问题上，应配合实施主体方从项目土地开发机制、产权模式、建设时序、运营管理方式等方面，细化落实城市总规、控规和专项规划控制线、产权边界等界面分工与责权范围，并纳入规划实施"一套总图"中，避免出现各自为政的局面。

规划实施总图促进总体方案的空间复合创新，推进项目总体符合国家与城市的规划、消防、交通、节能、环保、人防及绿化等建设法规与规范，提高审批效能。实施总图作为贯通项目全过程的技术抓手，通过总平面设计、竖向设计、功能划分等总体设计工具，搭建全要素信息库，通过不同专项、不同开发地块之间的汇交验证与碰撞检测，结合项目推进情况做到信息的动态更新，保障目标传导过程的统一合规。

规划实施总图通过衔接"一张计划表"各工作环节，为实施主体对规划审批进度、项目设计进度、设计质量控制，提供有效管理工具。通过构建信息化数据管理平台，做好规划实施总控技术文件与规划资源信息系统数据标准的对接，将成果及时纳入规划资源信息系统和城市三维平台，做好实时更新。为区域整体开发项目的方案编制、审批、修改、实施监督和建设管理提供技术支撑。

2）横向：多专项合一

根据城市开发区域的不同，各专项规划内容、传导次序也不同，实施规划与总体规划、专项规划之间的关系多样的，总体来说法定规划体系内的专项规划可以分为：自然和历史资源类，例如水务规划、防洪规划、历史遗产保护专项规划等；公共和基础设施类，如交通、公共设施、各市政专项等；社会生活领域类，如城市更新规划、住宅和商业规划等。规划实施总控正是在承上启下的关键中观层次，对上不同程度地回应法定专项规划所提出的目标，对下着重在各专项空间实施目标的细化与指引，指导近期建设活动。

为解决城市技术管理中控规编制与专项实施规划脱节的问题，规划实施总控提出围绕"多专项合一"的目标，打通各专业汇交时的技术冲突点，以"一套导则"为主干，制定各专项技术相互匹配的技术规则。在传统项目开发中，对于规划指标、交通、消防、绿化等问题和技术难点通常存在许多矛盾点，使审批部门各自为政，未能与控规协同创新调整形成配套文件体系，各专项间缺乏交流，不能形成合力，从而降低单体建设阶段的审批效率，加大了协调难度，影响建设开发的速度和质量。

规划实施总控通过横向合并、提炼多专项技术成果，协调实施主体需求，提前征询市、区两级主管部门和专家委员会意见，尽可能地减少修改的反复性，提高规划和管理效率的形式。有助于传承上位规划要求，解决区域核心问题。"一套导则"由总控技术单位协同综合实施主体组织编制完成，经管委办审核认定后正式发布实施，是相关单位、部门进行设计、审批的重要依据，横向综合统筹作用体现在：

总控导则基于区域整体开发理念目标，在控规基础上融合各专项要点，弥补传统控规在专项管控技术上的不足。总控导则制定总体集约统筹综合平衡的规则，依据深化规划目标落地实施，弥补控规中缺乏的各专项设计广度和深度。"多专项合一"不仅整合空间规划与交通、市政、水务等关键专项规划内容，也补充促进空间集约的先进专项技术要点（照明、结构、机电、消防、人防、绿建、海绵），统筹考虑控规指标落地性及技术措施合理性。

"多专项合一"横向协调各专项技术团队，以工作协调机制提高实施主体决策效能。针对区域开发的共性问题，从技术层面对冲突内容进行统筹和协调，酝酿总体可行方案，再联合实施主体开展协商和决策。规划实施总控对社会经济和工程技术条件进行可行性评估，对各专项设计间的矛盾冲突点进行提前协调、统筹建议、量化指标，基于公平、效率和专业原则进行成本费用测算，平衡政府和一、二级开发商的利益。

总控导则是区域整体开发的技术标准，落地性的审批依据，使区域整体开发项目中的子项能够有序开展报批报建建设程序。总控导则对控规细化、量化，对各专项进行深化分析，梳理土地权属、空间权属界面，从运管目标反思前期规划设计，为项目的落地奠定了技术基础。总控导则对各专项指标量化、细化到每个专项每个开发地块，通过多专项合一，制定下一步所有设计工作的"技术落地标准"，"技术协调裁判规则"是各开发地块的技术指导手册，对区域整体开发的设计、报批、施工和未来项目市场运营的"规则"具有前瞻性的指导作用。

3.4.2 总控协调机制

为梳理区域整体开发复杂设计条件，协同技术与责任条线，做好各阶段、各环节的良好衔接，规划实施总控形成以总控技术团队为核心的总控技术工作组织架构。总控技术团队紧密配合实施主体方，联合建筑、交通、市政、景观等多专项技术团队，就外部界面、专业技术、建设程序、报批报审等进行统筹协调。在总控技术的组织框架下，规划实施总控应建立完善的工作制度，落实以动态协调机制、设计统筹机制和管理保障机制为主体的总控协调机制，保证规划实施总控工作的顺利推进（图3-13）。

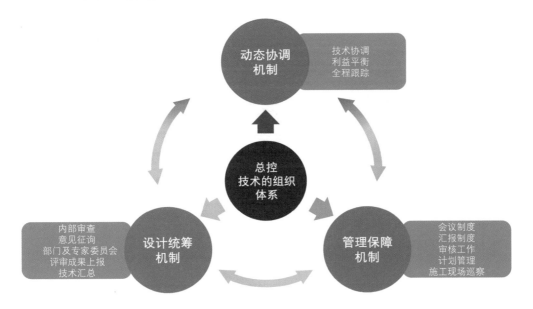

图 3-13 规划实施总控协调机制

1）总控技术的组织体系

"总控技术方"由实施主体选定，由总控技术团队作为核心设计团队负责牵头进行各项成果的系统整合，协调各子项条线、统筹各专项工作。总控技术团队应协助实施主体方，搭建总控实施统筹平台，明确政府管理方、实施主体方的管理职责，细分设计任务到具体团队，按照"内外分工、条线对接、条块结合"的原则分工合作。总控技术团队作为总控技术方的核心团队，一定程度上代行实施主体方的技术管理责任，进行技术成果优化，制定各子项设计工作的共同规则，调节各子项技术成果与管理需求的接口。总控技术团队的需要重点关注的事项如下：

（1）规则制定

将项目各项原则量化落实到设计层面，制定总体方案与各子项间必须遵循的一致性原则，制定计划进度等，使各子项具有共同的出发点和目标原则。

（2）系统整合

在各阶段协调总体方案与各专项规划相统一，开展各地块、各系统的设计整合工作。

（3）技术咨询

为政府管理方、实施主体方提供设计技术、设计进度、设计质量控制的顾问咨询服务和行使有效的技术管理职权（图3-14）。

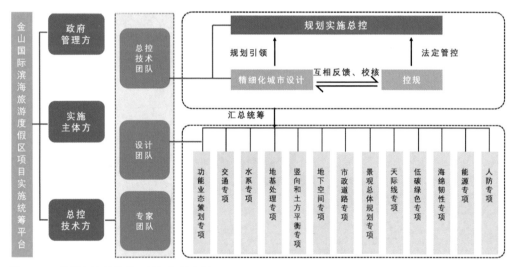

图 3-14 规划实施总控项目组织机制示例

2）动态协调机制

作为解决各条线的矛盾的牵头方，总控设计团队需要全过程跟进，协调解决各类衔接问题。在项目全过程中，总控技术团队负责落实细化工作任务，上下衔接，对各专项技术进行指导、管控与动态协调，并实时更新技术成果文件。多方位协调是总控的全过程工作，调整规则、解决新问题是总控的动态工作。

（1）技术协调

总控技术团队围绕区域建设的核心目标和区域发展核心问题，协调各专项技术团队可能存在的矛盾。根据项目实际情况，开展动态设计优化。针对项目工作难点，总控技术团队对各设计专业、各专项设计之间进行协调和管理工作。一方面，提出专项调整的修改意见；另一方面，对专项团队的设计困难进行引导协调。同时，建立健全各子项设计界面和技术接口管理的流程和办法，提出接口衔接的技术要求和控制标准。

（2）利益平衡

区域整体开发项目有诸多开发商参与，总控的协调应是一个满足各方约束和偏好的过程。面对政府主管部门与一、二级开发商之间的各方利益诉求，总控收集来自各方的协调成果和意见，以控规、国家及地方现行法律法规为前提，尊重规划目标，落实各级政府主管部门的要求，兼顾区域建设成果，通过专业技术判断和校核，开展综合技术协调工作，实现各方利益的平衡，保证项目高效、顺利进行。

（3）全程跟踪

总控技术团队进行全流程规划和跟踪式服务，自项目前期介入、全过程参与、分期分批的方式，对各子项设计进行监督和引导，为各利益主体需求综合权衡设计方案。总体控制和协调区域整体开发的设计质量，实现对各专项成果的内容深度、表达形式、完整性和设计深度的全程把握，督促协调各方统一设计质量目标。

3）设计统筹机制

为协调各总体设计与各专项系统之间的矛盾，避免技术与管理接口的错位，总控技术团队应全程提供整合全专业的技术咨询服务。协同各专业的过程中要"到位"而不"越位"，结合自下而上的技术集成和自上而下的任务分解，充分发挥专家领衔作用和新的管理技术（总图信息平台、BIM 等），形成规划实施总控工作的总体设计统筹机制。

编制相应的专项研究或专项规划成果，对总控各项成果内容进行审查和内部质量把控。同时，配合实施主体方组织相关部门征询与专家委员会评审，将签字确认的成果报市、区规划和自然资源局备案，并纳入各阶段的法定性成果（控规条文、土地出让协议等）。设计统筹机制的内容主要包括：内部审查、意见征询、部门及专家委员会评审、成果上报、技术汇总等。

（1）内部审查

针对重要专项，总控技术团队应联合实施主体方负责人组织内部审查；一般专项，由总控技术团队对各专项技术团队提交的技术成果进行审核。内部审查应邀请专家进行技术审定，对主要争议点提出修正意见，专项技术团队进行调整优化后，形成成果初稿。

（2）意见征询

总控技术团队联合实施主体方负责人组织开展内部征询讨论，就成果初稿内容征询各相关主管部门的意见，并将汇总意见反馈给各专项技术团队，进一步优化成果。征询主管部门意见有利于引入管理审批视角的建议，提升技术成果的落地性，尽早将技术与管理条线要求相衔接。

（3）部门及专家委员会评审

总控技术团队配合综合实施主体进行部门及专家委员会评审，对优化后的成果进行技术审查，并提出修改意见。对最终调整完成、评审通过的成果内容，各部门及专家需要确认签字，形成工作备忘录。

（4）成果上报

经签字确认的成果文件由综合实施主体经区规划和资源部门审查后提交至市规划和资源局备案。

（5）技术汇总

总控技术团队应将各类专项成果纳入各阶段规划实施总图、系统导则、土地出让条件、工作备忘录等成果文件中。实施统筹平台以此为依据组织土地出让、方案及施工图审查、审核及审批（图3-15）。

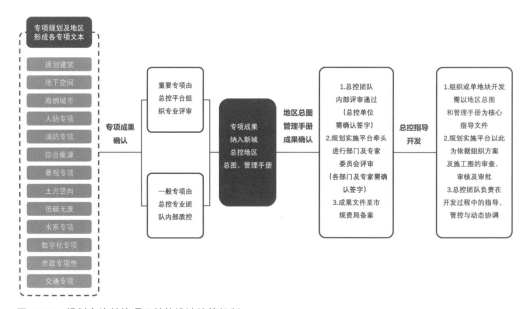

图3-15 规划实施总控项目总体设计统筹机制

4）管理保障机制

由于规划实施总控工作存在大量技术条线的协调组织与配合，成果整合的工作量大。为实现大量的技术对接和设计工作的互相配合、协同推进，需要以更为完善的管理保障机制，保证实施统筹平台各参与主体间沟通交流顺畅、信息共享高效。管理保障机制包括：会议制度、汇报制度、审核工作、计划管理、施工现场巡查等。

（1）会议制度

根据项目需求，规划实施总控可采用晨会、例会、专题会3种会议制度。所有会议都要求形成会议纪要，作为可回溯的过程性工作凭证与服务成果。

① 晨会：总控技术方与实施主体方的内部沟通会议，由主要专业条线负责人就前日工作完成情况或超出专业条件权责的问题进行讨论，以会议纪要的形式就问题和事项予以明确或提出处理方案，并指定专人（团队）进行落实。若有晨会上无法解决的问题，可以将相同专项问题合并于专题会上提出。

② 例会：一般每周召开一次，由各条块负责人就项目推进情况和需要重点讨论和协调的问题进行汇报，一般由实施主体方中的主要负责人员主持会议，会后以会议纪要的形式明确工作责任，并负责督促、落实会议达成的相关内容。实施主体方的负责人需要将外部沟通协调的十项内容及时传递给总控技术团队、专项技术团队，并负责跟踪结果。

③ 专题会：围绕某一专项或某几项相互关联需要重点解决的事项与问题进行专题讨论。一般由实施主体方的主要负责人员主持，也可由总控技术团队代行职责进行技术方面的意见汇总与预审，再请实施主体及有关政府管理部门一同参与讨论（重要的议题可邀请专家进行内部审查），进行决策和协调。会后形成会议纪要，由专人或团队进行整理，并抄送各相关各方（图 3-16、图 3-17）。

（2）汇报制度

结合项目进展和会议成果，分层级以周报、月报的方式进行汇报总结。确保项目有序推进（图 3-18）。

（3）审核工作

审核标准以设计导则为依据，包含设计方案审核、扩初设计审核、施工图设计审核及施工图变更审核等。

① 方案审核：对设计团队提交的专项设计方案的合理性、可行性、与目标的匹配性进行审查并提出修改指导意见。

② 扩初审核：扩初审核工作与建科委扩初专项评审工作同步推进，由各

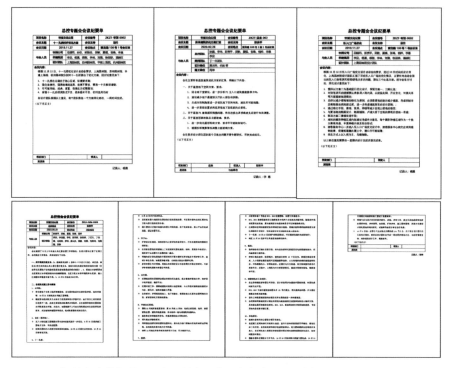

图 3-16 规划实施总控项目晨会、例会、专题会会议纪要示例

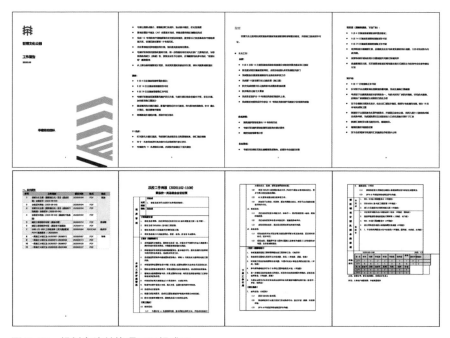

图 3-17 规划实施总控项目汇报成果

精细化城市设计进度安排											
地基处理专项进度安排											
水系专项进度安排											
交通专项进度安排											
地下空间专项进度安排											
景观绿化专项进度安排											
市政道路专项进度安排											
建筑色彩及风貌专项进度安排											
能源专项进度安排											
低碳绿色专项进度安排											
海绵韧性专项进度安排											
人防专项进度安排											

图 3-18 规划实施总控项目计划管理

专业条线负责人提出对本专业的审核意见，经总设计师审定后反馈设计团队在施工图阶段按要求修改落实。

③ 施工图审核：各条线专业负责人对设计团队提交的施工图电子稿进行审核，重点审核图纸与导则的匹配性及扩初修改的落实情况，提出审查意见供设计团队完善修改后出蓝图。

④ 施工图变更审核：根据变更具体内容，提出技术审查意见，由实施主体方对应条线负责人发起具体变更流程。

（4）计划管理

通过总控协调，指导项目整体和各专项的设计进度计划，使各项进度相互协调，并能满足项目开发的各项时间节点要求。总控技术团队应结合项目开发时序，提出具体时间进度安排，明确规划、设计、专项研究、报批报审的各项工作节点，并根据项目推进情况及时做出调整与更新，形成"一张时间表"（图 3-19）。

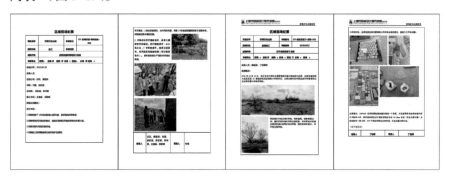

图 3-19 规划实施总控项目施工现场巡查

（5）施工现场巡查

项目实施建设阶段时，总控技术团队应每月组织一次施工现场巡查，了解项目施工进度，检查施工与设计图纸的吻合性，对现场施工不符合设计图纸的内容及时提出整改意见；查找设计与施工衔接上的问题，对现场需要设计跟进的深化设计内容督促设计团队按时完成。各条线形成巡查报告并汇总提交至责任管理方。

3.4.3　总控评估机制

规划实施总控的评估机制由实施主体方及总控技术团队牵头，对总控各个阶段的规划实施执行度及各类工作效果进行评估，既要全面客观分析取得成效，更要着力发现突出矛盾和问题，形成"规划实施执行评价 + 工作效果反馈"的动态评估体系。

规划实施评估重点在于系统总结区域整体开发项目阶段绩效，及时反馈规划实施的动态过程和变化节点，便于政府及市场开发主体及时掌握项目建设的发展动态；也是通过对总控工作在各环节间的工作组织及效能进行评价，形成最优的调整方案。评估结论通过总图动态反馈，为项目整体发展建立动态数据库。科学的动态评估反馈是保障规划实施落地的必要前提和关键环节。

1）工作内容

规划实施总控评估的工作内容包括制定评估方案、构建评估体系、收集资料、分析评价、编制成果、汇交成果和应用等（图 3-20）。

（1）制定评估方案

结合区域整体开发项目规划实施的重点难点、突出问题和新的发展要求，制定评估方案，明确总体要求、主要任务、进度计划、责任分工、组织保障等内容，有序指导评估工作展开。

（2）构建评估体系

按照"规划实施执行评价 + 工作机制效果反馈"两个维度建立评估体系，根据项目设计愿景和规划理念明确各体系评估重点和相关要素的指标分类（表 3-1）。

（3）收集资料

收集区域整体开发范围内规划编制与审批、土地供应、现状建设情况等空间数据，涉及的相关专项规划的调查统计数据，对于突出、重点问题的实

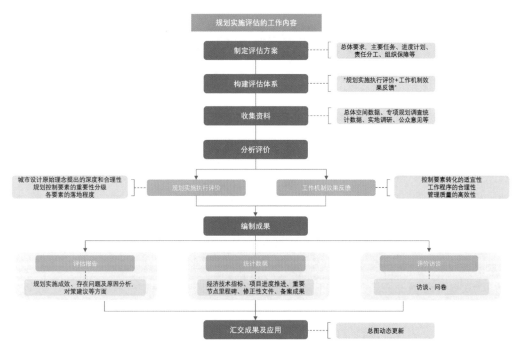

图 3-20 规划实施评估的工作内容

表 3-1 评估指标体系表（示例）

设计愿景理念	专篇	管控要素	核心指标	评估情况
绿色	景观专篇	绿化覆盖率		
	………			
共享	交通专篇	路网密度		
	………			
………				

地调研数据，对于公共性、公益性设施通过多种公众参与方式获取存在问题及意见建议。

（4）分析评价

采用空间分析、差异对比、趋势研判、社会调查等方法，对区域整体开发项目现状及规划实施效果进行评价，对总控工作机制优化进行归纳总结及调整，将评估指标数据纳入总图系统，增强分析评价的水平，同步评估工作的效能和总图系统的维护。

（5）编制成果

评估成果为衡量规划实施效果及制定未来计划的核心依据。评估成果由评估报告、统计数据及评价访谈构成。

（6）评估报告

评估报告作为最基础的评估形式，报告主要包括总体结论，规划实施成效、存在问题及原因分析，对策建议等。以文本说明为主，主要包含：项目概况、基本数据、开发模式、组织架构、主要控制要点及落实情况、质量管控及落实情况、进度管控及落实情况、重大事件梳理、运营策划及管理维护、用户使用评价等。还应包括可以表达评估内容的图纸和指标，如区位图、规划实施总图、组织架构图、界面分析图等规划实施分析图；技术经济指标表、管控要素及落实程度列表、质量对比表、进度对比表等指标统计，以及其他反映客观情况的文件。

（7）统计数据

数据统计客观地反映了整个开发建设过程中重点任务完成情况，作为珍贵的数据资料，为其他项目提供参考。统计数据可以包含内容有：经济技术指标、项目进度推进表、重要节点里程碑、修正性文件统计、备案成果统计等（图 3-21、表 3-2、表 3-3）。

（8）评价访谈

对各个阶段各种利益相关主体的评价，为整体开发项目提供多视角的评估参考。评价的形式包括点对点的访谈及一对多的问卷调查。点对点访谈主

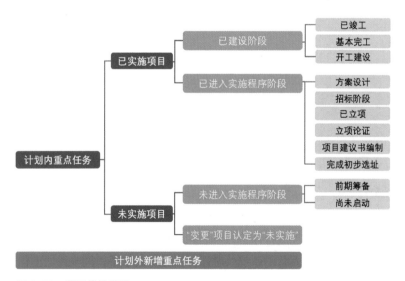

图 3-21　项目推进情况

表 3-2 规划实施总图评估要素（示例）

图纸序号	图名	表达内容	表达要素	
1	规划实施总图	反映建设用地情况、建设项目情况等	基础地理要素	行政界线、水系、道路等
			分析评价要素	新增、减少地块等
			图幅配置要素	图名、指北针、比例尺等
……				

表 3-3 项目推进表参考示例

任务序号	任务名称	牵头单位	完成时限	进展情况
1	编制××	××区政府	2022 年	已完成
2	综合整治	××局	2025 年	持续推进
……				

要针对：政府及规划主管部门、产权主体或开发主体、设计总控、单体设计、建设实施主体、物业管理及运营策划；一对多的问卷主要针对：小业主、周边居民、物业主要使用者（表 3-4）。

表 3-4 各阶段实施相关主体

工程阶段	利益人群
规划阶段	政府、行政主管部门、一级开发公司、潜在开发主体、设计总控
设计阶段	一级开发公司、专项团队、设计总控二级开发公司、各地块设计团队
建设实施	设计总控、专项团队二级开发公司、各地块设计团队
运维使用	公共配套及市政、业主、物业管理、使用人群、环境共享人群

（9）汇交成果及应用

规划实施总控的评估成果由总控技术团队牵头、各子项条线配合共同完成，最终成果由总控技术团队进行汇总。数据纳入动态更新总图。

2）评估工作要点

区域整体开发在时间周期长，条块复杂，通过评估进行分析论证、提出意见和建议，对把控整体效果的最终实现有积极意义。规划实施总控的评估应该坚持多方参与，加强各方对规划实施推进的认识，促进项目的实施。突出规划执行评价和工作机制效果反馈两方面重点：

（1）规划实施执行评价

① 空间规划和城市设计理念提出的深度和合理性。城市设计先于土地出让，其设计深度的合理性，对规划实施的精准、落地性往往具有指导意义。确定项目设计愿景和规划理念是前期决策过程中的重要环节，判断城市设计对区域整体开发全局的研究是否详尽合理并具有前瞻性，是影响项目后续发展能否顺利的先决条件。通过分析城市设计对实施区域重大战略、落实区域发展目标、优化调整区域功能等方面的成效和问题，形成推动后续实施运转的基础动力。

② 规划控制要素在项目中的重要性分级。面向各级各类规划控制项，制定合理的目标、原则和底线，是推动规划要素管控精细化的核心工作。集约化、系统性的区域整体开发规划要素，保证其实施落地，往往存在不同的控制要素管控需求；这就需要因地制宜，综合评估规划设计目标、开发模式、市场需求等特点，针对具体项目展开分析。在评估阶段，对初期管控要素的筛选、原则的转化、推进的力度进行综合评估，有重要的实践意义。

③ 各管控要素的落地程度。各要素的落地程度直接关系到项目的建成使用，是质量、效率、结构和品质的实施效果的最终体现。判断落地程度，一方面是从系统完成度判断评估要素是否按照规划意图进行设计和实施；另一方面从实施效果角度评价要素是否完善、品质和使用效果是否达到预期程度。面对不满足规划实施落地要求的部分，应从规模、结构、布局、质量、效率、时序等多角度查找产生问题的原因，及时探索处理办法[6]。

（2）工作机制效果反馈

① 控制要素转化的适宜性。控制要素转化的过程和形式是总控各个阶段的具体工作，也是评估的重要视角。不同阶段的控制要素的成果深度和价值重点不同，面向控规深度、系统导则深度、管控要素深度各有侧重；而项目所处区位、所承担角色不同，根据自身开发模式、建设时序，其各阶段涉及的控制要素转化重点也各有不同。

② 工作程序的合理性。分析规划实施总控工作过程中所开展的一系列工作，落实控规指标体系、衔接相关专项规划的编制、实施等方面的成效及问题。对规划实施总控工作程序的评估主要侧重于相应工作的深度、及时性、有效性等。评估要点主要包括：实施过程质量、程序的完整性和合规性、

资料的完整性等方面。

③ 管理质量的高效性。总控管理的组织架构多样，行政管控、市场管控、技术管控之间的协作关系随总控管理方式不同而有所区别。从整体推进角度，项目难度和自身特点不同，选取规划实施总控整体组织架构的最优的配置方案。评估要点包括：组织管理、人员管理、安全管理、服务质量管理和管理信息化。

总控评估机制服务于政府管理部门，是保障公共政策目标实现、促进规划实施管理的重要手段；也是市场开发主体反馈发展诉求与发展建议的互动程序。总控评估由综合实施主体牵头，对于规划实施过程、结果、效益和影响的评估，可以改善规划体系内部运作水平，提高各政府部门的协同运作效率，也可以对外促进政府和市场的协作，在整体视角进行阶段性复盘，回顾初衷理念，反思目标、手段和结果之间的对位和偏差，反哺未来的规划建设。

3.4.4 实例研究：公共系统实施落地

在实际开发项目中，针对区域整体开发的蓝绿生态空间、市政基础设施、城市道路与街道、城市公共空间等公共基础系统，应以目标、问题为导向，梳理设计条件，形成重点关注事项清单。通过纵向贯穿、横向协同的总控工作运行机制，做好技术统筹和管理保障的总控协调工作，兼顾政府管理方与实施主体方之间的诉求，统一各专项技术接口。此外，还应保持全过程、伴随式的总控工作评估与反馈，和项目各阶段、各环节的良好衔接。

以上海某新市镇总控项目和世博文化公园总控项目为例，对规划实施总控的工作机制详细说明。

1）解读区域定位，立足技术条件，达成目标共识

立足于上位规划，规划实施总控解读规划理念与区域定位，同时通过解读理念定位，明确区域重点区域，将总体理念分解到各重点区域，形成清晰的目标层级，有利于总体工作的开展。基于区域条件分析，梳理实现区域目标适用的开发模式及所需的专业技术研究方向。

以上海某新市镇总控项目为例，在前期空间策划与市场验证基础上，总控工作提炼片区的总体目标为"城市公园示范区，长江口城市客厅"。在强化底线约束、强调土地集约的目标要求下，新市镇采用成片售出、基础设施先行、组团式整体开发模式，实现资源紧约束条件下的最优配置。经过分析

研究，进行战略层面的定向与定性，提出：从整单元范围层面建设"水绿交融的生态新格局"和"东西联动的多元交通网"，站城核心区层面以"立体复合的田园城市客厅""以人为本的高品质社区"为设计目标。通过实现不同层次的区域空间目标，建设"三生共荣"的城郊新市镇总体目标。

在世博文化公园项目实践中，由于设计子项与建筑单体逐渐增加，条线逐渐复杂，项目由公园绿地及其配套建筑项目转向多功能复合型的文化高地，虽然新增游憩项目方案基本稳定，但面临设计各自为政的局面。总控工作介入后，回归项目建设初衷，将项目定位为传承世博记忆，打造"世界一流城市森林公园"的上海绿色新地标。为了实现建设生态自然永续、文化融合创新、市民欢聚共享的城市花园总体目标，项目明确"城中有景、景中有城"的整体架构。从功能布局、交通系统、景观设计、建筑设计、地下空间、智慧公园、海绵城市等方面提出设计亮点，优化设计细节，解决专项之间的矛盾，将各子项通过水系与森林进行衔接，形成有机整体，最终支撑该项目回溯总体设计理念与初心（图 3-22）。

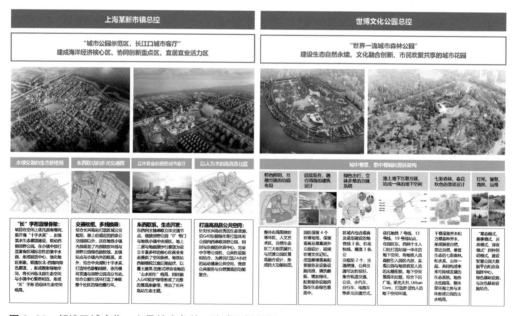

图 3-22　解读区域定位，立足技术条件，达成目标共识

2）聚焦公共系统建设，形成关注事项清单，构建项目计划库

将区域内市政道路、河道水利、景观绿化、建构筑物、基础设施、公共配套、公共空间等纳入关注事项清单（表3-5、表3-6），实时录入设计实施阶段、实施计划、边界限制条件、建设施工主体信息等项目信息，形成项目计划库，进行动态项目管理。其中，土地一级开发过程中关注事项应注重基础性，搭建公共项目库（表3-7）；土地二级开发阶段注重项目品质，符合区域特色。同时在总控工作过程中，对影响项目开发重点问题如审批、移交、外部协调等进行提早预警，促进提早协商、加快项目进程。

表 3-5　规划实施总控重点关注事项（示例）

类别	序号	问题事项	解决路径	计划时间	进展情况
用地开发	1	街坊内现状构筑物无法移除	明确具体位置、建筑退让等要求，纳入控规方案		
	……				
市政管线	1	规划110kV变电站进出线空间受限	研究110kV变电站进线方案，排摸并确定电力埋线退界线位置和管控要求，纳入控规方案		
交通组织					

表 3-6　规划实施总控重点关注事项（示例）

类别	序号	问题事项	解决路径	计划时间	进展情况
市政道路	1	夏栋路穿站城一体化区域中心公园方案	专项研究：通过区域交评明确夏株路定位和交通组织方式	2022.6	交通影响评估论证中
	2	涉及部队用地的道路交通组织	专项研究：通过区域交通影响评估	2022.5	交通影响评估论证中
基础设施	1	区域综合能源站设置	专项研究：通过能源专项研究明确选址、供能规模/方式等	2022.5	选址及技术方案论证中
联通设施	1	石榴路等市政道路地下空间整体开发	专项研究：地下空间方案深化，并开展地下空间专项研究	2022.8	已完成方案深化

（续表）

类别	序号	问题事项	解决路径	计划时间	进展情况
联通设施	2	地下环路及连通道建设要求	专项研究／控规调整：地下环路技术方案研究，地下连通要求纳入控规附加图则	2022.6	初步形成专项方案，连通道要求已纳入控规附加图则
	3	15-02地块和18-01地块商业建筑连廊	控规调整：相关要求纳入控规调整附加图则	2022.4	连接要求已纳入控规调整附加图则
公共空间	1	绿地项目设计林地斑块	处室沟通：与生态处明确保护和设计要求，开展绿化景观专项研究，推动绿地项目立项	2022.8	与处室沟通中
	2	秋涟河两侧滨水绿地本年度无建设计划	专项研究：开展绿化景观专项研究，推动绿地项目立项	2022.8	专项方案论证中
地块指标	1	15-02、09-01地块涉及部队用地产权	控规调整：结合城市设计，在尽量保证总指标不变的前提下，通过控规调整重新组织地块划分方案	2022.4	用地切分方案基本稳定，已纳入普适图则
	2	依照城市设计构想，部分地块绿化率较低	项目方案深化：结合项目建筑方案深化，原则按照相关绿地率指标设计建设	结合项目建设计划	土地未出让，方案设计暂未启动
	3	地下经营性面积尚未稳定	项目策划：结合项目定位、商业策划和建筑方案深化确定规模	结合项目建设计划	近期拟出让项目已对接商业运营主体
拟建开发项目	4	人防工程统筹，集中设施	专项研究：已明确相关要求，组织开展人防统筹专项研究	2022.5	已与处室初步沟通，启动人防统筹专项规划
	5	区域内绿色低碳建设要求	专项研究：明确相关要求，组织开展绿色建筑、海绵城市等专项研究	2022.6	已与处室沟通明确建设要求，已启动绿建专项规划

表 3-7 规划实施总控公共类项目实施库（示例）

类别	项目名称	建设主体	设计或建设所处阶段
市政道路	规划一路		方案设计
	规划二路		方案设计
	规划三路		方案设计
	快速路连接线		方案设计
市政管线	综合管廊		方案设计
	给排水系统		方案设计
	电力系统		方案设计
	综合管线系统		方案设计
	通信系统		
	燃气系统		
公共配套	体育馆		
	高级中学		
地下空间	地下交通设施		设计
	地下防护工程		设计
景观风貌	公共绿地及水系		设计
其他	水利工程专项规划		方案设计
拟建开发项目		项目公司	概念设计
		项目公司	概念设计
		项目公司	概念设计
……			

例如在上海某新市镇项目中，汇总区域内的市政道路、基础设施、联通设施、公共空间等基础性、公益性、公共性设施纳入关注事项清单形成近期项目计划库，重点关注区域先期启动的项目和重大外部条件，如完全中学、体育中心、骨干河道与路网、公交枢纽等（图3-23）。

序号	建设项目类型	地块编号	项目名称	详细信息
			上海某新市镇总控关注事项清单	
1	公共配套	06A-02、06B-01	完全中学	用地面积：5.5公顷；建筑规模：55000m²
2	公共配套	10-01、10-02	体育中心	用地面积：3.8公顷；建筑规模：20000m²
3	公共配套	07A-02	幼儿园	用地面积：0.6公顷；建筑规模：6000m²
4	公共配套	28-01	东部行政服务中心	用地面积：1.8公顷；建筑规模：25000m²
5	公共配套	05-01	交通枢纽	用地面积：1.4公顷
6	公共配套	-	体育公园（G40东侧地块）	用地面积：3.8公顷；建筑规模：20000m²
7	市政道路	-	永卫路（地铁站北侧—沙秀路段）	长度：1058m
8	市政道路	-	前卫支路（潘圆公路—沙秀路段）	长度：1607m
9	市政道路	-	秋柑路（G40西侧—永茂路段）	长度：809m
10	河道	05-04、20-02、21-02	横河（G40—新开港）疏浚段	长度：928m
11	景观风貌	29-01	长兴湖	用地面积：15公顷
12	景观风貌	-	山体公园	用地面积：15公顷

图3-23 上海某新市镇总控关注事项清单

3）多专项协同，搭建规划实施总控成果体系

针对已经确定的区域亮点，对齐建设目标，进一步进行专题研究和专项规划（表3-8），梳理各区域开发建设中的目标落实问题及疑难点问题，组织专项技术团队进行研究，结论纳入"规划实施总图＋系统导则"的总控技术成果（详见4规划实施总控的技术成果体系），形成管控要素进行进一步输出，确保亮点得以塑造，目标落地实施（图3-24）。

在此过程中，总控技术团队应协调各专项技术团队可能存在的矛盾，根据实际情况，展开动态设计优化，做好各子项设计界面和技术接口的统一。

在上海某新市镇项目中，存在轨道交通站城综合体方案与城市设计方案工作进度不匹配的情况，为实现"立体复合的田园城市客厅"的规划目标与设计亮点，需要协调总体城市设计与轨道交通站点的建设时序。总控技术团队就轨道交通站点上盖设计与地铁公司、站体设计方密切对接，以保证设计初衷为出发点，以解决主要矛盾为导向，就站厅出入口的位置、建设方式、建设时序、景观化处理手段等多个方面论证方案的可实施性与合理性。最终双方围绕同一建设目标，在确保施工可行性的情况下，保证了"东西贯通、

表 3-8 规划实施总控专项研究清单（示例）

类别	专项研究	开始时间	完成时间	承担单位	主管处室	备注
开发模式	开发建设时序专项研究					
	……					
特色塑造	区域功能策划专项研究（业态、产业等）					
	特色景观营造					
	……					
综合交通	区域交通影响评价专项研究					
	特色道路交通专项研究（林荫道、慢行道、无车街区、TOD 开发、静态交通等）					
	地下环路的走线、断面、标高、出入匝道等研究					
地下空间	地下空间一体化专项研究					
	人防设施布局专项研究					
市政工程	综合能源专项研究					
	管线综合专项研究					
	管廊					
	给排水专项规划					
	电力系统专项规划					
	通信专项规划					
	燃气专项规划					
	水利工程专项研究					
绿色低碳	待定					
数字城市	待定					
品质提升	待定					
建设施工统筹	竖向规划及土方综合平衡专项研究					
	临建设施及其他临时基础设施专项研究					
运营管理	物业管理模式专项研究					
	产权、设计、施工、运维四种界面专项研究					
	……					
……	……					

图 3-24　上海某新市镇总控专题研究

立体复合"的慢行网络成立，走好了实现规划目标的关键环节，同时也为未来开发建设预留了一定的弹性。

4）深化总控成果，精准输出规划"实施管控要素"，实现项目落地

在编制相应的总控工作成果时，应精准输出标准化设计管理，确保整体开发和竣工节奏，实现面向规划实施的精细化管控。结合项目情况提出开发地块设计建议方案，出具技术服务意见。确保区域总体交通系统、水系水利、绿化景观、市政设施和其他建设程序相关导则所提出的各类高品质建设管控要求在土地出让前与各开发主体实现信息互通。

导则管控强度及要素控制的颗粒度要根据总控项目的具体土地出让情况及子项的建设需求进行不同程度的调整（详见 4.4 管控要素体系）。原则上，核心是要保证基础性、公益性、公共性要素的落实，同时对出让开发地块进行合理控制与引导，保证子项建设成果与区域总体目标的一致性，对需要延伸至工程技术措施的项目开展进一步的具体专项要素管控，做到总控项目的设计目标和设计亮点在工程实施阶段的分解细化。

世博文化公园总控工作针对该项目复杂特征，按照"统一规划、统一设计"的要求，在编制规划实施总图和系统导则的基础上，还深化编制了统一技术措施。由总控技术团队牵头，统筹交通、消防、绿化、智能化、绿色建筑、景观等各专项技术团队的专项成果，进行整体化设计（图 3-25）。

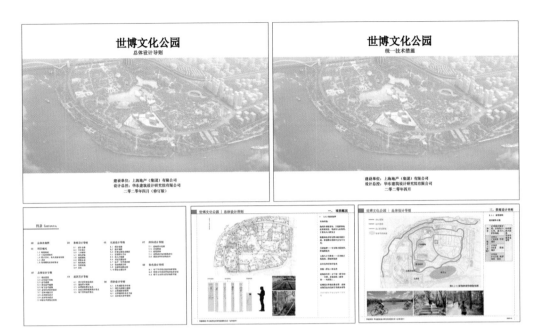

图 3-25 世博文化公园规划实施总控相关成果

5）贯穿全生命周期的总控协调与评估

世博文化公园的总控工作，以实施主体的规划设计部门与总控技术团队组成联合总控方，联合总设计师、景观、建筑、机电等多专项技术条线负责，对各区块团队设计工作进行统筹协调、质量管控、进度安排和计划管理。

在项目推进过程中，采取驻场办公、会议制度、计划管理、审核工作、施工现场巡查等多种工作制度来保障项目顺利实施。晨会、例会、专题会形成的会议纪要，将讨论的重点议题和详细内容记录下来，最终发送到联合总控方的工作群，由联合总控方集体讨论后，对问题和事项予以明确或提出处理方案，根据条线分工由专人落实。结合项目进展和会议成果，分层级以周报、月报的方式进行汇报总结，确保项目有序推进。

以系统导则为依据，在方案阶段、扩初阶段、施工图阶段对各阶段图纸的合理性、可行性进行审查，并提出意见供设计团队完善修改。到项目施工阶段，联合总控方每月会组织一次现场巡查，以便了解项目施工进度、施工与设计图纸的吻合性，及时提出整改意见，督促设计团队按时完成，确保施工质量与最终呈现与目标定位一致。

同时，总控技术团队在项目的各阶段中，应对规划实施执行度以及各类工作效果进行评估，既要全面客观分析取得的成效，更要着力发现突出矛盾和问题。

在前期策划过程中，应判断城市设计原始理念的深度和合理性，是否对区域发展全局具有前瞻作用，可以通过市场主体参与设计等方法进行验证。在开发过程中，需要根据项目优先级对规划控制要素进行分级，综合设计目标、开发模式、市场需求等因素，筛选主要控制项。在实施落地阶段，需要判断控制要素是否按照规划意图进行设计和实施，并根据项目推进情况，不断优化与调整（图 3-26）。

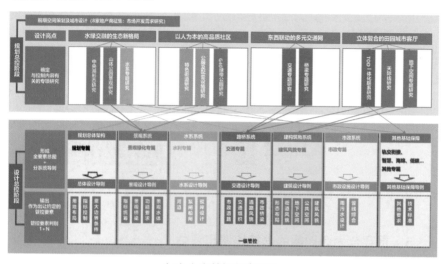

（a）上海某新市镇案例

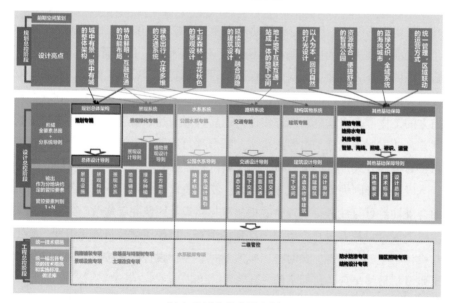

（b）世博文化公园案例

图 3-26　全过程的规划实施总控技术路径

3.5 规划实施总控的系统阶段

规划实施总控构建面向策划实施的规划总控、面向建设实施的设计总控、面向运营实施的工程总控的系统工作阶段，通过三个阶段的衔接，向上承接城市规划共同愿景，向下总体指导和控制具体建设。

总体上，规划总控阶段、设计总控阶段、工程总控阶段三个阶段围绕"规划管理实施"和"总控建设实施"两条技术工作线，在总控工作全过程中构成动态推进、持续深化的技术序列。各阶段可以独立为各自的闭环体系，分级、分类、分不同对象做好本阶段目标的输入和输出工作，也可以前后衔接，贯穿规划实施全过程形成整体（图3-27、图3-28）。

由于各地城市规划管理水平和区域开发、建设工程组织的模式、开发构想和面临问题不同，规划实施总控的三个工作阶段在实践中有不同情况。例如对开发周期较短的项目，有第一、第二阶段同步进行的案例；也有项目土地为全新开发，第二阶段进程时长较短，第一阶段直接推进至第三阶段的情况。也有在较大规模的区域规划实施中，多项目、多地块的三个工作阶段同时交错推进的情况，这都需要规划实施总控在前期的实施谋划中，即进行系统的工作界定和城市区域的分区、分类统筹，将区域整体开发的不同阶段转换为对建设空间的分区，以及对工作事项的分类，更好地适应规划实施环境的动态变化（图3-29）。

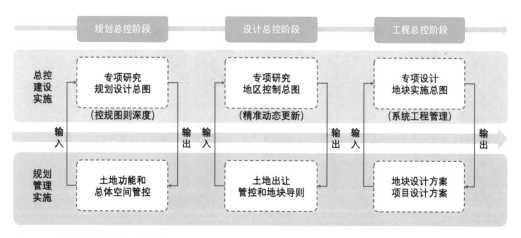

图3-27 规划实施总控工作阶段划分

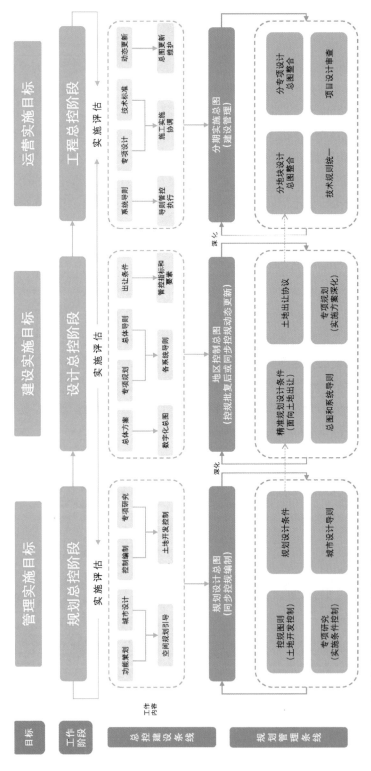

图 3-28 规划实施总控工作阶段和工作内容

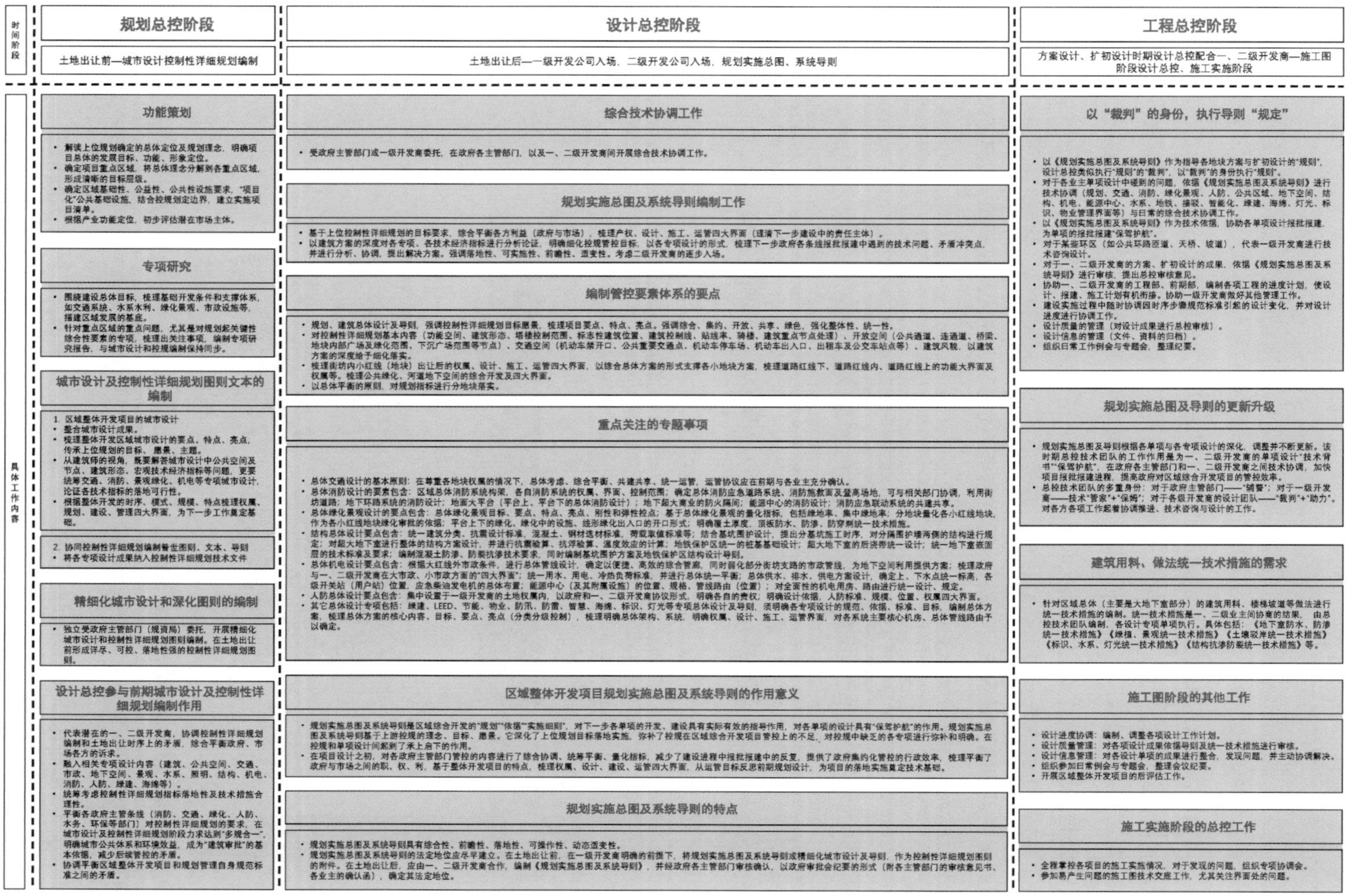

规划总控阶段	设计总控阶段	工程总控阶段
土地出让前——城市设计控制性详细规划编制	土地出让后——一级开发公司入场、二级开发公司入场、规划实施总图、系统导则	方案设计、扩初设计时期设计总控配合、二级开发实施——施工阶段设计总图、施工实施阶段
功能策划	**综合技术协调工作**	**以"裁判"的身份，执行导则"规定"**
专项研究	**规划实施总图及系统导则编制工作**	
城市设计及控制性详细规划（图则）文本的编制	**编制管控要素体系的要点**	**规划实施总图及系统导则的更新升级**
	重点关注的专题事项	**建筑用料、做法统一技术措施的需求**
精细化城市设计和深化图则的编制	**区地整体开发项目规划实施总图及系统导则的作用意义**	**施工图阶段的其他工作**
设计总控参与前附城市设计及控制性详细规划（性详规划性）图则的作用	**规划实施总图及系统导则的特点**	**施工实施阶段的总控工作**

图 3-29　规划实施总控系统工作阶段和工作内容

3.5.1 规划总控阶段

1) 工作目标

规划总控是规划实施总控的第一阶段（图3-30），为后序设计总控、工程总控阶段的顺利进行提供基础。充分发挥规划实施总控在整体统筹、问题导向和灵活运用的特点，重点关注相应地区特定的资源禀赋和关键问题，从区域结构层面协调生态空间与城市建设空间关系、城市土地出让等运营界面、开发强度和容量约束、公共设施、开放空间布局和规模等，从而明确规划引领亮点和刚性底线约定，整体统筹协同控规编制、片区利益平衡、公共配套设施落地、基础设施支撑能力提升。

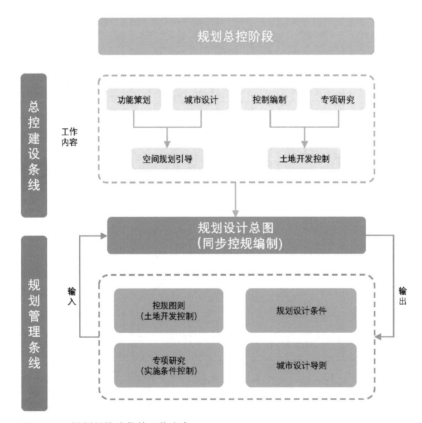

图3-30 规划总控阶段的工作内容

2) 工作内容

规划总控阶段一般包括功能策划、专项研究、城市设计、控规编制四个工作模块。该阶段应与控规编制或调整同步开展，以功能策划、专项研究和城市设计为主要技术工具，明确理念目标、梳理落实区域重大基础性、公益性、公共性要素。

（1）功能策划

首先根据上位城市规划进行项目实施总策划，解读上位规划总体定位及规划理念，明确总体发展目标、功能、形象定位。确定项目重点区域，将总体理念分解到各重点区域，形成清晰的目标层级，有利于总体工作的开展。这一步骤相当于在满足上位要求的基础上，结合城市空间关系与项目需求，评估区域土地空间资源与开发模式。在总体层面，确定区域基础性、公益性、公共性设施要求，"项目化"公共基础设施，结合控规划定边界，建立实施项目清单。根据产业功能定位，初步评估潜在市场主体（图3-31）。

（2）专项研究

在区域整体和项目地块之间存在大量的系统整合工作，需要前期梳理专项支撑体系，确定重点关注事项，深入研究，确保在工作前期就将区域重点问题纳入规划的统筹考虑范围。围绕建设总体目标，梳理基础开发条件和支撑体系，如交通系统、水系水利、绿化景观、市政设施等，搭建区域发展的基底，实现区域整体价值的提升。针对重点区域的重点问题，尤其是对规划起关键性、综合性要素的专项，梳理出关注事项，编制专项研究报告，与城市设计和控规编制保持同步（图3-32）。

（3）城市设计

城市设计可作为功能策划和专项研究的集中呈现和成果验证。一方面，结合功能策划，城市设计明确项目区域的空间形态、景观特色，突出项目整体的空间亮点，确定三维空间包括公共空间、开敞空间和建筑群组的框架性导控要求，深化二维土地开发界面；另一方面，通过城市设计落实各专项理念及要求，梳理解决各专项矛盾，整合专项规划核心控制内容，明确需纳入控规的要素，视城市规划管理要求，协助完成控规附加图则或城市设计引导图则编制。具体工作内容为：功能业态及布局设计、总体形态设计、开放空间和景观环境设计、地下空间和地下公用设施设计、道路交通设计、优化开发控制指标及提出设计导则，在进行设计工作之前要先开展实例研究，总结提炼成功案例的先进规划理念和运作经验（图3-33）。

在构建区域整体开发项目全局性、整体性框架格局中，精细化城市设计值得推广。《区域整体开发的设计总控》一书中，明确了"两次"城市设计编制的作用。"一次"城市设计侧重于上位规划落实和控规指标落定；"二次"精细化城市设计是针对"一次"城市设计确定的城市重点地区（实施主体

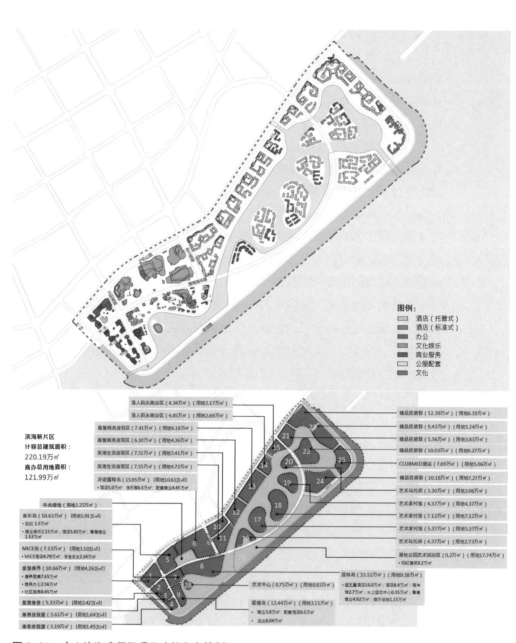

图3-31 金山滨海度假区项目功能业态策划

图 3-32　金山滨海度假区项目专项研究

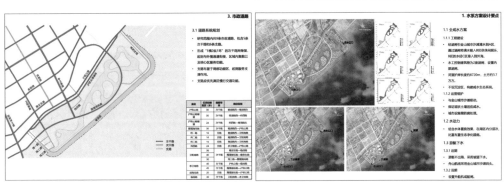

图 3-33　金山滨海度假区项目城市设计

基本明确）形成详尽、可控、落地性强的图则及导则，为区域整体开发项目"谋篇开局"。确保土地出让前、出让后设计不脱节，对实施过程动态跟进，对项目整体核心价值和建设目标一以贯之。精细化城市设计体现出更细致的设计深度、更高效的控制力度、更全面的专项覆盖度，通过前置经验冲突难题，梳理技术协同的结论，并落入管控要点，保障后期建设的系统性[6]。

（4）控规编制

本阶段确定土地开发方案，划定核心开发地块边界。综合前期功能策划和城市设计成果，融入相关专项规划确定的支撑内容，按照法定程序编制控规技术成果，在土地出让前形成详尽、可控、落地性强的控规土地开发控制图则和城市设计导则、规划设计条件。最终提交专家审议，成果纳入统一信息平台（图3-34）。

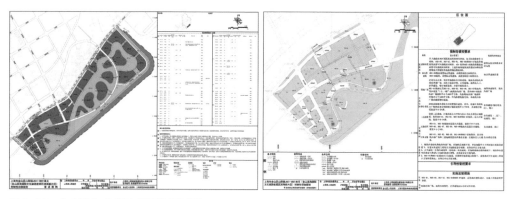

图3-34 金山滨海度假区项目控规图则

3）工作要点

（1）系统理念指引

以土地开发策略引导城市蓝绿底板、基础设施、经营性土地与非经营性土地的空间界面，塑造具有区域特色和比较优势的土地格局。

（2）专项研究前置

不同于常规专项规划与控规编制脱节的情况，规划总控通过专项研究前置，协调大区域市政交通等与开发地块建设关系，预警开发进程中关注点，划定区域开发约束性和支撑性条件，进行专项研究论证。

（3）空间实施指向

将控规的法定特性与城市设计空间形态研究特性相互补充，推进"指标和空间并重"的管理模式，以落实区域整体开发的设计目标为责任，具有较强的政府引导、公共利益优先的导向，旨在将土地出让前的城市设计成果落实到土地出让后的建筑、工程设计之中。

（4）控规推进和调整

一般控规的实施年限较长，而我国城市建设速度较快，其间城市经济与社会等方面都可能发生诸多变化，导致原控规指标不适应当前地区开发的需要，因此必须对控规进行相应调整。规划总控的价值在于区域整体性的系统优化，通过城市设计对地区的调整，控规成果可以通过吸纳城市设计的成果来完善，对原控规中缺乏系统性或整体性的规划内容进行修正和添加。例如，公共服务设施用地对城市交通和空间形态的影响较大，但在控规规划阶段一般考虑交通影响比较多，而空间形态缺乏整合考虑，在规划总控对接城市管理过程中，实施主体或市场开发就地块性质、开发强度、建筑限高对项目开发控制条件提出进行调整的要求，协同控规中的土地开发控制图则编制，通过沟通形成共识性的设计规则和行动计划。

3.5.2 设计总控阶段

1）工作目标

设计总控（图3-35）是规划实施总控的中间阶段，专业性强且过程复杂，为衔接前序规划定位、后序建筑工程的顺利进行提供保障。

本阶段开展一般在控规批复后，空间格局、开发总量、骨架路网、水系蓝线、公共服务设施已基本锚固的情况下，开展规划实施总图及各专项的设计深化细化工作。针对各专项条线进行区域统筹设计，运用规划实施总图形成统一底板，精准输出规划管控要求和推进地块实施的规划设计条件、土地出让约定等，标准化设计管理，确保整体开发和竣工节奏，实现面向规划实施的精细化管控。

设计总控遵循"总—分—总"的基本工作逻辑，首先根据项目开发控制条件，深化总体设计方案，然后进行先期出让开发地块和关键专项系统（依据项目特征不同，可包括交通专项、水务专项、地下空间专项）的方案设计，由于先期出让地块受到关键专项系统的影响，优先关键专项系统进行方案设计，同时开始编制总体设计导则。在专项系统设计完成后，可以进行先期出让地块方案设计。在出让开发地块和关键专项设计均完成后，进行设计总控集成，通过集成进行问题反馈，最终经过多次循环形成稳定的系统导则。视城市规划建设管理条件，建议有条件情况下，同步开展规划实施总图、系统导则和专项规划审核、审批工作，通过设计总控技术推进提高行政效率。

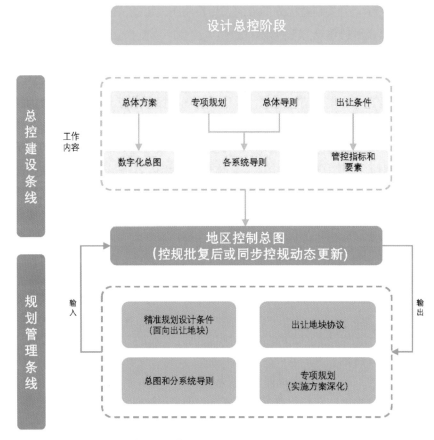

图 3-35 设计总控阶段的工作内容

2）工作内容

设计总控阶段一般包括总体方案和导则、专项规划、一期地块设计、出让条件4个工作模块。

（1）总体方案和导则

从整体区域层面看，总体方案分为4个阶段：城市设计总体方案优化，以城市设计、专项规划为基础的总体导则编制，一期（出让）地块设计，总体方案集成。这4个阶段将形成在整个设计总控过程的总抓手，对各专项规划和一期地块设计进行控制和调整，使各项目在设计过程中相互协调、相互呼应，从整体上符合总体方案设计的要求。

整合交通系统、水系水利、绿化景观、市政设施等支撑体系专项规划，以及对未来建设程序中涉及的消防、供能、人防、结构、机电、绿建、节能、夜景灯光、引导标识、智慧系统、物业管理等专项规划融入总体方案的统一规划设计、综合平衡、统筹计算，整合形成一套规划实施总图。规划实施总图成为整合区域整体项目全要素信息库，形成规划总控工作基底；在此基础上，统筹安排建设计划，动态更新总体方案。按照法定规划管理程序，将总图纳入数字化信息平台。

编制总体导则，在总体方案和专项规划的基础上对项目进行整体描述和分系统的梳理，作为总体方案的说明文件，全面设置规划管控要素，以建筑方案的深度对各专项、各技术经济指标进行分析论证，对管控要素精细化定位。包括总体规划设计要素和各专项要素（包括但不限于交通系统、水系、水利、绿化景观、市政设施、消防、供能、人防、机电、结构、绿色建筑、节能、夜景灯光、引导标识、智慧系统、物业管理等）。各系统导则需要从整体片区系统出发，编制专项管控要求，对城市整体空间形态、工程建设基础要素、地上地下空间建设及地区特色风貌进行综合引导（图 3-36）。

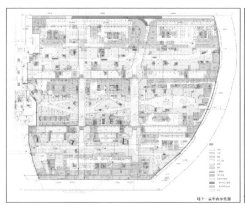

图 3-36　徐汇滨江西岸传媒港项目总体方案

（2）专项规划

在前一阶段规划总控的专项研究基础上，深化完善各主要专项规划，明确交通系统、水系水利、绿化景观、市政设施等具体规模指标、布局方案、控制要点、技术标准、配套设施系统等具体安排，形成专项规划成果，经专家评审、相关行业主管部门审定后，纳入总体方案"一张图"，作为区域开发的重要依据。

设计总控的专项规划主要为空间和指标调整协调，技术指标更为精确，构造做法更为全面，成本控制措施更为细致，综合考虑项目运用技术的可操作性。某些专项系统对整体开发具有基础性作用，依据项目特征不同，这些关键专项一般可包括有交通专项、水务专项、地下空间专项等，在设计总控阶段需要以集成化的视角，考虑整个项目区域的布局，作出三维的布局设计。以关键专项为主导的设计总控，可以提早发现在设计阶段和施工阶段可能出现的问题（图3-37、图3-38）。

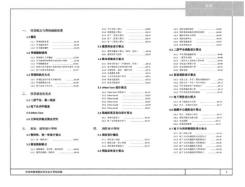

图3-37 徐汇滨江西岸传媒港项目专项规划

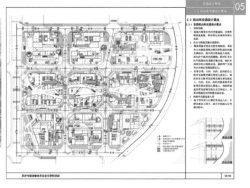

图3-38 徐汇滨江西岸传媒港项目总体导则

（3）出让地块设计

对于先期开发的出让地块，由于建设顺序在先，应基于控规和专项规划的要求，对控规基本内容（功能空间、建筑形态、高层塔楼控制范围、标志性建筑位置、建筑控制线、贴线率、建筑重点节点处理）、开放空间（公共通道、连通道、桥梁、地块内部广场及绿化范围、下沉广场范围等节点）、交通空间（机动车禁止开口线、公共重要交通点、机动车停车场、机动车出入口、出租车及公交车站点等）、建筑风貌，专项规划的各系统平面和垂直布局等，以建筑方案的深度在出让地块内给予细化落实。

（4）出让条件

依据控规、总体方案及导则编制土地出让约定草案，用以指导先期开发地块出让、管控及公共空间后续深化设计建设；或结合项目情况提出开发地块设计建议方案，出具技术服务意见。确保区域总体交通系统、水系水利、绿化景观、市政设施和其他建设程序相关导则所提出的各类高品质建设管控要求在土地出让前与各开发主体实现信息互通，后续纳入土地出让合同，以确保区域的特色品质空间建设（图 3-39）。

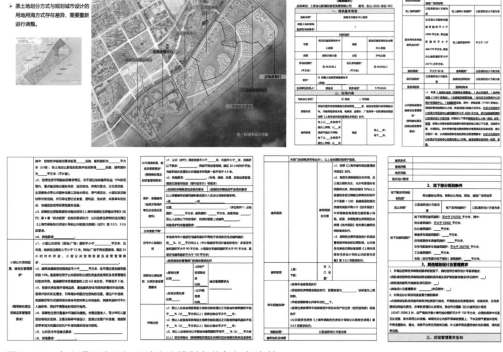

图 3-39　金山项目分证与土地出让规划条件部门征询单

3）工作要点

（1）决策推进

设计总控单位得到实施主体的授权，在全过程中起着重要的决策作用，总平面布局、空间造型、功能组织、交通市政等城市基础功能空间组织、主要技术经济指标等均在该阶段确定。设计总控阶段的规划实施总图和系统导则经审核审批程序后，将大大减少项目的不确定性，对项目整体实施的方向有重要意义。"总—分—总"系统集成的工作内容，依托区域整体开发的总体方案，动态运转为统一工作的数字化平台。

（2）专项深化

视城市发展和管理条件，编制交通、水务、市政基础设施、地下空间、景观绿化、绿色低碳、综合能源等专项规划，其中影响整体开发进程和总体布局的关键专项系统，应优先编制并启动审批程序，锚定开发地块的外部条件。

（3）总图整合

梳理各专项、不同建设时序地块的管控要点和交互界面，协调相互矛盾，形成一套规划实施总图（包括地上总平面图、地下总平面图、总体剖面图），总体导则作为总图的说明架构文件。同步完成验证一期开发地块建筑开发与公共空间、景观绿化空间合理性，对上阶段城市设计要点形成闭环反馈。

（4）精准管控

明确经营性土地与非经营性土地相应的功能和形态空间管控要求，输出为刚弹结合的建设导则和一期地块的土地出让条件，按程序纳入城市政府法定规划管理体系。

3.5.3 工程总控阶段

1）工作目标

在设计总控阶段之后，公共空间、地块开发、街坊路网、景观场地、规划条件已基本锚固的情况下，开展工程总控阶段（图3-40）。分地块、分专项的设计工作，基于总体方案专项指标量化、细化到每个子项每个地块，发现问题解决问题，对各专项设计间的矛盾冲突点进行提前协调、明确结论，为下一步项目的报批、报建、报审、建设实施奠定基础。

2）工作内容

工程总控阶段一般包括分地块工程设计、专项设计、技术标准、动态协同四个工作模块。对建设项目进行设计审查、实施协调、对总体方案动态更新。

（1）地块工程设计

地块工程设计涵盖了开发地块的建筑、结构、景观绿化及市政等各个专业，涉及方案设计、初步设计和施工图设计三大阶段，核定相应地上项目规

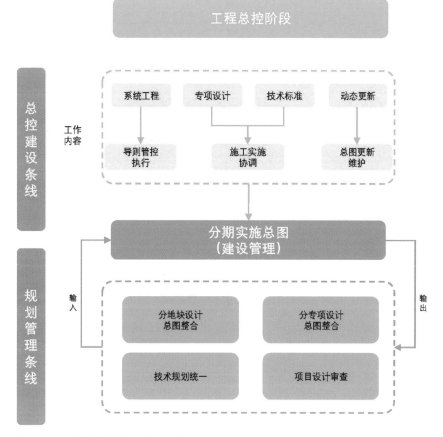

图 3-40 工程总控阶段的工作内容

划配建指标、建筑高度、容积率、建筑面积、绿地率、机动车停车位等。除上述常规工程设计的工作外，同步对接规划实施总图，确保单地块的工程设计深度对总体方案和导则进行动态更新，覆盖整个建设工程、协调总体与各子项，确保区域整体开发项目的建成效果（图 3-41）。

（2）专项设计

为避免各专项设计在按控规要求实施时产生矛盾（如常见的消防、交通等规范），拖后了整体开发项目进度。结合单地块建筑方案设计对单项（交通设施、消防、绿化景观、人防、地下空间、结构、机电、暖通、能源中心、水利、绿色建筑、海绵城市、灯光、标识等）进行具体的工程总控深度的设计工作（图 3-42）。

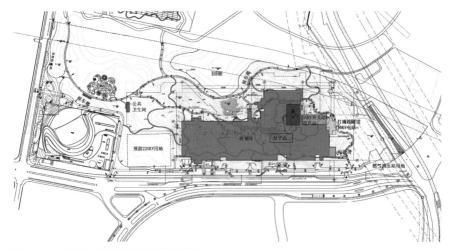

图 3-41 世博文化公园单体单地块设计

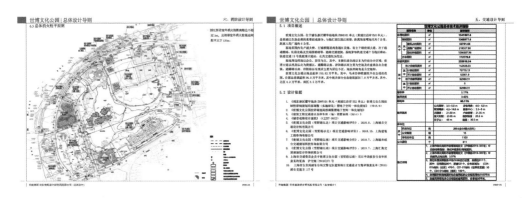

图 3-42 世博文化公园专项设计

（3）技术标准

统一关键性的公共建设及专项建设管控要素实施标准，统一建筑用料、做法的技术措施（例如各类《统一标准及技术措施》），确保区域开发整体性。协助一、二级开发商的工程部、前期部，编制各项工程的进度计划，使设计、报建、施工计划有机衔接，协调各地块建设设计之间的技术边界、管控边界。建设实施过程中随时协调因时序步骤规范标准引起的设计变化，进行进度协调、质量管理、信息管理、组织会议等控制工作，有序指导各地块扩初和施工图设计（图 3-43）。

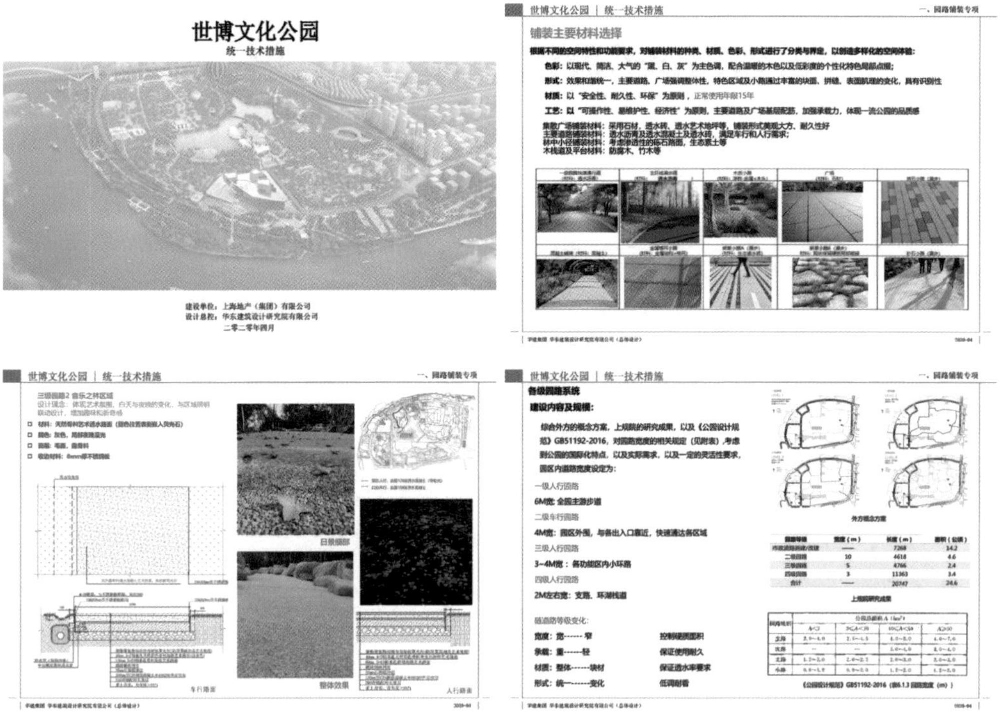

图 3-43 世博文化公园统一技术措施

（4）动态协同

对区域开发实施评估。大型综合项目涉及条线多、设计实施周期长，后评估的重要意义在于回溯实施阶段和使用阶段的匹配程度。区域整体开发后评估由实施主体及规划设计总控牵头，在整体视角对整个过程中的各个环节进行复盘，回顾初衷，反思目标、手段和结果之间的对位和偏差。动态更新总控文件及总体方案，协助维护规划资源信息系统。

3）工作要点

（1）系统理念

本阶段总控工作的重点是落实规划实施总控的整体统一性，实现总体与独立单项的协调。持续更新规划实施总图和系统导则，建立一个各单体地块、各专业协同设计的平台，起到在规划管理和落地实施之间承上启下的纽带作用。

（2）技术标准

总体设计导则将协调确定总体与各单项间的技术边界、功能边界、权属边界，统一输出技术措施和实施标准、工艺要求（图3-43）。

（3）设计审查

总体和系统导则是本阶段报批报建工作的重要依据。协调总体与各子项之间的关系，使之从总体上符合国家和城市的规划、消防、交通、节能、环保、人防、绿化等建设法规和规范。建立施工现场巡查制度，以规划实施总图和系统导则为依据，全程掌控现场的施工实施情况。

参考文献

［1］刘恩芳. 5维度：城市设计视角的低碳生态社区研究与实践［M］. 北京：中国建筑工业出版社. 2018.

［2］上海市规划和自然资源局. 关于印发关于开展建设项目规划实施平台管理工作的指导意见（试行）和上海市建设项目规划实施平台管理工作规则（试行）的通知［EB/OL］.（2021-01-30）［2022-10-10］. https://ghzyj.sh.gov.cn/zcfg-cxgh/20210714/2085a8ff4a1f469e99c67c22deb8b795.

［3］中华人民共和国自然资源部. 国土空间规划城市设计指南（报批稿）编制说明［EB/OL］.（2021-05-28）［2022-10-27］.http://m.mnr.gov.cn/gk/tzgg/202105/P020210528643709991798.pdf.

［4］张耘逸，罗亚. 规划引领数字国土空间全程智治总体框架探讨［J］. 规划师，2021，37（20）：60-65.

［5］姚昕怡，杨艳艳. 区域整体开发模式下的设计实践——西岸传媒港［J］. 建筑实践，2021，4（8）：94-103.

［6］上海建筑设计研究院有限公司. 区域整体开发的设计总控［M］. 上海：上海科学技术出版社，2020.

4 | 规划实施总控的
技术成果体系

　　规划实施总控的成果体系，以政府管理方、总控技术方、实施主体方三方的组织管理机制为基础，以规划实施技术和建设管理审批全过程交互为支撑，在"纵向总图贯通、横向多专项协同"的"总—分—总"工作模式下，形成"1+1+N"成果体系，即规划实施总图、导则和管控要素。本章具体介绍各项成果的工作路径、成果构成、要点和体例等，结合具体项目案例的不同主体对象、不同项目阶段、不同管理需求进行成果输出，对规划管理需求和实施技术需求进行双向适应性对接。

4.1 规划实施总控"1+1+N"成果体系特点

2021年3月,《国土空间规划"一张图"实施监督信息系统技术规范》(GB/T 39972—2021)正式发布。在这一框架下,规划"一张图"的基础信息平台建设可最大限度挖掘国土空间数据资源潜力,有力支撑政府各部门科学规划,有效监管国土空间开发利用活动,提升政府管理决策水平。全国统一的国土空间基础信息平台,成为规划编制审批、实施监督全周期管理及专项规划"一张图"衔接核对的权威依据。

规划实施总控面向国土空间治理维度拓展的契机,探索规划实施技术体系需要的创新路径与模式,其中共同搭建数字化平台是城市治理与规划技术结合的关键点。规划实施成果体系制定的目标依托国土空间基础信息平台,避免产生各规划编制单位成果标准不一、数据格式迥异、成果难以拼合对接等问题,保证规划实施总控"专项协同、多规合一"成果能纳入统一的信息化管理平台,协同建立动态维护的控规成果数据库。规划实施总控成果要求也应延续以"城市总体规划—控规—专项规划"为核心的国土空间建设管理体系的基础技术体系。

上海院经过多年的规划探索和项目实践,将规划实施总控成果体系按照"总—分—总"的关系,归纳总结为一整套"1+1+N"成果。第一个"1"为规划实施总图,是规划实施总控的核心技术成果,为系统导则和管控要素体系的建立提供了基本载体,是全设计信息输入、协调检测、管控输出的基础平台,依托关注事项清单和解决机制,形成一套囊括全专业、全要素、多产权、重运营、立体全时的信息库,并随着项目推进经市或区规资部门审定动态更新。第二个"1"为"系统导则",作为前述总图的说明性、支撑性文件和实施管控的依据文件,分系统解析城市开发的专项技术难点、要点及在规划片区、建筑工程层面的管控要求、缘由,分专篇对接各专业管理部门。"N"为"管控要素体系",包括功能基础管控、空间设计管控和实施品质管控的管控要素分类,按照引导项管控程度分级输出,也是对接规划和建设管理的工具箱,嵌入土地出让、规划管理、建设工程审查全流程,直接作用于项目的高品质建设实施(图4-1)。

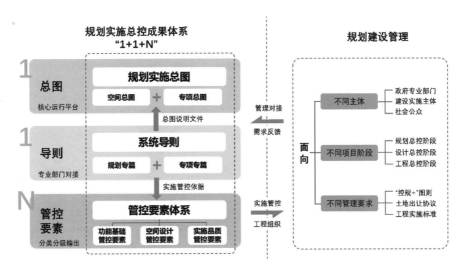

图 4-1　规划实施总控"1+1+N"成果体系

4.2　规划实施总图

4.2.1　工作路径:"一张图"数据底座

在国家战略和城市存量发展背景下,城市建设管理与国土空间基础信息平台衔接,以数字化平台统筹空间时间,统一项目审批管理、提升政府治理效能成为各地趋势。

规划实施总图立足城市视角,从大型建筑综合体总图走向城市总图,成为从法定规划延续到项目实施的一张蓝图。在多专业融合语境下,规划实施总图由各类开发建筑、景观和水系、道路交通和市政类基础设施信息汇总而成,在"统一底图、统一标准、统一规划、统一平台"的国家标准下运转,发挥国土空间数据"底图"和"底线"的权威性的基础作用,实现对城市系统的全方位解析,如生态安全格局、绿地水系统、道路交通系统与一体化的区域整体开发地区。

区域整体开发是城市开发区域内,系统功能复合的开发建设项目,应梳理复杂的设计条件,解决各个层级的矛盾,确保设计、建设、管控和运维工作顺利推进,充分发挥各项优势。规划实施总图落实从规划到建设实施的全过程控制,整合全专业的总体设计、关键节点设计和技术协调工作,具有综合性、全程性。

系统的规划实施总图总体框架如图 4-2 所示，应包括基础层、数据层、支撑层、服务层、应用层 5 个层次，依托基础信息平台进行扩展建设。同时，总图的设计与管理贯穿项目全生命周期各个阶段，并进行动态更新。对实施过程中产生的调整或更新成果数据，应实现及时共享、实时汇交，在规划实施总图基础信息平台中同步动态更新。保留不同阶段的开发状态及项目信息标签，做到可留痕、可溯源。

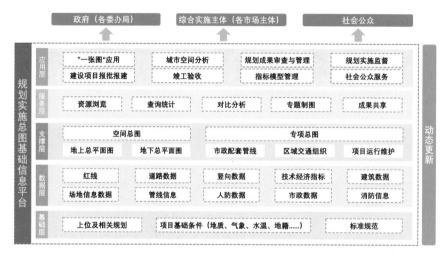

图 4-2 规划实施总图的总体框架

（1）基础层

面向全过程规划实施总图业务需求，对项目上位及相关规划、项目基础条件等进行扩展和完善。按照各专业常用标准和规范，指导总图系统建设和运行的全过程技术管理。各地可根据实际情况细化和拓展系统建设的相关标准。

（2）数据层

建设包括场地信息等基础现状数据，各类控制线、指标等规划成果数据，各专项规划数据等在内的规划实施总图数据体系，实现数据的汇交和管理，并建立与规划实施总图体系相适应的指标和模型。

（3）支撑层

支撑层即规划实施总图成果，包括地上总平面图、地下总平面图等空间总图，也可包含市政配套管线、区域交通组织、项目运行维护等专项总图。

（4）服务层

以规划实施总图基础信息平台为支撑，以数据、指标和模型为基础，提供资源浏览、查询统计、对比分析、专题制图、成果共享等服务，供应用层使用和调用，服务于从规划管理到工程实施的全过程。

（5）应用层

面向规划实施的编制、审批、修改和实施监督全过程，提供包括"一张图"应用、城市空间分析评价、规划成果审查与管理、规划实施监督、建设项目报批报建、竣工验收、指标模型管理和社会公众服务等功能。与各委办局业务系统连接，实现部门间信息共享和业务协同，为综合实施主体等各级市场主体和社会公众提供服务。

规划实施总图结合城市信息系统建设，可以发展为规划实施信息平台。依托各城市加快开展数字化转型工作，按照规划资源系统数据标准，依托跨部门、跨单位数据共享机制，建立可视化的规划实施系统，统一各地块、各专项设计文件和文件编制标准，将编制成果纳入规划实施系统并实现实时更新。各项目主体在相关行政审批系统上传各类城市模型、建筑模型、市政模型等必要数据后，规划实施系统可通过接口调取数据文件，形成可视化的建设方案。同时也可实现建设风险预警，多维度评估建设方案对周边环境、城市景观等的影响，从而进一步提升社会治理和科学决策的水平（图4-3）。

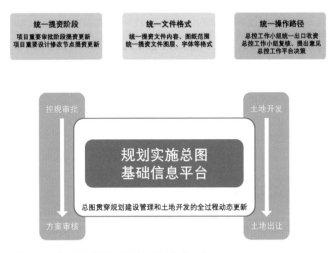

图4-3 与法定规划对接的"三个统一"

4.2.2 总图成果构成

规划实施总图成果构成参照上海规划实施平台"地区总图"。《关于开展建设项目规划实施管理平台工作的指导意见（试行）》中提出，"为确保落实国土空间规划要求，以推动实施为导向，综合实施开发主体根据批准的控规、部门管理要求、实施主体需求，组织专业服务团队编制地区总图。地区总图应符合控规总体要求，可结合项目策划、功能研究情况，对区域内基础性、公益性、公共性要素进行统筹协调。包括地上总平面图、地下总平面图等空间总图，也可包含市政配套管线总图、区域交通组织总图、项目运营维护总图等专项总图"。

规划实施总图的编制应当从空间和时间层面，解决城市基础设施、生态空间、道路广场、公园绿地、建（构）筑物、管线设施布局等全要素之间的关系，实现在一张底图上融汇全要素设计，使之相互关联、互为边界条件。以总图成果为抓手，统一底板与平台，实现多部门协调、项目审批与区域把控。

总图成果的整体内容包含空间总图与专项总图两大部分。①空间总图应包含地上总平面图、地下总平面图等分层空间控制图。②专项总图可包含市政配套管线总图、区域交通组织总图、项目运营维护总图、绿化景观总图、水系总图、其他专项总图等。其他专项总图（如给排水总平面图、燃气总平面图、雨水总平面图、消防总平面图等）可根据项目特征进行差异化编制（图4-4）。

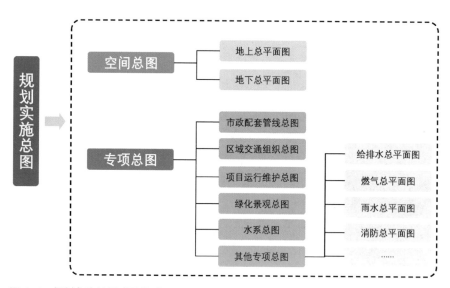

图4-4 规划实施总图成果构成

4.2.3 在规划实施总控全过程中的应用

规划实施总图是贯通国土空间"一张蓝图"和大型项目总图管理、从规划到建设的关键环节，也是规划实施总控的核心成果。规划实施总图服务于法定规划管理和项目建设开发的全流程，不断地适应规划管理需求和城市开发条件，在不同阶段应需求变化而动态更新。

从法定规划管理角度，总图按照规划资源系统数据标准，注重信息的标准化录入，确定各阶段提资标准、图层要求、深度要求，实现城市级别规划实施总图的"三个统一"（即统一提资阶段、统一文件格式、统一操作路径），融合所在城市的国土空间信息化数据平台，赋能规划管理全流程治理。

从项目建设角度，总图在系统控制下逐级分解，最终可达工程实施深度，在建设工程全生命周期中，由面到点，再由点到面完成总图这一技术序列。工作原理是针对不同阶段不同的设计工作重点确定总图合适的成果颗粒度。

在规划总控、设计总控和工程总控3个总控阶段中，总图重视在前两个阶段的价值导向、空间统筹和第三阶段的实施操作属性，在各阶段分别形成规划设计总图、区域控制总图和工程实施总图。其中，规划设计总图明确建设边界条件，稳定总体开发框架。地区控制总图实施空间统筹和专项汇总，输出规划管理和实施条件。工程实施总图，开发建设地块达到工程实施深度，同步动态更新总图。依据规划实施总控的组织结构特征，规划实施总图的整个工作过程是由设计单位、实施主体单位和政府管理单位共同完成的（图4-5）。

1）规划设计总图

规划总控阶段的规划设计总图一般与控规编制或控规调整同步，成为控规土地开发管理落实的框架性总图。因此，基于规划总控阶段对空间规划策略和土地开发控制的要求，规划设计总图应在控规前期研究和其他外部条件基础上，从功能、形象、交通、市政工程等角度，通过城市设计、土地规划等，对重点专题专项研究成果的整合，明确总图的系统性要素的组织，包括道路交通系统、市政系统、景观和水系系统、建（构）筑物系统。

规划设计总图重点考虑区域功能布局、骨架路网、专项设施布局和开发格局，结合同步进行的产业功能策划确定总体及各期建设范围、分区内容、总体建设规模。

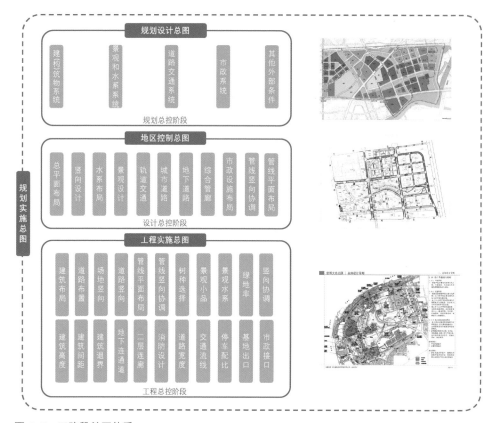

图 4-5　三阶段总图体系

（1）输入

将区域所处的整体开发状态通过分项目、分内外条件录入，整合区域内外部整体规划条件和现状信息，形成整体总控工作的工作基础，输入系统按照外部条件如地铁线路、市政管廊、外围交通系统等，内部条件主要有建（构）筑物系统、景观和水系系统、道路交通系统、市政系统等。

（2）运转

以空间策划、专项研究和城市设计为主要技术工具，梳理落实建（构）筑物系统、景观和水系系统、道路交通系统、市政系统等要素，与土地经营、非经营性开发需求分类对接。

（3）输出

在总图"输出"阶段，核心总图为服务于控规的土地开发细分控制总图，系统图纸包括开发强度图、绿地系统图、河道水系系统图、市政道路系统图、公共设施系统图、地块边界条件图（图 4-6）。

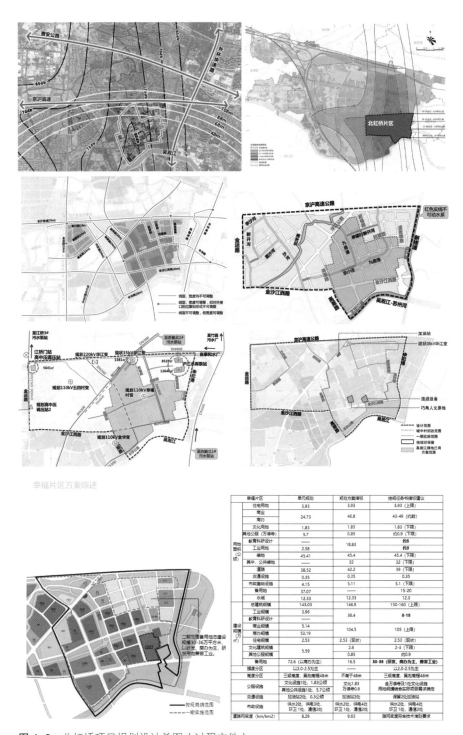

图 4-6 北虹桥项目规划设计总图（过程文件）

2）地区控制总图

设计总控阶段的总图是在控规稳定或批复后、强制性指标要素相对锚固后的地区控制总图，是对上一阶段总图的深化、细化。通常对前期各项研究内容通过各专项的精细化方案的验证，进行要素提炼；整合全区域内各专项规划、专项设计方案，一般包括竖向、水系、景观、轨交、道路（地上、地下）、市政设施及管线布局等，并按照系统分类汇总空间设计要点。

作为区域整体开发的总体基盘，地区控制总图的目标是实现从二维到三维的开发管控要素精细化，精准输出实施导向的一系列技术图纸。

（1）输入

录入上一阶段的建筑、绿地景观、水系、交通、市政等各专项研究成果及控规土地开发细分控制总图、控规要素底板等，汇集管理部门要求、开发主体需求。

（2）运转

运用总图信息平台的技术优势，在立体三维空间中协调建（构）筑物、交通道路、绿化、水系、轨道交通、综合管廊管线等设施，梳理交互界面，解决相互矛盾，实现在总图上"专项规划汇交"工作；验证组团地块建筑开发与公共空间、景观绿化空间合理性，结合市场运营专项，深化建筑空间功能和场所品质研究。

（3）输出

本阶段核心工作是精准管控输出，明确经营性土地与非经营性土地相应的功能和形态空间管控要求，扩展在控规土地开发指标图中未尽的三维空间品质关注项，核心图纸有总平面图、首层平面图、地下一层平面图、市政管线图、外部项目图、项目进展图（图4-7）。

3）工程实施总图

工程总控阶段的工程实施总图的颗粒度细化到每个子项、每个地块。工程实施总图强调工程实操性，颗粒度达到工程实施深度。落实对规划、消防、交通、绿化景观、公共空间、地下空间、结构、机电、能源中心、绿色建筑、人防、地铁接驳等各关联子（专）项在四大界面（产权、设计、建设、运营）上的优化整合。

作为整合与统筹实施阶段的系列图纸，工程实施总图应达到施工图深度，以解决项目落地的实际问题为目标，对各专项技术协调的最终成果进行汇总输出。

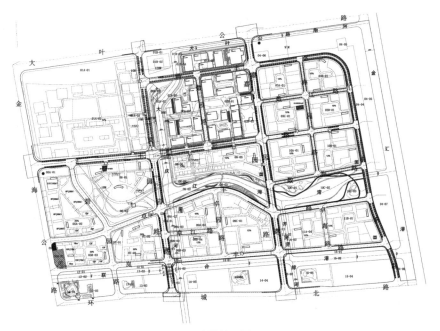

（a）地面总平面图

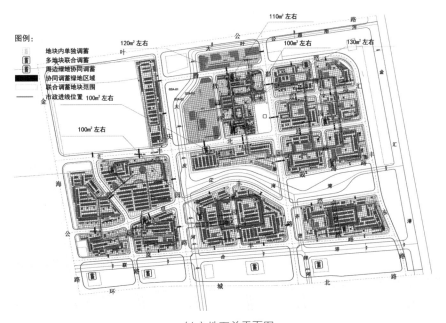

（b）地下总平面图

图4-7 数字江海地区控制总图（过程文件）

（1）输入

录入前述阶段的交通、水系、绿地景观、市政、竖向设计等各专项规划深化成果，以及精准化的地块规划设计条件和土地出让约定，输入为工程实施总图总体要求。

（2）运转

由各设计单位分别对所负责的单体地块进行设计，以设计、审核与协调三大工作机制为抓手，通过召开专家评审会议和全面应用BIM等数字建造技术，对规划、消防、交通、绿化景观、公共空间、地下空间、结构、机电、能源中心、绿色建筑、人防、地铁接驳等各层面实施动态化的综合性统筹与调控，细化技术解决方案，实现区域三维空间全要素（建筑、市政、交通、地下空间、公共空间、绿化景观等）最优化整合的同时，前瞻性地考虑区域内各关联子（专）项的工程实操落地在时间维度上的合理性。

（3）输出

由总控技术团队进行汇总和总图协调，最终迭代形成符合整体要求的各项目设计成果（图4-8）。

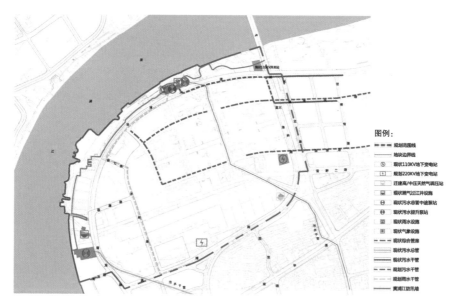

（a）市政配套管线总图

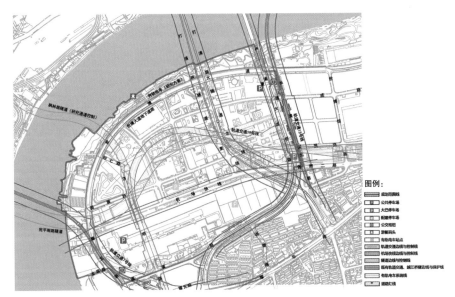

（b）区域交通组织总图

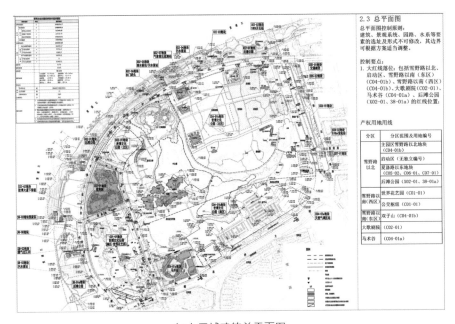

（c）区域建筑总平面图

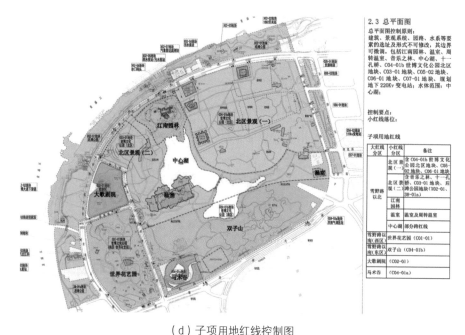

（d）子项用地红线控制图

图 4-8 世博文化公园工程实施总图

4.3 规划实施系统导则

4.3.1 工作路径：多专项协同

系统导则是规划实施总控成果文件的重要组成部分。其工作原理是在建筑、交通、市政、景观绿化、消防、人防等专项规划和设计基础上，提炼要点，作为规划实施总图的系统说明和支撑性文件。其空间要素和指标统一汇入规划实施总图，实现图纸和指标在实施全过程中的一致性，并协助综合实施主体在多系统交汇过程中，深入理解开发建设方向及协调重点关键系统。通过导则的编制过程，统一建设理念，拉齐建设目标，基于实事求是、尊重上位目标和专业规划，平衡各方利益的要求。

系统导则作为规划实施总图的系统说明文件，提炼建筑、交通、市政、景观绿化、消防、人防等各专业技术团队专题研究和专项规划的成果要点，形成成果范式有一定要求的规划专篇、建（构）筑物专篇、交通专篇、市政专篇及其他各专篇，每个专篇均对各自专项空间落位和指标要点进行了具体的规定和阐述。

系统导则作为衔接下阶段的实施管控依据，以技术集成手段，主动跟进控规管理阶段中涉及工程落地的内容，依据梳理各专业审查部门控制项和关注要点，提出解决方案，并完成与规资、建管、住建、市政工程、水务、园林绿化、消防、人防、公安交管等各专业审查部门的沟通，通过规划实施总控的统一出口完成对区域整体开发管控依据的高效认定。

系统导则作为一种高效规范的技术方法，贯穿规划实施总控的全程，可以根据项目需求进行主动迭代更新。例如，世博文化公园项目根据不同阶段编制了A、B、C版导则，总控技术团队可以协助实施主体方主动利用导则的弹性，调整控制要点，进行更积极主动的协同优化，以适应不同二级开发商的个体诉求。这样既保证了高品质的公共空间，也满足了不同主体对象的需求，以公共利益和环境效益的提升作为规划实施总控价值的起点原则。

系统导则以区域平衡为原则，汇总梳理设计、审批中的各项控制要点，确保区域整体建设品质和各单项实施效果，成为设计、协调、审批的依据。

4.3.2　导则成果构成

系统导则成果具有衔接规划建设管理的规划文件条文特点，便于专业管理部门审核。采用图纸和说明书两大类形式。以图纸的形式确定各专项系统设施的空间控制要求，对重要控制要素和实施要求进行定界、定量，便于汇总纳入总图。说明书阐述专题研究和专项规划的理念、过程和结论，旨在辅助各专业部门管理人员理解和掌握总图最终的空间目标，并以条文的方式对图纸和技术经济指标进行解释和应用说明。系统导则成果具有表述严谨、程序完整、直观翔实的特点。

系统导则成果整体框架包含总则、专篇体系（图4-9）。

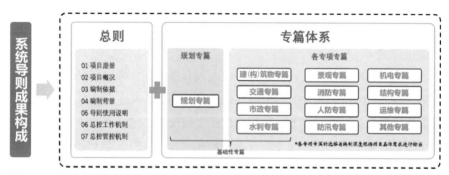

图4-9　系统导则的成果构成

1）总则

总则应包含项目整体概况、导则编制及使用说明、规划实施总控工作机制说明、总体设计亮点及理念等项目整体情况说明。

2）专篇体系

专篇体系是系统导则的核心内容，也是面向各级政府行政主管及行业管理部门、综合实施主体、二级开发商、各项顾问单位的主要技术成果。

规划专篇作为所有专篇的工作基础，应关注区域整体框架，梳理项目的要点、亮点，并整体性地进行量化控制。包含控规中的常态性规定、主要控制原则、技术经济指标等要点，以总体平衡的原则对规划指标进行分地块落实。

各专项专篇分设计系统进行编制，主要包括的重点专篇有建（构）筑物专篇、交通专篇、市政专篇、水利专篇、景观专篇、综合防灾专篇、机电设计专篇、结构设计专篇等，视项目情况可以做相应增补删减，其他专篇包含但不限于绿建、节能、物业、智慧、海绵、标识、灯光等。

专篇体系应首先规定基础性导控内容，明确项目规划与建设的基础底板、界面、标准等系统性管控要求。其包含规划专篇、建（构）筑物专篇、交通专篇、市政专篇、水利专篇。

4.3.3 导则成果要点

由综合实施主体、相关管理部门聘请规划、建筑、景观、生态、交通、市政、运营等各领域研究团队，负责收集并梳理项目任务各专项工作所需基础资料，严格按照任务要求开展方案设计，编制各专项管理技术文件。

规划实施总控项目在不同设计阶段、面向不同的主体对象、不同类型的子项建设所关注的编制重点均有所不同。随着项目的推进，各专项管控要素颗粒度在设计总控阶段和工程总控阶段的内容与深度会进行不同程度的输出（表4-1）。

不同类型项目的城市设计要点、亮点均有所区别，可以根据具体项目情况和总体设计目标，增加其他专篇导则内容。例如，在金山滨海国际文化旅游度假区项目中，项目性质、项目定位很大程度上决定了专项研究方向，在导则编制过程中除上述基础专篇外，还补充了公共空间、地下空间、竖向研究等重点专篇。

表 4-1 系统导则成果整体框架（示例）

第一部分：总则			
	项目概况与导则编制背景		
1	1.1	愿景与概况	现状概况
			项目愿景
			……
	1.2	编制说明	编制背景
			编制依据
			……
	导则的使用及总控工作说明		
2	2.1	导则的使用说明	指导范围
			设计界面划分
			……
	2.2	总控的工作方式	总控审核方式
			单项互审方式
			……
3	总控的目标与设计亮点		
第二部分：专篇体系			
	规划专篇		
1	1.0	规划的目标重点	
	1.1	土地利用规划	
	1.2	经济技术指标	
	1.3	容积率	
	1.4	建筑高度	
	1.5	绿地率	
	1.6	竖向标高	
	1.7	基地出入口	
	1.8	重大边界条件	

（续表）

		建（构）筑物专篇	
2	2.1	建筑风貌与形态	设计理念
			设计原则
			……
	2.2	建筑色彩与材质	设计手法
			设计要点
			……
	2.3	建筑功能分区	总体布局
			建筑分类
			……
	2.4	建筑分布	建筑落位
			单体概况
			……
3		交通专篇	
	3.1	需求预测	客流预测
			出行方式预测
			……
	3.2	对外交通	轨道交通
			公共交通
			……
	3.3	内部交通	首层交通
			地下交通
			……
	3.4	静态交通	机动车停车位
			货车及出租车停车位
			……
	3.5	货运交通	货运出入口
			货运流线
			……

（续表）

3	3.6	市政桥梁	
	3.7	市政道路绿化、铺装及附属设施	设计目标
			建设标准
			……
	3.8	特色街道风貌	设计原则
			街道类型
			……
4	市政专篇		
	4.1	给水系统	规划水量
			规划水源
			……
	4.2	电力系统	负荷预测
			输配电网
			强、弱电系统
			……
	4.3	雨水系统	城市雨水径流控制与资源化利用
			雨水排水分区
			……
	4.4	污水系统	污水量预测
			污水系统布局
			……
	4.5	通信系统	基站
			室内分布系统
			……
	4.6	燃气系统	用气量预估
			管网规划
			……

（续表）

			管网梳理
4	4.7	综合管廊	系统布置
			……
5		水利专篇	
	5.1	水利系统	水利目标、要点、亮点
			设计标准
			……
	5.2	驳岸系统	……
	5.3	水质系统	水体水质
			水质提升措施
			……
	5.4	水动力系统	……
6		景观专篇	
	6.1	总体设计	设计理念
			景观格局
			……
	6.2	分区设计	景观分区
			控制要点
			……
	6.3	绿地项目分级及其设计标准	定位分级
			景观要素
			……
	6.4	土方地形	竖向设计
			土壤分布
			……
	6.5	绿化种植	设计理念
			容器苗与特型树
			……

（续表）

6	6.6	道路及地面铺装	园路系统
			特色铺装
			……
	6.7	景观水系	水系分区
			水系驳岸
			……
	6.8	配套建筑	景观构筑
			桥梁、栈道
			……
	6.9	小品设置	艺术装置
			休憩设施
			……
7	消防专篇		
	7.1	消防系统界面划分	公共区域
			独立产权区域
			……
	7.2	总体消防规划设计	参照有关国家及当地规范、规定及标准
	7.3	消防场地规划设计	
	7.4	建筑分类、耐火等级	
	7.5	建筑单体防火间距	
8	人防专篇		
	8.1	区域人防体系	人防工程结构体系
			通信报警体系
			……
	8.2	工程建设规模	参照有关国家及当地规范、规定及标准（基于共建共享、集约节约、统筹平衡的原则）
	8.3	总体规划布局	
	8.4	应急避难场所建设规划	
	8.5	防空警报体系规划	

（续表）

		防汛专篇	
9	9.1	地下工程项目及周边防汛设施状况	参照有关国家及当地规范、规定及标准
	9.2	防汛设计标准	
	9.3	地下室基坑围护结构施工期监测方案	
	9.4	地下公共工程自身防汛安全设计	
		机电专篇	
10	10.1	条件梳理	分项市政梳理
			……
	10.2	总体研究	设计导则
			系统衔接
			……
	10.3	机电系统规划	分项管控要求
			……
		结构专篇	
11	11.1	建筑分类登记	
	11.2	结构设计技术措施指引	结构设计标准、安全度
			主体结构设计
			……
	11.3	园区各单体结构设计	设计概况
			设计要点
			……
		其他专篇	
12	12.1	低碳专篇	城市空间
			能源使用
			低碳产业
			绿色建筑
			……

（续表）

12	12.2	智慧专篇	总体设计
			信息基础设施
			智能应用系统
			……
	12.3	海绵专篇	现状与需求分析
			总体思路与规划目标
			系统规划
			建设管控指引
			……
	12.4	标识专篇	总体设计
			分区设计导则
			实施建议
			……
	12.5	照明专篇	总体设计
			分区设计导则
			绿色照明与安全
			……
	12.6	BIM 专篇	BIM 实施模式
			实施流程
			设计界面协调
			……
	12.7	运维专篇	管理界面划分
			运营管理原则
			……

1）规划专篇编制要点

规划专篇导则应梳理项目要点、特点、亮点，强调综合、集约、开放、共享、绿色，强化整体性、统一性。同时，需明确整体规划目标理念、技术经济指标、指标控制原则，以及在总图排查中得出的规划调整事项及调整结果。

在设计总控阶段对控规基本内容（功能空间、建筑形态、塔楼控制范围、标志性建筑位置、建筑控制线、贴线率、骑楼、建筑重点节点处理）、开放空间（公共通道、连通道、桥梁、地块内部广场及绿化范围、下沉广场范围等节点）、交通空间（机动车禁开口、公共重要交通点、机动车停车场、机动车出入口、出租车及公交车站点等）、建筑风貌等系统性要点予以落实。

在工程总控阶段要梳理街坊内各分地块出让后的权属、设计、施工、运管四大界面，以综合总体方案的形式支撑各小地块方案，梳理道路红线下、道路红线内、道路红线上的功能大界面及权属等，梳理公共绿化、河道地下空间的综合开发及四大界面（图4-10）。

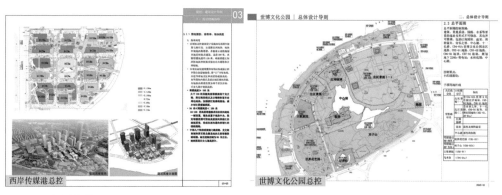

图4-10 规划专篇

2）建（构）筑物专篇编制要点

建（构）筑物专篇需对重点地区建筑风貌、形态、材质、色彩、功能、空间关系、塔楼位置、退线要求、城市界面等编制管控要求，明确总体建筑控制目标、要点、亮点和建（构）筑物设计标准，通过量化手段调节建筑形态。建筑不紧贴红线、蓝线、绿线，以利于机电管线、施工操作、未来运营边界的划定，减少矛盾。此外，根据项目具体情况梳理建（构）筑物分布信息（图4-11）。

图 4-11 建筑导控专篇

3）交通专篇编制要点

交通专篇应明确总体交通系统目标、要点、亮点，梳理区域交通需求、交通设计依据、目标、周边大交通环境分析评估。同时明确总体交通设施及市政道路系统，分专项输出管控要求（外部交通、内部交通、静态停车、特色交通、市政桥梁、附属设施等）。

统一的交通组织设计，是区域综合开发项目的技术之"纲"，以区域整体为目标，超越分地块红线，进行集约、创新、开放、共享的总体交通方案设计。交通专篇需要综合平衡政府主管部门，一、二级业主的要求，以满足开放、共享、共建、共管四大原则，运管协议应在前期与各业主充分确认。

其主要内容包含基地出入口、地下车库出入口、基地大巴停车位、出租车停车、主要建筑落客区、地面与地下各层车行人行总体交通动线组织。静态交通设计在基于总体机动车、非机动车设置数量符合规范标准的前提下，对各地块的机动车、非机动车数量进行定位、定量的量化分解（图 4-12）。

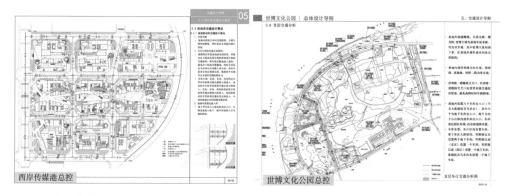

图 4-12 交通专篇

4）市政专篇编制要点

市政专篇应明确总体市政系统目标、要点、亮点，梳理总体市政设施系统，明确市政系统设计标准。根据项目需求，结合各专项研究与专项规划，提炼汇总重要控制项，分专项输出管控要求（雨水、污水、给水、电力、通信、燃气、综合管廊等）（图4-13）。

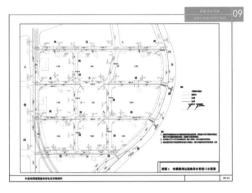

图4-13　市政专篇

给水专项应因地制宜确定供水系统规划标准，提出规划供水方案（包括规划水源、规划水量、规划管网、高品质供水方案等）。

雨水专项应结合项目实际与标高控制方案，确定初期截流标准、调蓄池布局、规模等内容。

污水专项应确定排水体制、提出污水系统规划方案（包括污水量预测、系统布局、污水出路分析、管材选择等）。

电力专项应结合上位规划、城市设计方案进行负荷预测，提出电力系统规划方案（包括高压配电网规划、中压配电网规划、排管规划等）。

通信专项应明确通信系统规划方案（包含业务预测、通信网络规划、信息基础设施分析、基站规划、用房建设规划、管道建设规划等）。

燃气专项应结合开发项目主要功能进行用气量预估，提出燃气管网布局规划。

综合管廊专项应结合项目实际，提出入廊管线的建议，确定标准断面，做好系统布置。

5）水利专篇编制要点

水利专篇应明确总体目标、要点、亮点，明确水利水系设计标准，梳理整体水利系统，综合考虑水安全、水资源、水环境、水生态、水管理等水系统构建，分专项输出管控要求（驳岸、水体水质、防汛要求、防护要求等）（图 4-14）。

图 4-14 水利专篇

6）景观专篇编制要点

景观专篇应明确总体绿化景观目标、要点、亮点，明确景观设计标准。

设计总控阶段的景观专篇要点包含：刚性和弹性管控要点、基于实现总体设计目标的景观量化指标应作为刚性管控予以明确，包括绿地率、集中附属绿地率等，对拆分落实到各建设子项中的种植、铺装、景观水系、景观桥梁、小品设施等进行弹性管控要求。

工程总控阶段的景观专篇需分地块量化，作为各分地块绿化审批的依据，同时也要为二级开发的特征发挥留有余地。应分专项输出管控要求，明确绿植配置、铺装、土壤、容器苗、绿化内设施、线形绿化出入口的开口形式等；针对平台层或屋顶绿化，确定覆土厚度，顶板防水、防渗、防穿刺，统一技术措施（图 4-15）。

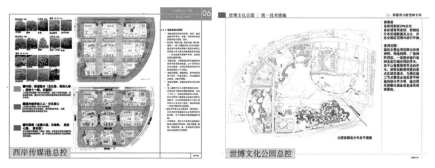

图 4-15 景观专篇

7）消防专篇编制要点

消防专篇应平衡区域内各权属主体的切身利益，明确区域总体消防系统构架，确定各项建筑单体的总体消防应急道路系统、消防施救面及登高场地、地下环路系统的消防设计。

各分地块内部难以形成消防总体方案的，须以整体视野综合平衡，在区域整体范围进行总体消防设计，明确各自消防系统的权属、界面、控制范围和单体建筑的消防技术指标。编制内容须同时符合《建筑设计防火规范》（图4-16）。

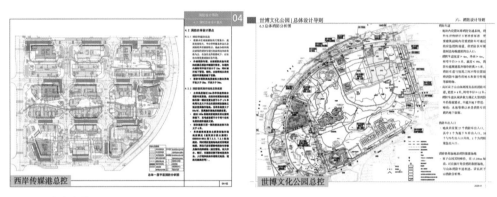

图4-16 消防专篇

8）人防专篇编制要点

人防专篇应明确区域人防体系、工程建设规模、总体规划布局、应急避难场所建设规划、防空警报体系规划等内容。

编制时应注意人防设施中设置于一级开发商的土地权属内，以政府和一、二级开发商协议形式，明确各自的责权；明确设计依据，即人防标准、规模、位置、权属四大界面（图4-17）。

9）防汛专篇编制要点

防汛专篇应明确设计总体目标、地下工程项目及周边重要防汛设施状况、防汛设计标准，为规划管理部门审批地下工程规划许可提供技术支持和参考依据。

结合工程建设实施进度，明确基坑工程开发技术指标，制定大型地下公共工程施工期、运营期对周边防汛设施安全影响的对策与措施（图4-18）。

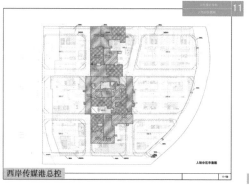

图 4-17 人防专篇

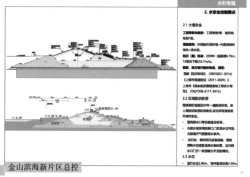

图 4-18 防汛专篇

10）机电专篇编制要点

机电专篇应明确机电系统设计标准，政府与一、二级开发商设计、建设、运维等界面，分专项输出管控要求（给排水、暖通、电气等）。

机电专篇应进行区域总体平衡，统一用水、用电、冷热负荷标准；确定总体供水、排水、供电方案设计，上、下水点统一标高，各级开关站（用户站）位置，应急柴油发电机的总体布置；能源中心（及其附属设施）的位置、规格、管线路由（位置）；对全面性的机电用房、路由进行统一设计、规定（图 4-19）。

11）结构专篇编制要点

结构专篇应统一建筑分类、抗震设计标准，混凝土、钢材选材标准，荷载取值标准等；结合基坑围护设计，提出分基坑施工时序，对分隔围护墙两侧的结构进行规定；对超大地下室进行整体的结构方案设计，并进行抗震验算、抗浮验算、温度效应的计算；地铁保护区统一的桩基础设计；超大地下室的后浇带统一设计；统一地下室嵌固层的技术标准及要求；编制混凝土防渗、防裂抗渗技术要求，同时编制基坑围护方案及地铁保护区结构设计导则（图4-20）。

图4-19　机电专篇

图4-20　结构专篇

12）其他专项导则编制要点

低碳、物业、防雷、智慧、海绵、标志、灯光等专项导则，须明确各专项设计的规范、依据、标准、目标，编制总体方案，梳理总体方案的核心内容和设计要点的分类分级控制方式，明确权属、设计、建设、运管界面，对各系统主要构架、核心机房、主管线路由予以确定。其他专项导则的编制可以随着项目进程逐项完善、协调、落实。

4.4　规划实施管控要素体系

4.4.1　管控体系：结合管理环节，全流程统一

在市场经济背景下，区域整体开发能够适应复杂的市场需求，符合土地集约利用、激发城市活力的发展导向，是城市用地开发、项目建设落地的重要方式。规划实施总控是实现城市多系统一体化开发模式和规划管理的实施过程（详见 3.2），也是市场品质需求的相对灵活的管控方式。

规划实施管控要素体系承接总图和导则，是这两项成果的分类、分级输出，汇入规划编制与管理、土地出让、项目设计审查、项目建设运营全流程，应对多元化、复合化的区域整体开发需求，直接作用于项目全过程的高品质建设实施。

依据区域开发模式、管控空间范围、实施阶段特点的不同，通过对多个项目案例的比较分析总结，规划实施总控管控体系主要由管控依据、管控程度和管控内容 3 个核心要素组成。

管控依据包括规划管理层面的控规、城市设计，各实施系统层面的专项规划和专题研究等，专业部门的征询意见、国家标准和行业规范等，主要形式是各类控制线和条文规范表达。规划实施总控中关注事项和问题清单经专题研究后的结论条文，也可作为管控依据。

管控程度与上述各类工作依据和工作过程结合，依照受控主体（一级开发、二级开发、规划实施总控和单项专业规划、设计）的不同，输出为控制项、建议项、设计项和技术措施，实现面向土地管控的用地开发控制，以及面向空间建设管控的详细控制（图 4-21）。

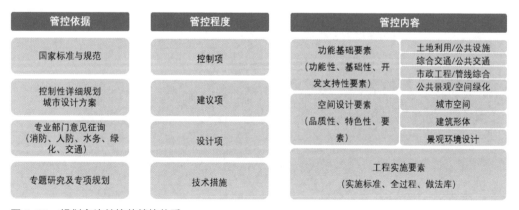

图 4-21　规划实施总控的管控体系

（1）控制项

控制项是要求开发建设单位必须执行的管控要素项，包括为保证区域整体符合国家法律法规及上位总体规划、控规、专项规划要求而设置的控制项，以及为保证项目施工建设过程顺利推进的控制项。控制项需严格执行。控制项作为各专业主管部门审批的依据，各项均作为专题向相关主管部门汇报并备案，违反控制项的单项不能通过审批流程。

（2）建议项

建议项是为保证区域空间整体性，落实高品质设计和建设目标，提升区域环境，将项目建设成为城市政府、开发建设者及民众所期待的优质项目而设置的管控要素项。建议项可以根据单项专业规划、专业设计的实际情况有选择地执行。

（3）设计项

设计项是设计边界开放的管控要素项（即无法明确闭合设计边界的项目），如城市设计中一些复杂要素、各类产权边界的结构衔接、能源中心设计等。设计项由总控技术团队提出设计方案及图纸，由相关单项专业规划、专业设计单位深化实施。

（4）技术措施

技术措施是指，在项目进入工程总控阶段，为全面落实高水平设计理念及高标准建设要求，由总控组织相关专项设计单位统一编制的，需要各地块、各专业单项统一遵守的技术做法。

管控内容分为功能基础要素、空间设计要素、实施品质要素三类（详见4.4.2），考虑通过不同类型要素内容的分类、分层级组合，如"功能基础要素＋空间设计要素""功能基础要素＋空间设计要素＋实施品质要素"的方式，结合控制项、建议项、设计项、技术措施不同程度的管控力度，实现针对各项目定制的、满足不同深度要求的精准管控成果的输出（表4-2）。

表4-2　管控内容分级分类

管控程度	管控内容		
	基础功能	空间设计	实施品质
控制项	√	√	√
建议项	√	√	√
设计项		√	√
技术措施			√

规划实施总控是融合城市空间的动态蓝图和城市功能的管控工具，应具有前瞻性、引导性。规划实施总控结合区域内发展现状，进行成片新开发区域、建成区存量开发、成片社区更新的总体特征分类，考虑区域整体统筹和重点地区实施的两方面管控需求。对全区域进行针对公共性、基础性开发支持要素的系统管控指引，对有条件一体化开发的地区进行重点地区管控，可以达到统一技术措施的深度。实施管控要素需要依据规划实施总图和导则的工作基础，区分管控对象的空间与功能的特征，结合城市规划管理要求、城市设计法定图则的编制要求等多元方法，明确管控工作重点和管控策略，建立有针对性、动态适变的管控要素体系，形成贯穿全管理流程的管控逻辑。

4.4.2 管控内容分类

管控内容是规划实施管控框架的核心要素，是衔接项目市场开发和规划管理实施的重要工具箱。在面向不同主体（政府审批部门、综合实施和市场开发主体）、不同项目阶段、不同管理要求时，管控要素体系应根据项目实际情况进行动态化输出和更新。本书建议采用管控程度和管控内容的判断矩阵。通过规划实施总控协调机制，回应政府规划管理和市场开发诉求，实现区域内管控程度分级和管控内容分类，实现精准引导。

1）功能基础管控

功能基础管控要素应关注区域整体禀赋条件与关键问题，从规划维度确定边界性、结构性、系统性、底线性导控内容，包含基础性专篇内容：规划、建（构）筑物、交通、市政、水利等。除控规、专项规划所需要的约定的土地利用、开发控制等关键性指标外，还应根据项目定位与关注事项，针对区域开发的核心问题，确定三维空间的功能导控原则，深化二维空间开发界面，作为控规及后一阶段管控要素深化的依据。

2）空间设计管控

基于控规指标的目标需求，以建筑方案的深度，对控规各项指标进行技术性论证和细化、量化，融合各专项内容，确保其基本落地。通过精细化城市设计输出建筑控制、公共空间、地下空间、景观绿化、海绵城市、绿色建筑等管控要求，拓展在控规土地开发指标图中未尽的三维空间品质关注项，引导各地块形态空间的设计，精准输出针对地块实施导向的管控导则，指导地块出让及开发。

3）实施品质管控

为指导设计亮点的高品质实施，应基于整体开发项目建设时序及管理要求，关注整体与子项、外部与内部、多专业、多团队之间的技术衔接和工期安排，特别是公共系统和公共空间，按照"统一规划、统一设计"的要求，制定具体的控制要素设计标准，形成整体化设计，通过专项的不断优化，把控细节，提升项目品质。为满足各建设项目质量管理的基本要求，还应制定相应的质量管理体系和统一技术措施。

4.4.3 管控要素在规划实施总控各阶段的应用

当前国内城市规划管理决策过程往往是自上而下的，控规中开发管控要素的设置具有一定随意性或仅依据概念设计方案，不能适配市场开发的实际需求。关于如何针对具体的项目开发目标，合理设置管控要素和管控的系统研究还存在较大空白。在国土空间一张图数据库建立的契机下，土地使用和项目建设管控体系也需要从只关注城市规划技术指标，向统筹考虑城市空间全过程管理转变，通过规划实施总控的工作模式创新，有机结合规划编制与审批、土地出让、项目设计审查等后续管理环节，形成统一的管控技术标准与管控逻辑，是落实区域整体开发管控目标的有力保障。

结合大量实践案例的探索，管控要素体系还在持续研究完善的过程中，由于总控制度保障和组织管理体系的差异，总控的管控方式多种多样。管控要素基于规划实施总图和系统导则，其输出形式具有开放性和灵活性，主要目标是与城市现行规划建设管理制度下的管控逻辑适配，并满足综合实施主体对二级开发主体的协调和项目管理组织的实际要求（图4-22）。

在采用规划实施总控工作模式的区域整体开发中，控规编制、土地出让和相应管理程序，提高综合实施主体在项目全过程中依据市场需求、项目运营反馈的自主决策。实施主体的工作目标体现在：对外，与城市规划管理、土地和建设管理程序的高效适配；对内，为增强一体化开发品质，采用新理念、新技术，深化工程管理。这要求规划总控、设计总控、工程总控3个规划实施总控的主要阶段中，形成统一的管控目标和标准（表4-3）。

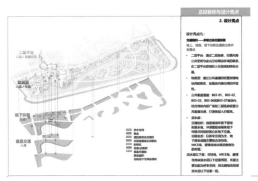

（a）规划总控阶段的管控要素

（b）设计总控阶段的管控要素

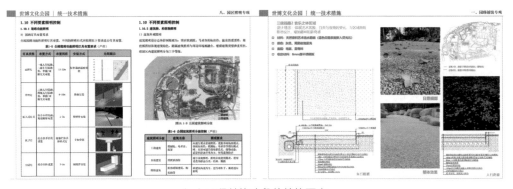

（c）工程总控阶段的管控要素

图4-22 管控要素体系全过程输出形式

表 4-3 规划实施总控各阶段的管控要素构成（示例）

导则专篇	管控要素		管控阶段		
			规划总控阶段	设计总控阶段	工程总控阶段
规划专篇	所有专篇基础工作		√	√	√
交通专篇	交通组织	公共交通	√	√	√
		慢行交通	√	√	√
		静态交通	√	√	√
		地块出入口	√	√	√
		停车面积及数量	√	√	√
	市政道路	道路系统	√		
		交叉口设计		√	√
		机动车禁止开口段	√	√	√
	特色街道	街道类型	√	√	
		空间界面	√	√	
城市风貌和建筑专篇	总体控制	街块划分	√	√	
		总体结构	√	√	
		空间形态	√	√	
		建筑高度	√	√	
		建筑色彩		√	
		平面组合模式		√	
		建筑平面布置		√	√
	分区控制	风貌分区	√	√	
		贴线率	√	√	
		建筑密度	√	√	
		标志性建筑	√	√	√
		建筑立面		√	√
		建筑材料		√	√
		建筑面积细分			√

（续表）

导则专篇	管控要素		管控阶段		
			规划总控阶段	设计总控阶段	工程总控阶段
市政能源专篇	给水工程	负荷	√	√	√
		设施	√	√	√
		管网		√	√
	排水工程	负荷	√	√	√
		设施	√	√	√
		管网		√	√
	电力工程	负荷	√	√	√
		设施	√	√	√
		管网		√	√
	电信工程	负荷	√	√	√
		设施	√	√	√
		管网		√	√
	管线综合	各市政管线关系		√	√
水务专篇	水利系统	桥梁衔接	√	√	
		陆域控制带	√	√	
		防汛通道	√	√	
		雨水排口	√	√	
		泵闸 / 船闸	√	√	
	驳岸系统	驳岸基本形式	√	√	
		驳岸设计		√	√
		植物配置		√	√
	水系设计	水安全	√	√	√
		水资源		√	√
		水生态		√	√
		水管理		√	√

（续表）

导则专篇	管控要素		管控阶段		
			规划总控阶段	设计总控阶段	工程总控阶段
景观专篇	公共空间	绿地率	√	√	√
		位置	√	√	√
		类型	√	√	√
		连续性	√	√	√
		尺度	√	√	√
		界面	√	√	√
		视线通廊	√	√	√
	土方地形	竖向设计	√	√	√
		土壤分布		√	√
		堆土荷载		√	√
	环境设施	地面铺装		√	√
		景观构筑		√	√
		景观设施		√	√
		绿化种植		√	√
地下空间和竖向专篇	功能业态	地下空间位置	√	√	
		功能分区	√	√	
		权属界面		√	√
		地下停车数量	√	√	
		经营业态面积		√	
	交通组织	车库出入口位置	√	√	√
		地下联通方式	√	√	√
		地下道路分级	√	√	√

（续表）

导则专篇	管控要素		管控阶段		
			规划总控阶段	设计总控阶段	工程总控阶段
消防、人防专篇	总平面设计	消防车道	√	√	
		消防登高场地及消防扑救面	√	√	√
		单体防火间距	√	√	√
		消防控制中心		√	√
		消防设备机房		√	√
	综合防灾	应急避难所		√	√
		应急指挥中心		√	√
		防灾隔离设施应急通道和保障设施			
结构专篇	专项设计	总体设计要求		√	√
		专项论证		√	√
	技术措施	设计标准		√	√
		安全度			√
		材料			√
		荷载			√
		主体结构设计			√
机电专篇	电气总平面	室外电力线路		√	√
		电源进、出线		√	√
		室外引入电源		√	√
		电气设备机房		√	√
	技术标准	供配电系统			√
		防雷、接地系统			√
		线路敷设			√

（续表）

导则专篇	管控要素	管控阶段		
		规划总控阶段	设计总控阶段	工程总控阶段
其他专篇	海绵城市	依据项目需求确定管控阶段		
	绿色低碳			
	智慧城市			
	标识系统			
	运营管理			
	……			

1）规划总控阶段

以管控目标为基础，充分对接控规控制线及功能分区，衔接相关政策和专项规划技术指标；与控规批复前阶段城市设计结合，构建统一的基础功能和空间管控框架。管控要素体系通过城市设计导则或图则的形式，参照规划管理控制的条文和图则体例进行表达，结合专项规划和城市设计要点，汇总梳理本阶段侧重基础功能管控的管控体系，作为后续整体开发、控规审批的基础。

2）设计总控阶段

与控规批复后土地出让阶段的项目管理和建设需求结合，管控要素体系的输出形式类似于管理手册。汇集规划管理要求、开发主体需求，在经营性与非经营性土地出让条件法律规定的基础上，本阶段根据区域开发功能与空间管制的目标导向，通过空间设计、专项规划和指标定量手段分析，科学、合理地选择、调整基础功能和空间品质方面管控要素，加强专项可行性研究和各阶段的地块设计方参与，以自下而上的方式促进管控标准的合理设置，形成成果文件，进行分区、分级、分类图文引导。

3）工程实施阶段

匹配开发地块建设阶段的项目管理和建设需求，管控要素体系的输出形式是具体到各子项的统一技术措施，形成贯穿全建设流程的技术标准与做法指导。对各专项、各技术经济指标进行分析论证，对具体管控要素进行精细化落位，确保区域开发的整体效果和空间品质。

4.5 作为技术集成的规划实施总控

4.5.1 规划实施总控作为技术集成

规划实施总控从工程开发思维深化扩展到城市系统层面，区域整体开发项目的价值实现要符合城市的发展逻辑。在公共价值和市场导向的双向驱动下，区域整体开发既应涵盖复杂工程系统开发中的产权理念，还拓展至公共投资、土地运营等层面的统筹考虑，形成全方位、多层次、本地化的开发模式。总控汇集多专业团队，共同提供城市系统性开发设计方案，全局性解决项目的城市空间融合、功能塑造、交通系统、建筑结构、市政工程等问题，协调土地出让、项目分层出让等诸多产权界面，校核开发总量和分期计划，持续指引区域开发全过程落地。

规划实施总控工作转变了传统规划与建筑分离的技术方法。不同城市或区域内，由于区位、功能需求、地价分布、交通方式不同，规划实施往往会面临各异的复杂问题。传统规划通常无法准确描述分期建设的具体步骤和专项时序，从而无法科学地指导实施。传统建筑工程往往容易忽略规划顶层目标传导，影响区域整体性、公共性诉求的实现。以总控技术为抓手，以规划实施为导向，以实施技术体系为载体，对城市规划、城市设计、建筑学等设计领域，能源供给、绿色建筑等先进工程建设领域，以及数字化、智慧管理等运营管理领域的专业技术进行反复比对整合，使得跨学科、多专业的技术协同工作，在总控工作中形成集群式综合创新应用。

规划实施总控运用全过程专项技术解决问题的能力有助于实现规划落地。规划实施总控面向项目全生命周期管理的需求，要解决从二维土地到三维空间落地再到运营的不同阶段问题，在宏观到微观不同层次之间实现贯通，处理多种界面之间的关系，综合规划统筹各技术条线，需要专业技术力量的支撑。以多专业学科融合，带动策划咨询—设计服务—投资建设—运营管理，结合总控"总图统筹、专项推进、行动计划"形成动态、闭环的技术序列，支持项目决策者进行策划、协调和控制的工作组织模式。通过系统的空间规划设计方法，与土地出让开发界面、建筑空间产权、建设、运维等各界面分类对接，实现规划管理要素落地和城市空间高品质实施。通过空间规划的技术集成系统来应对规划管理机制的优化和灵活的城市市场运作，提升规划设计方案在土地开发和项目落地中的实际作用（图4-23）。

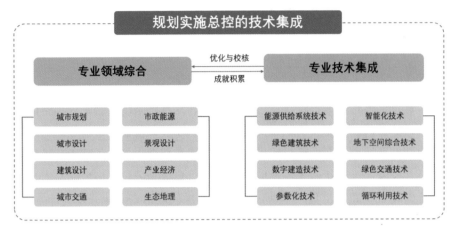

图4-23 规划实施总控的技术集成概念

4.5.2 规划实施总控的主题应用

大中城市越来越多地采用区域整体开发的模式。虽然不同城市、不同地区发展定位的城市新兴功能地区、城市潜力提升地区和城市中心更新地区的土地开发机制、项目产权模式和对应要解决的关键问题各不相同，但其共同点是把区域整体看成一个城市治理与规划设计技术融合的空间范围。空间范围内围绕城市公共品质的提升，多元化、复合化的城市功能需求，需要"规划实施总控"具备跨学科、多专业系统合作的综合集成能力，为城市的高效运营创造空间开发条件与空间产品。

结合上海院长期以来的项目实践积累，梳理规划实施总控项目中讨论热度较高的典型性主题，分别是滨水工程主题、公园机遇主题、TOD站点主题、历史社区更新主题、公共功能园区主题（表4-4）。在具体总控项目中，可能以某一主题为核心亮点，也可能涵盖多个主题的交叠。

表 4-4 规划实施总控的主题应用

主题	开发模式示意图	特征
滨水工程主题	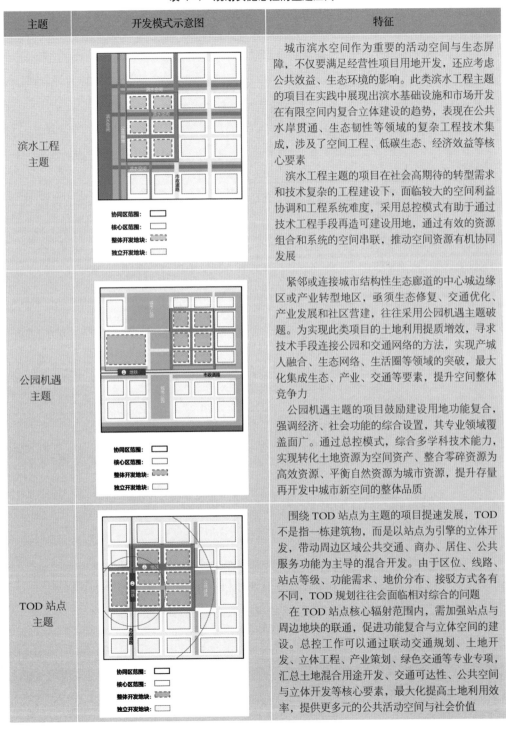	城市滨水空间作为重要的活动空间与生态屏障，不仅要满足经营性项目用地开发，还应考虑公共效益、生态环境的影响。此类滨水工程主题的项目在实践中展现出滨水基础设施和市场开发在有限空间内复合立体建设的趋势，表现在公共水岸贯通、生态韧性等领域的复杂工程技术集成，涉及了空间工程、低碳生态、经济效益等核心要素 滨水工程主题的项目在社会高期待的转型需求和技术复杂的工程建设下，面临较大的空间利益协调和工程系统难度，采用总控模式有助于通过技术工程手段再造可建设用地，通过有效的资源组合和系统的空间串联，推动空间资源有机协同发展
公园机遇主题		紧邻或连接城市结构性生态廊道的中心城边缘区或产业转型地区，亟须生态修复、交通优化、产业发展和社区营建，往往采用公园机遇主题破题。为实现此类项目的土地利用提质增效，寻求技术手段连接公园和交通网络的方法，实现产城人融合、生态网络、生活圈等领域的突破，最大化集成生态、产业、交通等要素，提升空间整体竞争力 公园机遇主题的项目鼓励建设用地功能复合，强调经济、社会功能的综合设置，其专业领域覆盖面广。通过总控模式，综合多学科技术能力，实现转化土地资源为空间资产、整合零碎资源为高效资源、平衡自然资源为城市资源，提升存量再开发中城市新空间的整体品质
TOD 站点主题		围绕 TOD 站点为主题的项目提速发展，TOD 不是指一栋建筑物，而是以站点为引擎的立体开发，带动周边区域公共交通、商办、居住、公共服务功能为主导的混合开发。由于区位、线路、站点等级、功能需求、地价分布、接驳方式各有不同，TOD 规划往往会面临相对综合的问题 在 TOD 站点核心辐射范围内，需加强站点与周边地块的联通，促进功能复合与立体空间的建设。总控工作可以通过联动交通规划、土地开发、立体工程、产业策划、绿色交通等专业专项，汇总土地混合用途开发、交通可达性、公共空间与立体开发等核心要素，最大化提高土地利用效率，提供更多元的公共活动空间与社会价值

（续表）

主题	开发模式示意图	特征
历史社区 更新主题	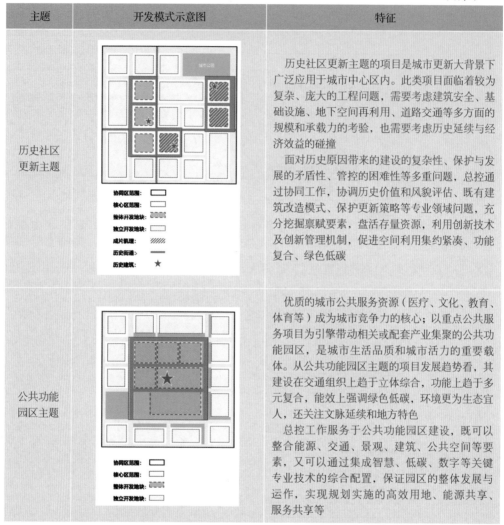	历史社区更新主题的项目是城市更新大背景下广泛应用于城市中心区内。此类项目面临着较为复杂、庞大的工程问题，需要考虑建筑安全、基础设施、地下空间再利用、道路交通等多方面的规模和承载力的考验，也需要考虑历史延续与经济效益的碰撞 面对历史原因带来的建设的复杂性、保护与发展的矛盾性、管控的困难性等多重问题，总控通过协同工作，协调历史价值和风貌评估、既有建筑改造模式、保护更新策略等专业领域问题，充分挖掘禀赋要素，盘活存量资源，利用创新技术及创新管理机制，促进空间利用集约紧凑、功能复合、绿色低碳
公共功能 园区主题		优质的城市公共服务资源（医疗、文化、教育、体育等）成为城市竞争力的核心；以重点公共服务项目为引擎带动相关或配套产业集聚的公共功能园区，是城市生活品质和城市活力的重要载体。从公共功能园区主题的项目发展趋势看，其建设在交通组织上趋于立体综合，功能上趋于多元复合，能效上强调绿色低碳，环境更为生态宜人，还关注文脉延续和地方特色 总控工作服务于公共功能园区建设，既可以整合能源、交通、景观、建筑、公共空间等要素，又可以通过集成智慧、低碳、数字等关键专业技术的综合配置，保证园区的整体发展与运作，实现规划实施的高效用地、能源共享、服务共享等

上述主题的项目更加强调规划建设的综合性、系统性，涉及建筑、道路、水务、市政、园林等城市建设的各个条线交错，新技术、新方法的综合应用，可以通过发挥规划实施总控技术集成的效力解决其问题（图4-24），本书后续章节将以实践案例的形式，对上述总控应用主题进行展开。

图 4-24 规划实施总控主题应用的综合技术范畴

下篇
实践与思考

5 | 面向韧性集约的滨水开发全过程总控技术

　　面对土地资源紧张、城市追求高质量发展的新阶段，滨水地区亟待改变防汛安全、公共活动、城市交通、水岸景观各个系统的分散规划，引入以统筹城市开放空间系统和绿色基础设施的新发展理念，促使工程设施各要素与城市产业、公共空间集约布局。规划实施总控作为一种多专业、全周期的工作模式，通过提供城市交通、城市设计、建筑设计和市政工程之间的协同工作界面，催生韧性、集约的滨水可持续发展。

　　近年来，上海院在城市滨水地区进行了一系列以整合城市公共空间资源、导入战略产业与公共生活为目标的总控实践，包括黄浦江和苏州河两岸（世博文化公园）、宝山长江口区域（宝山长滩项目）和金山沿杭州湾岸线（金山滨海度假区项目）等。在这些案例中，通过韧性导向的城市土地利用规划、区域一体的综合交通组织、共享活力的公共空间和慢行系统设计、高效集约的市政与地下空间系统设计，实现了城市公共客厅和韧性工程的复合与共生。

5.1　滨水开发项目的总体特征

滨水地区是人类活动的核心区域，沿海岸线聚集了全世界三分之一的人口，大江大河沿岸更是人类聚居的重要场所[1]。全球气候变暖、海平面上升、极端天气频发给滨水地区带来冲击，需要考虑与开发紧密结合的、应对风暴潮侵袭、城市内涝、生态保护等在内的全方位的规划发展策略，实现韧性城市建设。

城市滨水区是城市现代服务业、旅游业、第三产业的重要发展载体[2]。沿江沿河的城市核心地区开发，将城市经营理念与持续的滨水城市更新结合，带动新兴产业发展。另外，滨水地区在土地出让市场也受到各方的重视和关注。

城市滨水区也是城市会客厅，是社会发展和城市开放的重要标志，打造城市滨水客厅的诉求在各级政府的报告中频繁出现。《上海市"一江一河"发展"十四五"规划》[3]就明确提出了黄浦江、苏州河沿岸打造世界级城市会客厅的目标，上海五大新城与南北转型地区的发展中，北部的宝山区长江沿岸是上海长江岸线再开发的核心区域，南部的金山是沿钱塘江岸线的主要开发阵地。

5.2　案例一：上海金山滨海度假区

5.2.1　项目概况

1）项目区位和定位

金山滨海度假区位于金山区南部、杭州湾北岸，背靠金山城区，与金山三岛隔海相望。总面积约 8.1km²，由西向东包括城市沙滩、金山卫站城市综合体、滨海新片区（围填海区域）、金山嘴渔村四大板块，"十四五"期间将着力打造滨海旅游度假区[4]。核心区共约 3.7km²，以现状沪杭公路为界分为南北两大板块，分别是北部金山卫站城市综合体约 0.62km² 的商业居住片区，南部围填海成陆的滨海新片区约 3.07km² 的文旅度假片区（图 5-1）。

2）开发模式

该项目是上海金山区首个法定化的规划实施平台建设项目，实施主体单

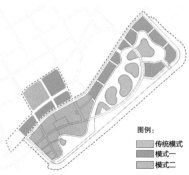

图 5-1　项目区位与开发模式

位为上海金山新城区建设发展有限公司。整体开发围绕公共空间资源的共享利用，通过地下空间、二层平台的整体设计、统一建设和统一管理，提高区域滨海公共岸线与水上乐园等市场运营项目的空间资源统筹品质。

核心区南北板块开发模式主要为模式一、模式二两种类型，即"竖向划分，局部联通"（模式一）与"竖向划分，地下一体"（模式二）（详见 1.3.4）。南部滨海新片区是以"游、娱、玩、乐、购"为主体功能的商业综合开发片区，其地上、地下的产权基本由新城公司为主体的合资平台自持。北部金山卫站城市综合体片区是商业和住宅混合开发片区，地库基本上是合资公司自持，地上住宅部分出售，商业部分出售与自持均有（图 5-1）。

5.2.2　项目亮点和工作特征

1）项目亮点

项目总体功能定位是世界级的生态型滨海旅游度假胜地。项目亮点是规划总控阶段的主要引导，也是后期设计和工程总控工作评估的主要回顾点（图 5-2 ~ 图 5-4）。

（1）站城一体：通城连海的城市发展轴

通过观海平台、站前连廊打通滨海新片区与金山卫站之间的南北发展轴，实现通城与亲海的空间设计理念。

（2）生态韧性：蓝绿共融的生态海湾

利用现状水系、滨水绿岸和围填海构建的内海湖泊，将项目建设融入区域海岸带综合防灾体系和生态网络，城、海、园融合，实现整体韧性格局。

（3）立体城市：多维立体的交通系统

地上、地面、地下互联互通、多维立体的交通网络体系包括：金山卫火车站地块与南侧游乐园地块整体建设二层连廊，水上乐园及周边地块通过公共通道的设置加强地块间的联系，加强滨海空间的开放性。

图 5-2　项目总平面图（过程文件）

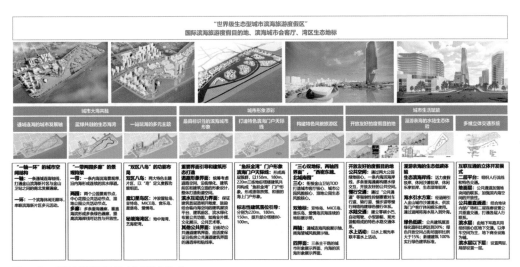

图 5-3　项目规划亮点（过程文件）

图 5-4 功能布局规划图（过程文件）

（4）运营共享：一站玩海的主题运营

南部滨海度假区实施"公共空间整体大开放、酒店乐园地块小闭环"的运营概念，以"8 字形"主轴动线，串联酒店、水上乐园、特色功能配套，如剧院、会展中心、水上运动中心、海洋馆、博物馆等（图 5-5）。

（5）城市风貌：标识性的滨海城市形象

采用"远海高，近海低，层层跌落；核心高，两侧跌落，局部微变"的滨海形象策略，引导滨海城市形象和标识空间、地标建筑建设，打造包括区域到达的门户展示界面、滨水临绿的互动活力界面和高层塔楼群组（图 5-6）。

图 5-5 项目功能分区及公共服务设施布局规划图（过程文件）

图 5-6 滨海天际线规划示意图（过程文件）

2）工作特征

（1）前期论证重视海洋岸线安全

项目前期即与海洋"十四五"规划、城市总体规划和其他相关规划之间进行协调和综合论证。除包括滨海大堤基础建设、内海水位高程、邻近大堤建设用地的地下水位高程等在内的竖向专项外，海潮对超高层标志性建筑的安全影响、极端天气防洪排涝工程的安全设计，以及内海区域内水体交换和水质净化，均为规划总控阶段的重要专题。

（2）同步结合功能策划和空间需求验证

在规划实施主体合资公司统筹下，接入市场主体的乐园和度假社区运营需求，在交通动线、立体公共空间、地上地下商业业态、内外海岸线资源利用等多个方面，充分纳入滨海度假区市场运营专项的要点。

（3）依据南北分区特点，分别设置论证专题

北部金山卫站综合片区以综合交通组织为难点，需重点考虑交通设施规模测算、设施配建、到发和高峰日等不同情景下的交通流线组织。南部文旅片区整体为围海造陆用地，重点专题为韧性安全和生态市政专题。

（4）多专项同步交汇和规划总图协调

多个专项技术报告包括堤岸、地下空间、交通、市政等，通过规划地区总图进行统筹，对控规中主要经济技术指标、附加图则的规划管控要素进行

技术可行性确认，确保法定规划对滨海度假区核心乐园功能、交通集散、海岸游憩的运营具有响应性。

5.2.3 规划总控的工作组织架构

1）工作组织体系

项目采用规划实施平台的组织架构，由政府及相关管理部门、综合实施主体、专业服务团队（专家委员会）参与构成，在金山滨海国际文化旅游度假区项目指挥部框架下开展各自条线管理工作（图5-7），由总控团队对各专业服务团队的成果进行整合，同步滨海新片区控规成果整体上报相关审批部门（图5-8）。

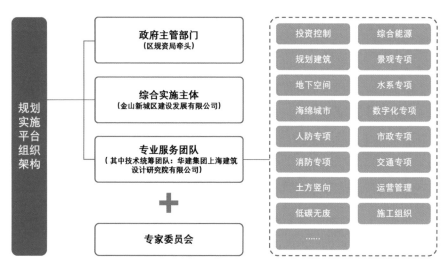

图 5-7 金山项目总控工作组织架构图

（a）控规工作进程

（b）城市设计工作进程

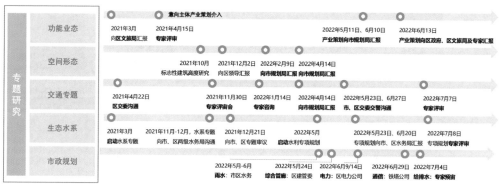

（c）专题研究进程

图 5-8 金山项目工作进程

2）组织架构

根据金山区人民政府《关于同意选定滨海地区建设项目规划实施平台综合实施主体的批复》，新城公司为规划实施平台的综合实施主体（图 5-9），在区委、区政府和项目指挥部的统一领导下，开展建设项目的实施和推进工作（图 5-10）。新城公司作为综合实施主体，主要职责为遵守规划实施平台的《指导意见》和《工作规则》（详见 2.4）。

3）总控技术路径

总控技术团队解读规划理念与区域定位，融合各专项研究成果，明确区域重点区域，将总控理念分解，形成清晰的目标层级。基于区域条件分析，梳理实现区域目标适用的开发模式和专项研究清单。

在城市设计和重要专项研究成果基本完善时，由总控技术团队牵头，提炼城市设计和专项研究成果中控规管控要素，形成成果提交控规编制团队，协同控规法定成果编制与上报（图 5-11）。

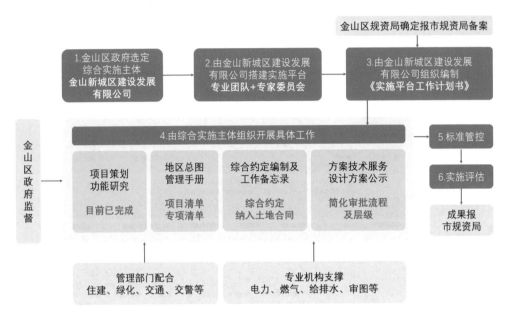

图 5-9 项目规划实施平台职责及工作机制示意图

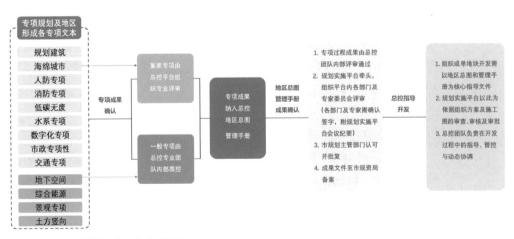

图 5-10 项目总控工作组织架构图

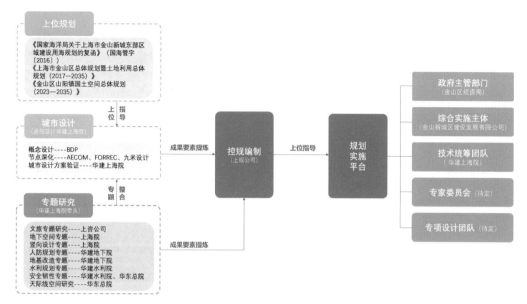

图 5-11 项目总控工作技术路径示意

5.2.4 规划总控阶段的专项研究集成

1）站城一体化与综合交通专项

基于北部金山卫站与旅游度假区站城融合的总体目标，建构一体化的综合交通体系。在规划总控阶段包括 3 个方面：对外和对内综合交通规划、应对项目运营的交通组织规划、停车设施规模和配建标准测算。综合交通方面，构建"两横三纵"的对外交通骨架路网，加强区域大交通资源导入：从基地北侧沈海高速新建引入快速连接通道直达项目，对接上位战略规划浦东至金山滨海线通道。运营组织方面，规划打通金山卫站周边的道路延伸至滨海新片区，满足度假区道路交通配建的高标准要求与各功能板块相匹配，优化沪杭公路、围填海环路等主要道路的断面（图 5-12）。停车设施配建经多轮论证，按照满足一般高峰日需求并对极端高峰日应急处理的差异化策略，划分不同区域、时段，打造水上巴士等区域特色交通系统。

2）场地竖向与水务技术专项

应国家海洋局的管控要求，滨海新片区范围内需要保证不低于 40% 的水绿用地，内海、景观湖泊等水系和绿地的综合设置，客观上要求竖向专项设计与水务专项紧密结合。具体措施上，一方面通过水利专项的研究，从水

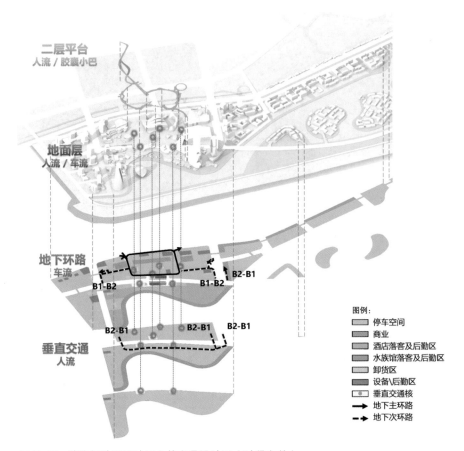

图 5-12 滨海新片区西片区立体交通设计图（过程文件）

源选择、水动力、水安全、生态安全等多角度进行论证；另一方面结合景观设计和亲水需求，形成多层次的滨海、沿路的使用功能，最终确认 2.8m 水位标高为基准标高的设计方案（图 5-13）。

3）匹配运营的公共活动空间专项

围绕南部滨海的游乐度假功能，专题讨论多层次的活动空间运营与设计。二层连廊贯通基地南北，向北联系金山卫站，往南至内海滨水空间，地面游乐核心区域将公共通道从地面转向地下，再加上围填海环路下穿处理，实现围填海环路南北两侧地块步行联系，为整个滨海新片区西侧游乐核心区域打造地面步行友好空间。通过公共通道地下化处理、围填海环路下穿及地下车行环线的整体串联，整体形成人车分离，地下交通、滨水、建筑、连廊多层次立体的空间体验。

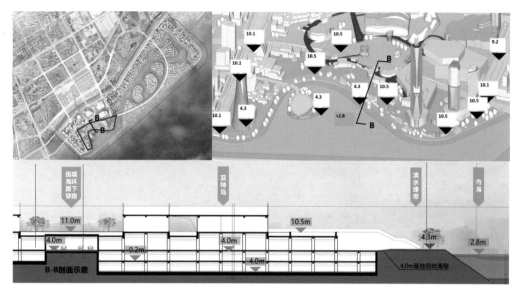

图 5-13　滨海新片区竖向规划图（过程文件）

4）区域防洪和排涝统筹专项

围海堤坝以 200 年一遇为防洪防潮标准。配合城市竖向设计，通过"高水高排、低水低排"的排涝通道分区，合理规划排涝泵等设施布局，综合采取内蓄外排的方式，提升蓄排能力，确保防洪安全和排涝顺畅。应急处置能力提升工程包括城际轨道、下穿式立交桥、施工深基坑、供水供气生命线工程等的专项应急预案。重要设施设备防护工程包括对地下空间二次供水、供配电、控制箱等关键设备采取挡水防淹等措施，提高抗灾减灾能力。

5）总图集成全专项指标验证

规划总图阶段进行道路交通、水利工程、地基处理、竖向设计、能源工程、人防工程、景观设计、城市设计验证等多个专项要素汇总工作，并将各专项设计的成果纳入控规编制。通过对规划指标进行自下而上的技术校核，确保地块开发指标在后续实施建设中的技术可行性，同时为控规普适图则、附加图则提交城市特色空间的管控要素清单，动态维护实施项目库（图 5-14）。

金山滨海度假区核心区项目总控关注事项清单				
序号	建设项目类型	地块编号	项目名称	详细信息	
1	公共配套	B03-16	艺术中心	用地面积: 0.8hm²; 建筑规模: 7500㎡	
2	公共配套	B03-06	剧场	拟建; 建筑规模: 15000㎡	
3	市政道路	—	沪杭公路辅路 (卫阳南路—亭卫南路段)	长度: 770m	
4	市政道路	—	卫阳南路 (沪杭公路—纬三路段)	长度: 725m	
5	市政道路	—	亭卫南路 (沪杭公路—围填海环路段)	长度: 447m	
6	市政道路	—	纬四路 (亭卫南路—沪杭公路)	长度: 501m	
7	市政基础设施	B03-11	涵闸管理用房	用地面积: 800㎡	
8	市政基础设施	B03-12 B03-13	调蓄池	地下设置	
9	市政基础设施		引水涵闸		
10	内海水系	B03-14	A区 (堤顶路—围填海环路)	用地面积: 14.6hm²	
11	景观风貌	B03-10 B03-12 B03-13 B03-15	滨海绿带	用地面积: 2.8hm²	

图 5-14 总控工作关注事项清单与实施项目库

5.3 案例二: 上海宝山"上海长滩"项目

5.3.1 项目概况

1)项目区位和定位

"上海长滩"(原名"上港十四区")项目位于上海市宝山区,北临长江与东海岸交汇口的"长江第一湾",西侧为牡丹江路,南侧为G1501快速路。项目处于滨江结构性绿化带外缘,是上海"南北转型"发展背景下北部宝山区城市转型的重要核心功能区、不可多得的滨水整体开发区域。

项目基地长边约1.5km,南北进深350m,总用地面积为77.62hm²,总建筑面积近150万 m²,其中地上建筑面积约90万 m²。按照城市总体规划确定的4:6的生态用地与建设用地比例,规划总控初期确立了"集约高效利用土地,塑造立体开放空间"的总体原则。基于区域整体生态结构,采用楔形绿地形式,打造指向明确的射线型视廊和门户地标,形成一个地面公共开放、地下顺达通畅、滨江空间全步行化、富有公共活力的城市地标区域[5]。

2)开发模式

上海长滩项目由市属国有企业上港集团下属的上港集团瑞泰发展有限责任公司,以带方案定向出让土地的方式,实施统一规划设计、统一建设。项

目采用滨江平台整体开发地上地下一体化模式，由开发主体统一代建公共性
基础性项目包括滨江堤坝和平台、城市道路、公园绿地。项目用地共分为 8
块，6 幅开发出让用地与 2 幅城市公园绿地相互穿插，通过公益性项目的优
先建设、商业公建和住宅混合开发的模式，实现土地价值整体提升，分阶
段、分单元进行平台上下方建设（图 5-15、图 5-16）。

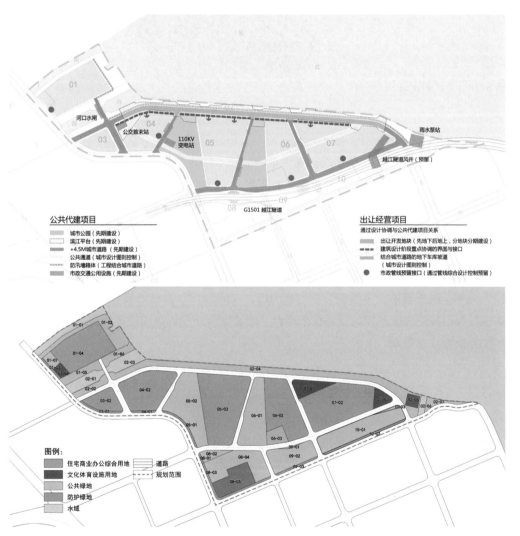

图 5-15　项目控规土地使用图和开发模式

图 5-16 项目总平面图

3）项目特征

项目长期处于城市发展末端，现状市域公路 G1501（越江隧道）、沪通铁路穿越基地，滨江段防汛墙与内部场地高差大，区域性的市政设施（包括雨水泵站、污水泵站、闸门、防汛墙等）集中于基地布局，场地竖向和水平方向均存在相当程度隔离，开发时序和界面关系复杂，整体化建设协调成本较高。

应对以上诸多挑战，上海长滩项目以"多元功能，立体开发；整体交通，以人为本；服务城市，弹性混合；生态网络，江岸门户"为核心设计理念，以全过程的规划实施总控为核心技术平台，统筹滨水开发各条线任务，为落地实施创造基础保障。

5.3.2 总控工作组织架构

1）工作体系

项目由 8 个地块构成，单地块的地上和地下空间构成一个"小系统"，各地块通过地下空间、市政道路和滨江平台，共同形成区域整体"大系统"。为实现项目单体和区域整体之间的整合，项目建立规划实施总控的组织体系由上海院担任总控技术主体。自 2010 年概念方案设计、控规编制起，至 2023 年计划全面竣工，项目历经 13 年的开发建设，在从设计蓝图到实施落地的全过程中，总控团队对规划导控方式和设计成果内容进行调适，确保前期规划确定的规划结构和功能分区、建筑空间布局，均得以顺利实施实现（图 5-17）。

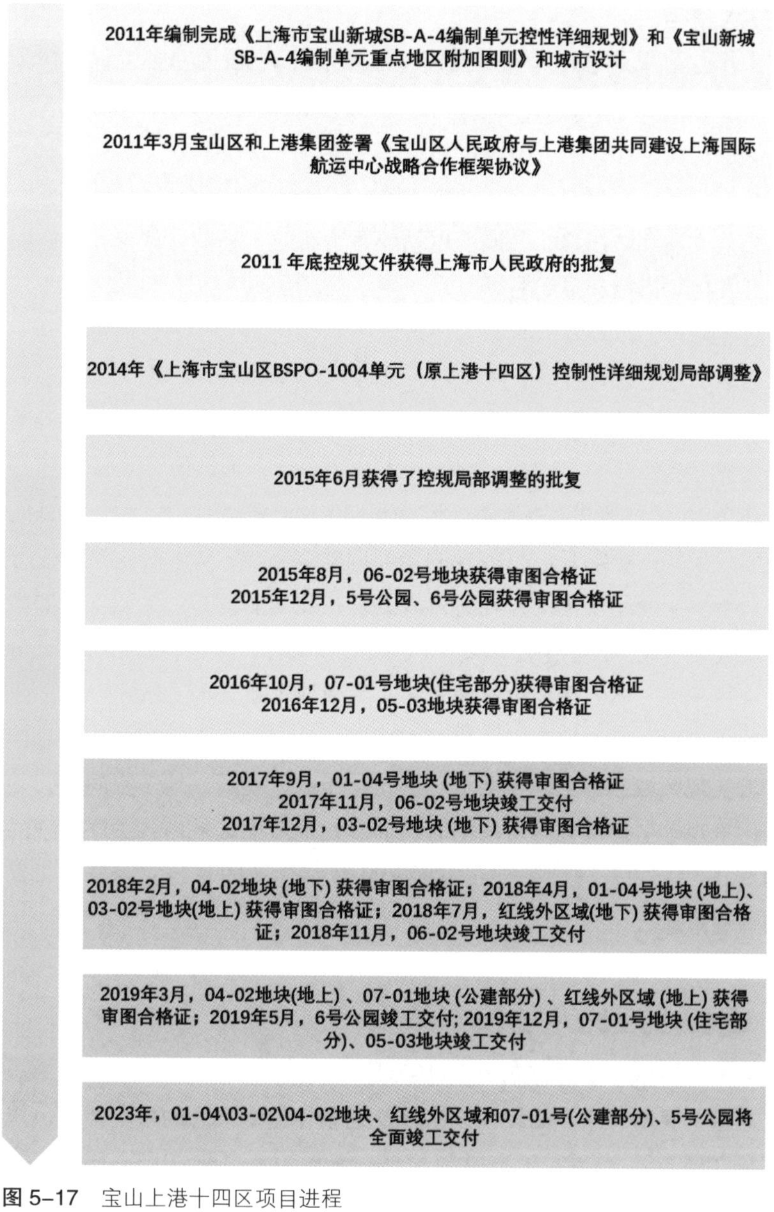

2011年编制完成《上海市宝山新城SB-A-4编制单元控性详细规划》和《宝山新城SB-A-4编制单元重点地区附加图则》和城市设计

2011年3月宝山区和上港集团签署《宝山区人民政府与上港集团共同建设上海国际航运中心战略合作框架协议》

2011年底控规文件获得上海市人民政府的批复

2014年《上海市宝山区BSPO-1004单元（原上港十四区）控制性详细规划局部调整》

2015年6月获得了控规局部调整的批复

2015年8月，06-02号地块获得审图合格证
2015年12月，5号公园、6号公园获得审图合格证

2016年10月，07-01号地块(住宅部分)获得审图合格证
2016年12月，05-03地块获得审图合格证

2017年9月，01-04号地块(地下)获得审图合格证
2017年11月，06-02号地块竣工交付
2017年12月，03-02号地块(地下)获得审图合格证

2018年2月，04-02地块(地下)获得审图合格证；2018年4月，01-04号地块(地上)、03-02号地块(地上)获得审图合格证；2018年7月，红线外区域(地下)获得审图合格证；2018年11月，06-02号地块竣工交付

2019年3月，04-02地块(地上)、07-01地块(公建部分)、红线外区域(地上)获得审图合格证；2019年5月，6号公园竣工交付；2019年12月，07-01号地块(住宅部分)、05-03地块竣工交付

2023年，01-04\03-02\04-02地块、红线外区域和07-01号(公建部分)、5号公园将全面竣工交付

图 5-17　宝山上港十四区项目进程

　　在开发过程中，上海院作为总控单位，统筹解决整体与单体、规划与建筑、设计与审批，以及各子项、各条线之间的矛盾，起到了监督各子项执行控规导则、协调衔接问题和技术支持作用，通过相互提资、相互确认来协同推进完成项目范围内的所有设计工作。此外，上海院还负责完成"大系统"范围内未被其他单位覆盖的所有设计工作。

2）技术路径

总控工作分为规划总控（城市设计、控规报批）、设计总控（包括精细化城市设计和控规调整、总体设计方案及设计导则编制等）、工程总控（包含方案设计及扩初设计、施工图设计和施工实施等）3个阶段。

规划总控阶段，为区域整体开发控规的前置城市设计研究和指标论证，以及滨江公共交通和防汛墙、公园变电站等重大市政工程的协调论证，协助业主确认开发控制指标和空间格局。

设计总控阶段，以设计、审核与协调三大工作机制为抓手，通过召开专项设计沟通会、专家评审会议，对规划、消防、交通、绿化景观、公共空间、地下空间、结构、机电、市政工程、绿色建筑、人防、基坑围护等各层面，实施动态化的综合性统筹与调控，细化技术解决方案，形成协调纪要。

项目在2010年开始进行控规编制，2014年由于规划G1501和沪通铁路等大市政项目条件的影响，进行控规的局部调整编制。针对管理决策者、开发商、公众等不同使用主体的差异化诉求，在控规编制调整中，同步开展精细化城市设计，形成"控规附加图则""总图导控文件（分层、分系统）""专项研究报告"三位一体的精细化管理文件，为规划实施奠定了基础。

由于项目各地块的土地开发顺序存在先后，无法实现理想化同步，总控工作在力求实现区域三维空间全要素（建筑、市政、交通、地下空间、公共空间、绿化景观等）最优化整合的同时，前瞻性地考虑区域内各关联子项的工程在时间维度上的合理性，全面应用BIM数字建造的总控实施技术，保证项目的顺利落地。

5.3.3　工程总控的专项技术集成

1）集约一体的滨江通道和竖向专项

滨江通道（规划一路）的设计是区域交通整体组织理念的核心体现。规划一路共分3层布置，包括10.5m层、4.5m层和-0.5m层。10.5m层为滨江景观平台，服务人行、非机动等慢行休闲交通。-0.5m层为地下停车和车行通道。4.5m层为市政道路，主要服务于区域到发交通。在规划一路4.5m标高设置出入口，将车辆直接引入地下，结合道路红线设置通往各地块的地下车库主要出入口。

对项目的整体公交条件及公共交通接驳点位置进行分析，针对复杂地块的停车配置要求、数量，各办公、商业、住宅地块的车辆进出流线组织、货运流线、车库出入口位置与间距、闸机设置等进行综合评估和考量，进行地下空间的统一规划设计、停车数量的区域整体平衡，以及运营界面上的管理分区。

竖向专项以交通专项为基础，分为 3 个基准标高层，滨江平台下方为市政道路系统，滨江平台上方为滨江绿色步道和休闲商业区域，构成立体分层的空间结构。现状场地主体标高 5.5 ~ 6m，一层道路标高 4.5m，滨江景观带为 9.5 ~ 10.5m 的亲水平台阶梯形。通过滨江大平台的打造，充分发挥滨水结合防汛墙设计的优势，提升公园环境容量和地面街区的完整性，实现了滨江平台、防汛墙和场地一体化开发，打造独具特色的滨水公共岸线。总控技术支撑方面，采用防汛墙及内侧通道箱体工程一体建设，新建防汛墙在满足防汛功能的同时，结合内侧滨江通道箱体、外侧滨江绿化、防汛工程整体设计。"箱体"内部设置规划一路，综合考虑常规交通通道、公交专用道、人行地道、垂直交通等各类地下设施的布局，"箱顶"和"墙顶"则是公共活动和观景平台（图 5-18）。

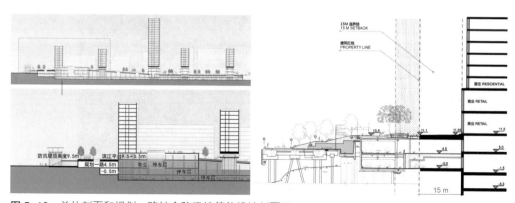

图 5-18　总体剖面和规划一路结合防汛墙箱体设计剖面图

总控工作通过梳理与滨江通道相关的关键问题清单，开展防汛墙水工、市政管线系统、地下空间和建筑单体前期研究等专业规划，通过统一的总图平台强化三维控制，引导分层的层高和功能对接，提前协调矛盾，预留相互接口，形成法定规划管控要素落地的有力支撑。

2）整体组织超大规模地下空间

本项目地下空间面积将近 60 万 m²，通过南北两条地下车行道将 8 个地块相互贯通，其中还牵涉市政道路、马陆河下连通道、长江驳岸，以及两大市级重点工程 G1501 隧道及排风通道、沪通铁路隧道等多个市政工程的同步建设，需要对各专项进行总控统筹（图 5–18）。

项目紧邻长江驳岸，水文地质条件复杂，涉及公共构筑物、保护对象较多，7 组基坑以 11 个分区统筹开发，总基坑投影面积达 30.1 万 m²，是上海少有的超大规模深基坑群。总控除基坑群自身安全、环境保护等课题外，还要根据各地块不同工期目标，充分研究 G1501 隧道、沪通铁路隧道与项目的进度制约，6 条市政道路施工顺序、各相邻地块之间相互依赖、相互制约的错综关系的基础，合理确定基坑群的分区、工况顺序及支护结构（图 5–19、图 5–20）。

例如隧道管理中心及排风塔所在 07-01 二期基坑。该基坑施工至基底时，按市重大工程办进度要求，地块内隧道管理中心及隧道排风通道均须跟进隧道工期提前施工。该基坑挖深 15.9 ~ 24.0m，面积 2.3 万 m²，项目选择整坑

图 5–19 地下空间关联工程和地下空间围护、分期施工示意

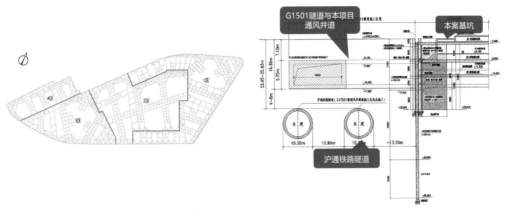

图 5-20 07-02 地块南侧基坑剖面示意图

开挖前提下，多道支撑分区域的跨阶段回筑，即局部三道支撑全部拆除，而其余三道支撑保留，考虑了换撑的变形协调及荷载的有效传递，确保了在非完整主体结构及支撑体系的安全可靠，达到局部快速回筑，满足 G1501 市重大工程的施工进度。

3）市政和消防、人防工程专项

结合道路断面和场地平台的特殊形式，总控协同市政院专项设计单位，确定市政工程管沟敷设时的排列关系，预留区域重要管沟宽度、深度和接口，为项目实施提供清晰的基础界面。人防方面进行全地块的统筹配置，按照整体指标要求集中设置人防区域，并充分利用 05、06 地块公园设置应急避难场所及人防单元，减少人防设计对停车、设备空间的不利影响，通过统一设计、统一施工，提高了空间利用效率。

整体消防规划侧重于总平面的研究，如建筑整个地下室大连通带来的市政道路的定性和使用问题、不同建筑标高的消防疏散安全出口的认定、规划一路 +4.5m 消防性质的认定、复杂体型建筑高度的认定等，均通过消防专项研究报告进行合理的提前论证，为项目的后续顺利推进打下良好基础。

5.3.4 总控思维打造复合公共空间

1）大跨度环形步行连廊

01、03、04 地块（图 5-20）位于项目最西端，三面环水，东临长江，包括商业综合体、租赁式住宅、住宅、公交首末站等多种复合功能。设计以两只"长江江豚"飞跃水面、双影成趣作为灵感,利用跨越马陆河、天江路的三条环形步行连廊首尾相连,环形串联起01、03、04三个地块,同时在中心设置大型球幕影院,形成点睛之笔。地下通过下穿马陆河的连通道将地块南北相连,形成统一地下空间,方便复杂功能之间的互联互通。同时设计注重创造不同层次的活动空间,通过独特的建筑形态、特色功能设施、室内外一体化形成良好的商业环境,打造长滩新景点(图5-21~图5-23)。

图5-21 01、03、04地块连廊设计概念"长江江豚"

图5-22 01、03、04号地块效果图

图5-23 01、03、04号地块在建实景

2）功能复合的长滩观光塔

07 地块受 G1501 越江隧道和沪通铁路规划穿越影响，需在集中绿地中综合考虑风塔设计。总控通过控规调整、平衡指标，采取市政设施与配套项目、服务功能相结合的处理方案。

设计总控中的"定海神针"风塔设计也巧妙地实现了形式与功能的统一（图 5-24）。"定海神针"塔身修长、线条简洁，建筑总高 180m。135m 以下空间首先安排符合技术要求的排风隧道，其余空间用作办公、空中花园、高空攀岩、高空绳索公园等功能。135m 以上用于高空餐厅、足球会所、婚礼教堂和观光平台等趣味休闲空间，成为游客登高驻足休闲观景点，重新定义了北上海长江口的滨江天际线（图 5-24）。

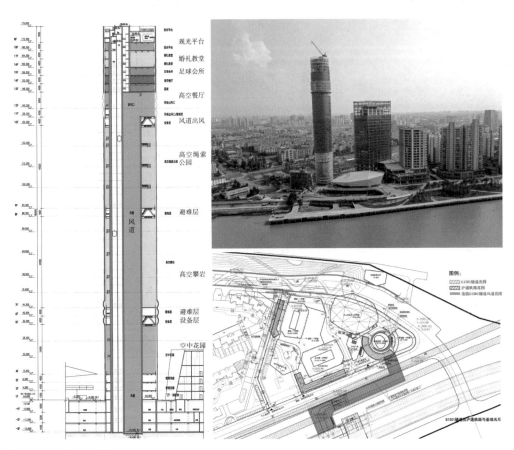

图 5-24 长滩观光塔及建成实景

3）围合式街坊与社区营造

05、06号地块住宅组团采用围合布局，各栋塔楼围合向外形成连续的街面，朝内创造独特的庭院空间，提供给住户私人、安全及亲密的室外空间设施。朝外的街面不仅界定了更连续的公园边缘，住宅塔楼在高度上的变化也为地块提供了具有识别性的滨水天际线（图5-25、图5-26）。

图5-25　5号地块住宅小区实景照片

图5-26　"上海长滩"在建实景照片

5.4　结语

在滨水开发实践中，韧性集约的理念贯穿开发全过程，交通问题的解决是滨水系统工程的核心。滨水一侧的交通需要结合防洪防汛的堤岸进行交通组织，通过不同标高的交通分层组织来满足复杂的交通转换需要，形成立体高效的综合交通系统。因此，规划实施总控中交通专项和城市市政、水务、城市人防和地下空间等其他专项，在问题导向下同步交汇进行，通过多种综合手段合力解决滨水交通的问题。再者，滨水空间的公共属性决定其开放度和活力的要求，总控将景观、竖向、交通、市政等多专业技术融合，将见水与亲水的部分作为公共慢行与公共开放空间一体化设计，在滨水地区开发中形成了具有经济活力和休闲吸引力的城市活力空间。

上海金山滨海度假区项目和上海长滩项目，均是上海院代表性的滨水地区开发项目。前者在规划总控阶段，由专业技术团队从站城一体、生态工程、立体城市、运营开放、城市风貌等角度，科学预判实现各类空间设计理念所需的各项关键技术措施，采用技术集成式的专项研究前置，确保控规指标的技术可行性与实施性。后者是从前期规划总控至工程总控的实施项目，历经持续 10 余年的总控工作，通过对规划理念和管控要素在后续设计过程中进行深化、延展，打通了从城市控规到建筑单体、城市公共空间实现的整体路径。

参考文献

［1］李永梅，牟振宇，万英伶，等. 黄浦江滨水空间综合开发研究［J］. 全球城市研究（中英文），2021，2（2）：160–172，194.

［2］胥建华. 城市滨水区的更新开发与城市功能提升［D］. 上海：华东师范大学，2008.

［3］上海市人民政府. 上海市人民政府关于印发《上海市"一江一河"发展"十四五"规划》的通知［EB/OL］.（2021–08–02）［2022–11–01］. https://www.shanghai.gov.cn/2021hffwj/20210830/6a27a89d0f2540a79a8e58ed3ea3a7e9.html.

［4］上海市人民政府. 图解来了！金山区"十四五"规划和二〇三五年远景目标［EB/OL］.（2021–03–10）［2022–11–01］. https://www.shanghai.gov.cn/gqgh/20210310/a26e26fe0efb40ccb4d4e05de1a7401b.html.

［5］周旋旋，袁芯，耿佶鹏，等. 基于空间资源分配视角的转型期城市滨水区规划实践［J］. 上海城市规划，2013（2）：99–105.

6 | 面向开发赋能的数字产业园区实践

    产业园区开发是未来产城融合增长的动力。当今城市竞争的核心已经从资源要素驱动转向创新驱动,从土地生产到空间生产,园区开发开始注重空间使用效益,围绕空间产品的设计,转向多元利益主体的关系协调,空间生产模式的转变推动着城市发展的进阶。产业园区最初的概念设计蓝图,需要通过持续的设计、建设与运营付诸实践,精细化的城市设计为空间赋能,实现从产业功能到园区场景的转化。

    《上海市城市总体规划(2017—2035年)》明确,将位于重要区域廊道上、发展基础较好的嘉定新城、青浦新城、松江新城、奉贤新城和南汇新城,培育成长三角城市群中具有辐射带动作用的综合性节点城市。"数字江海"项目作为奉贤新城的重点产业园区和示范项目,采用区域整体开发模式,聚焦新城独特的自然生态特征和数字产业链有序运行目标,参照上海规划实施平台的总体要求,以精细化城市设计、全专项综合方案、综合技术导则为核心工作方法,探索通过设计赋能和总控统筹,呈现面向高品质实施的规划设计总控典型范例。

6.1　产业园区项目的总体特征

产业园区是生态文明导向下城市发展的建设热点。新的产业园区是城市优化空间结构，提升产业能级、生产效率的重要手段。为实现城市多中心、组团式的发展目标，产业园区通常是在郊区配套相对不成熟，但生态基础较好的地区，其地理特性与新经济产业所倡导的"环境友好"相契合。通过政策先行和园区建设导入优质企业，依托生态环境，构建产城相融的美好社区。产业园区的开发需要考虑绿色低碳引领，制定相应的规划原则和治理机制[1]。

产业园区是创新资源聚集的重要空间载体。产业园区在一定区位内，促进特定产业联动发展，承担着聚集创新资源、培育新兴产业、推动新城城市化建设等重要使命。在园区的早期建设中，政府投入必要的基础设施配套，以及产业服务、政策优惠等软性条件，吸引行业龙头企业入驻，继而带动上下游的关联产业集聚[2]。在建设滚动推进的过程中，人才与企业的持续引入将会进一步加快创新资源向特定园区空间的汇集。

产业园区是社会治理、技术革新的重要试验场。新产业园因其相对独立的地理条件，若仅以单个项目为单位容易形成规划层面区域空间组织的碎片化，基于城市系统的空间规划要求对城市的空间形态、文化生态到社会形态有更完整的理解，对人的尺度、人的需求、人的体验有更贴切的思考，通过集群化、产品化、服务化、数字化，实现城市空间向项目空间的拓维。为实现精细化运营，园区治理层面应强化资源配置，搭建政府、园区业主、企业、个人共同参与的生态圈。从建设示范层面来看，应结合园区资源，充分应用低碳建筑、循环能源等技术，使新产业园成为绿色生态发展的先锋。

6.2　数字江海项目概况

6.2.1　项目背景

《奉贤新城"十四五"规划建设行动方案》明确了新城发展的目标定位，即立足"新片区西部门户、南上海城市中心、长三角活力新城"，规划到"十四五"期末，奉贤新城将打造成为环杭州湾发展廊道上具有鲜明产业特色和独特生态禀赋的综合性节点城市，形成创新之城、公园之城、数字之城、消费之城、文化创意之都的"四城一都"基本框架。"十四五"时期，奉贤新城将按照不同类型，在新城中心、数字江海、国际青年社区、南桥源和东方美谷大道五大重点地区集中发力。

数字江海项目拥有奉贤新城"北大门"优势，由奉贤区政府和临港集团联手打造，围绕"无边界、数字互联、遇见未见"的目标远景，承载智能网联汽车、无人驾驶技术的全面数字化应用，以及生物医药、健康医美等相关产业，是上海建设"五个新城"的转型示范引领项目。

6.2.2 项目区位与规模

数字江海项目位于奉贤新城核心区东北边界处，西起金海路，东至金汇港，南起环城北路，北至大叶公路，其所在片区属于南桥新城 FXC1-0016 单元控规 01-15 街坊（图 6-1）。01-15 街坊用地规模为 179hm²，其中数字江海占地为 137hm²（图 6-2）。项目总建设规模 255 万 m²。

项目以"数字经济产业"为主导，结合数字化顶层设计，布局数字产业制造、数字产业服务、数字技术应用、数字要素驱动和数字化效率提升等产业领域，建设产城融合、功能完备、职住平衡、生态宜居、交通便利、治理高效的"上海首个城市力全渗透的数字化国际产业城区"。园区全面建成运营后，可提供就业岗位 2 万余个，居住人口 0.37 万人。

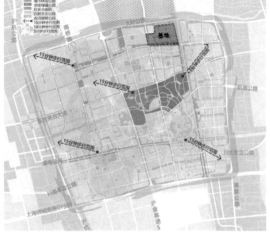

图 6-1 数字江海项目区位示意

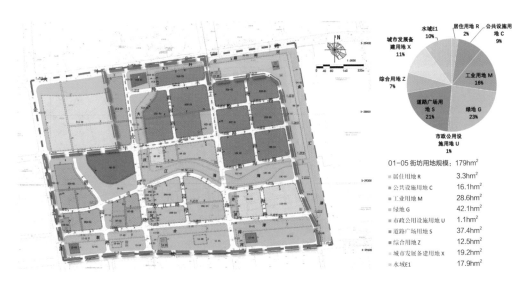

图 6-2 数字江海上位控规用地及指标要求

6.2.3 项目实施主体与设计总控单位

数字江海项目采用区域整体开发模式。临港集团下属上海江海数字产业发展有限公司作为开发实施主体，全面负责数字江海项目"建—管—运"的整体工作，涵盖规划设计、工程设计、建设施工、招商运营、管理维护等全过程全生命周期，计划10年左右完成整个园区的建设实施。

上海院作为设计总控单位，为项目的整体开发提供综合性技术服务。总控单位以精细化城市设计为技术抓手，整体设计统筹协同规划建筑、地下空间、景观、海绵、人防、交通、市政、综合能源、数字化、绿色低碳共10个专项设计和相应设计单位，并协调绿化、水务、水保、交评等外部专项设计，通过编制综合方案及综合导则，为数字江海项目建设成为"品质提升、多维亮点，空间整体、体系精准，多元复合、活力无界"新时代产业城区保驾护航（图6-3）。

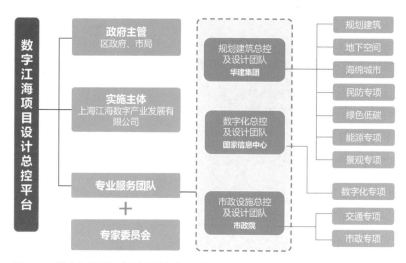

图6-3 数字江海项目设计总控组织架构

6.3 设计总控工作的特点及协调机制

6.3.1 设计总控的特点

数字江海项目的设计总控工作,是在控规单元规划编制完成后开展的。《上海市奉贤区南桥新城FXC1-0016单元控制性详细规划01-15街坊增补图则》是规划设计总控的上位依据。

数字江海项目在工作阶段、工作模式、工作组织和工作目标方面具有"控规后、强统筹、示范性和精导控"4个特点(图6-4)。

1)控规后

控规后指数字江海设计总控所处的阶段为控规批复后。批复的控详规划文件已经锚固数字江海137hm²的用地布局、开发总量、路网骨架、水系蓝线、基础公服配套等内容,并以锁定每个地块的用地红线、用地性质、开发规模等刚性指标。这是本次设计总控与10个专项设计开展的基本前提。

2)强统筹

以控规及控规阶段概念方案为指导,结合区域整体开发实施主体的建设目标,推进数字江海各专项规划设计之间整体统筹、彼此协作,发挥"节约区域总造价、提高集约利用、避免重复设计"等作用。

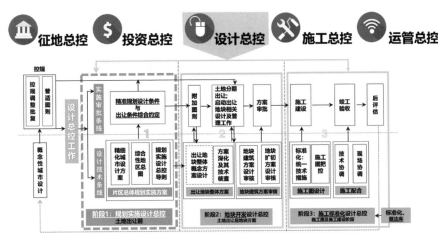

图 6-4　数字江海项目的工作阶段

3）示范性

"绿色、集约、开放、共享、智慧"的设计理念贯穿设计总控和 10 个专项规划设计。数字江海通过"专项 +"形成专项联合的示范项目，如"能源 + 景观"的能量公园、"规划建筑 + 景观"的立体活力水岸等。同时，倡导专项合作专利创新，如"数字化 + 能源 + 低碳"的能碳双控平台；倡导整合各入驻企业的资源禀赋、优势特长，彼此携手，实现共创、共建、共享的数字江海"园区公约"。

4）精导控

坚持高质量开发建设导向，十大专项协同联动，制订清晰明确的设计目标、精准输出规划设计条件，紧密结合开发时序和竣工节奏，编制"约束性 + 预期性"的具体要求，以引导下阶段组团分期建设工程，实现标准化设计管理。

6.3.2　协调机制

1）动态协调机制

项目推进过程中，总控技术团队组织技术协调工作（详见 3.4.2）。根据专项之间的相关性强弱及项目成果内容进行专项交圈，分为小交圈、大交圈。小交圈指相关性较高的专项所进行的高频次技术对接，约每周一次。大交圈是指全部专项在共同的时间节点，将比较完整的工作内容进行整体对接，约一至两个月一次。同时，根据实际发展状况、新衍生的需求、新发生的问题等及时修订、动态维护[3]。

2）管理保障机制

项目"以周为工作节奏"，采用"专题会 + 总控周报"的形式，保证各专项整体步调一致、信息对称（详见 3.4.2）。

6.4 设计总控的两个核心工作

数字江海规划实施阶段的设计总控工作涵盖前后两个阶段，分别完成"精细化城市设计方案"和"综合导则"两个核心技术工作，也是设计总控的工作成效。

前一阶段，编制精细化城市设计方案是规划实施设计总控的第一大核心工作。规划设计总控单位，依据上位控规，开展精细化城市设计工作。该工作包括：总控单位负责规划建筑专项的总体设计，奠定全盘工作的基底；其他九个专项单位同步编制专项规划；总控单位将规划建筑和与之强关联的专项进行一体化设计；总控单位汇编涵盖 10 个专项的综合性方案。该阶段工作以空间完整、系统完备、地区总图、专项统筹、矛盾预排、亮点明晰为目标。

后一阶段，编制综合导则是规划实施设计总控的第二大核心工作。这是保障综合方案的亮点特点得以落实的技术管控工作，以结合开发需求、要素精准提炼、指标引导合理、有效指导下一阶段工程建设为原则。该阶段工作以精准传导、保障整体设计品质落地实现为目标。

6.4.1 编制精细化城市设计方案

1）以规划建筑专项为基本载体

规划建筑专项是数字江海项目建设的基本载体，需坚持规划建筑专项先行。

规划建筑专项工作，充分结合区域整体开发实施主体的开发诉求。一方面深化目标定位，即"数字江海将建设成为最创新的一平方公里，建设'地上一座城、地下一座城、云端一座城'的上海首个城市力全渗透的数字化国际产业城区"；另一方面细化总体开发建设亮点，通过精塑片区空间"12点"，刻画园区整体空间系统和风貌格局，增强园区的公共价值。包括三"T"叠"核"，定义复合型中央核心区；蓝绿通廊，刻画城市与自然共鸣；枕蓝伴绿，塑造全园 75% 的公共活力界面；九坊缤纷，形成坊坊成组的产业组团；环链联动，落实全域健康慢行网络及文体活动布局；街区开放，促进多级公共空间无界联动；文化趣城，展现场所文化的内在关联；功能混合，营建全时活力完备的生活圈；垂湾跌落的城市天际线，塑造中央绿谷标志性区域；竖向优化，营建独具魅力的立体水岸；全园地上地下的一体化开发与立体衔接；重要 U 形街道空间统一设计，重要界面展现城市形象，重点应用场景示范项目统一规划（图 6-5、图 6-6）。

规划建筑专项的地面总图与地下总图，是地下空间、交通、市政、景观、能源、海绵、人防、低碳、数字化 9 个专项的工作基础，而"各专项总图拍图"可发挥区域内地块之间、地上地下之间的协同作用。

数字江海的地上总图，包含一系列关系到地块红线内外、地块之间的衔接信息。如交通道路、绿化、水系、各类设施、建筑物、构筑物的平面布局、功能流线组织、消防组织、场地组织、竖向信息、地块公共通道、公共空间、地块机动车出入口、二层连廊、景观步行桥、慢行网络、高差弥合区域等。

数字江海的地下总图，包含地下停车空间、设备空间、功能空间、地下车库出入口、地下连通道、Urban-Core、共享调蓄水池、市政管线及建议接口（市政）等地块红线内外、专项之间的衔接信息。

图 6-5 数字江海总体效果图

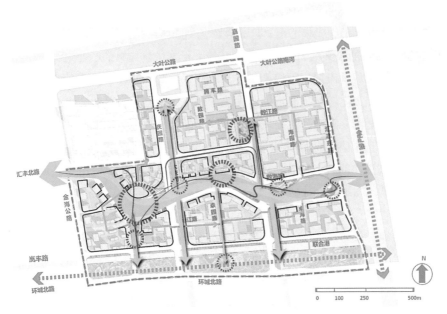

图 6-6 数字江海总体平面图

　　规划建筑专项的地面总图与地下总图，需同步持续融合其他专项方案，以及物探踏勘等信息而适时更新，发现问题、预警冲突、解决矛盾，使项目达到功能与效果的完美统一。如市政管线与地下连通道的竖向交叉问题，通过市政专项与地下空间专项的协同设计，各自调整竖向标高，市政道路与地下通道同时建设，避免路面重复开挖，节约工程投资（图 6-7）。

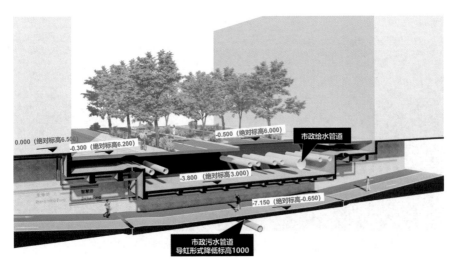

图 6-7 园区道路下市政管线与地下空间连通道剖断面研究

2）多专项协同的一体化设计

精细化城市设计，非常注重强关联专项、强关联要素之间的整合设计，以塑造更富有特色、更集约高效的城市空间[4]。

例如规划建筑专项、景观专项、地下空间专项的一体化整合设计，为数字江海项目塑造了别具特色的"立体水岸"的公共空间（图6-8）。规划建筑专项通过竖向统筹，立体打造 B1、1F、2F 的"活力三首层"，实现江海湾两岸的滨水基面、道路基面、建筑二层基面 3 个层次的互联互通。景观专项针对不同基面塑造活力水岸的景观环境，植入能量公园、数字跑道、共享胶囊、全息影像等特色场景。地下空间专项结合景观竖向特点，设计"地下空间的临水绿开敞段"，实现地下空间的自然通风采光。各专项相互协调，共同发力，一体化打造立体水岸。

图 6-8 立体水岸空间引导

由道路、绿化分隔带、路侧绿地、街道两侧建筑退距和建筑界面所共同围合成的立体"U 形空间"，通过一体化设计，整体打造数字江海安全、绿色、活力、智慧的高品质街道空间。规划建筑专项控制建筑退距和优化场地竖向、保证临街建筑底层公共性和宜人性、统一铺装建筑退界区与人行道、合理规划附属设施及车行出入口。交通专项创新道路断面共享设施带设计及无人驾驶场景。景观专项对街道种植、铺装、家具、标识系统等提出引导。数字化专项提出智慧街道的智慧手段（图6-9）。

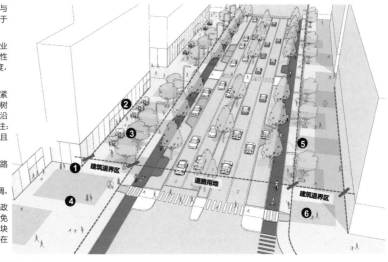

1 沿街建筑首层竖向： 临街建筑与相邻道路宜平接（高差不宜大于450mm）。

2 沿街建筑首层活力： 建筑功能业态宜为服务型商业或互动、展示性功能；建筑贴线率及底层透明度，应符合总体控制引导。

3 绿化种植： 结合建筑出入口，紧贴道路红线灵活种植景观乔木，树种应符合街道整体景观要求，且沿道路红线禁止设置连续绿化带。（注：沿线总长度≤红线长度的40%，且单段长度≤15m）

4 统一铺装： 退界区铺装应与道路红线内人行铺装保持一致。

5 街道家具： 应与街道空间整体协调。

6 附属设施： 建筑附属设施、市政附属设施应与建筑统一设计，避免影响公共空间品质。原则上，地块附属设施（变电房等）禁止设置在街道的公共活力界面。

图 6-9　汇丰北路 U 形断面引导

3）指标统筹

指标统筹是在保证指标总量不减少的前提下，在数字江海全域范围内，根据各组团开发建设的实际情况，对地块指标进行整体统筹、合理分配，使得园区土地利用更加集约、设施利用更加高效、资源利用更加共享。数字江海项目绿化专项、海绵专项、地下空间专项、绿色低碳专项、综合能源专项均遵循区域整体开发原则，统筹规划布局，节省开发建设成本，实现更大经济价值和社会价值。

4）汇编全专项综合方案

围绕总体设计目标，精细化城市设计汇总 10 个专项，汇编全专项综合方案。全专项综合方案主要包含 3 部分内容：一是规划设计总控工作概况，包括项目背景，上位规划综述，设计总控工作阶段、目标作用、工作历程、组织架构，项目分期开发及推进情况，动态对接等；二是规划实施总体方案设计特点、亮点（主要为规划建筑专项，也包含专项融合创新等信息）；三是实施专规（其他 9 大专项规划）主要亮点、要点。

全专项综合方案展现了数字江海区域整体开发"美美与共""多规合一"的系统性全貌，为下阶段的具体分期建设奠定实施基础（图 6-10、图 6-11）。

01 项目背景概况

1 数字江海的时代机遇
2 上位规划指引
3 规划路网与现状叠合
4 控规与概念城市设计核心内容
5 当前建设情况

02 规划设计总控工作说明

1 规划实施平台的组织架构
2 成果体系
3 设计深化与项目动态对接

03 总体规划建筑

1 深化设计目标愿景
2地区总图和总体效果图
3 规划建筑设计深化与引导
- 深化设计特点两点
- 精塑城市空间“16”点

4 场地设计引导
- 道路竖向优化
- 场地标高优化
- 立体水岸刻画
- 竖向弥合规划

5 街道空间设计引导
6 “坊-坊成组”总体引导
7 控点索引一览表
8 开发时序与供地模式

04 地下空间专项

1 形目阶段
2 总体目标与四大亮点
3 开发总量及分级管控
4 “四化落地”引导
5 地下交通体系
6 地下人防及市政系统
7 地下公共区域系统
8 地下城市风貌与环境
9 开发时序
10 地下分组团图则

05 景观绿化专项

1 项目解读
2 案例研究
3 三大设计策略
4 总体设计与分区
5 专题研究（智慧公园、城市配套设施、驳岸设计、植栽风貌控制、灯光风貌控制、铺装风貌控制、景观桥风貌控制、可持续开发）

06 交通专项

1 专项背景
2 综合交通现状
3 综合交通发展趋势
4 综合交通规划方案

07 市政基础设施专项

1 专项目标理念
2 雨水系统
3 污水系统
4 给水系统
5 电力系统
6 通信系统
7 燃气系统
8 综合管沟

08 综合能源专项

1 项目概要
2 政策分析
3 总体目标
4 供能分析
5 用能分析
6 供需匹配
7 能源结构
8 能源管网
9 能源数字化平台
10 低碳文化引导

09 数字化专项

1 项目背景概况
2 编制依据
3 目标愿景
4 引导措施

10 海绵城市专项

1 项目背景概况
2 基地现状及海绵需求分析
3 总体思路与规划目标
4 海绵城市建设管控指引
5 海绵系统规划及建设指引
6 海绵城市智慧监测与建设考核

10人防系统专项

1 总则
2 区域性民防防护体系
3 规划目标和建设规模
4 民防工程规划布局
5 地下空间开发兼顾民防规划
6 应急避难场所建设规划
7 防空警报体系规划

11 绿色低碳试点区专项

1 项目背景
2 案例借鉴
3 发展目标
4 五大示范场景
（能源重置场景、高质绿基场景、零废循环场景、绿色出行场景、低碳组织机制建设、相关政策建议）

图 6–10 数字江海全专项总体方案成果构成

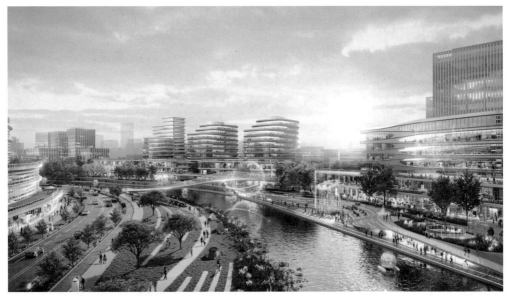

图 6–11 数字江海项目立体水岸节点空间效果图

6.4.2 编制综合导则

1）综合导则的任务目标

基于前一阶段全专项综合方案，编制以规划建筑、地下空间、景观、市政、交通、海绵、人防、综合能源、绿色低碳、数字智慧 10 个专项为主干的综合导则（又称"综合技术导则"），是数字江海推进区域整体开发品质和特点亮点的实施指南。

综合导则由各专项规划核心内容组成，强调区域环境整体协调，室内外空间相互联动，以刚性与弹性的形式，对后续开发建设进行引导，旨在形成共识，整体合力，激发佳作，确保品质。

2）综合导则的组成体系

综合导则由 10 大专项导则组成。各专项充分结合实施主体开发诉求，从园区总体层面、分组团地块层面，统一编制总则纲要和组团与地块引导。

总则纲要主要是园区总体层面的原则要求，包括项目概述、整体开发总目标、总开发规模、总体结构、总体实施策略、分期实施计划、管控要点，以及管控要素一览表等内容。总控单位借助思维导图，梳理专项设计特点亮点所对应的管控要素（图 6-12）。将管控要素区分为通用（所有地块基本均需要满足或响应）与专用（针对性要求）两类，编制管控要素一览表。

组团与地块引导主要包含组团定位、指标、组团管控要素一览表、组团开发分目标、风貌意向和管控图示（管控图示应根据各专项特点，确定是否编制）等内容，以及对应的引导要求（刚性和弹性）。

以首开区规划建筑专项导则为例。首开区位于大叶公路与嘉园路交会处，以生物医药和智能制造产业为主，包括 01B-05、02A-04、02B-01 开发

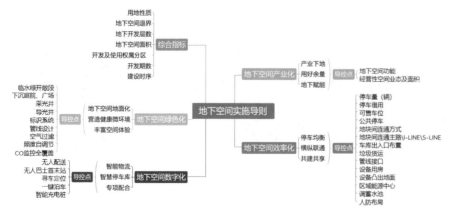

图 6-12　地下空间专项亮点及对应要素提炼

建设地块和 02B-02 广场地块，总用地面积约 12.8hm²，地上总建筑面积约
25 万 m²，地下建筑面积约 11.4 万 m²（图 6-13）。首开区与东侧 5 期、6 期
工业地块共同形成产业组团，其组团与地块引导如图 6-14 所示。

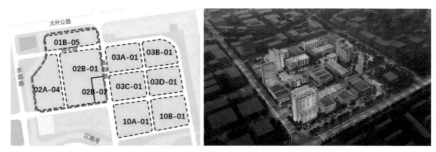

图 6-13　首开区的用地范围及总体效果图 *

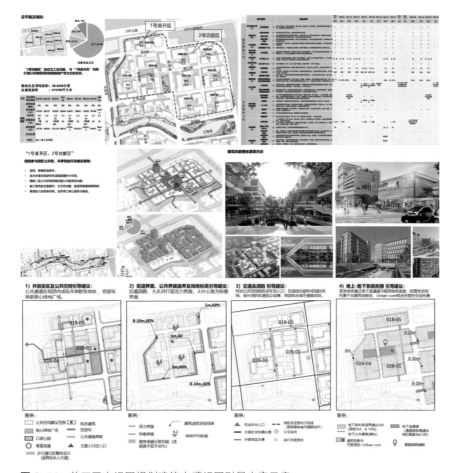

图 6-14　首开区在组团规划建筑专项组团引导内容示意

<hr>

* 　图片来源：上海江海数字产业发展有限公司。

6.5 结语

数字江海项目规划实施阶段设计总控，主抓两大核心工作：

一是编制精细化城市设计，确保系统综合方案聚亮点、可落地、可实施。具体体现在：以规划建筑专项为基本，坚持规划建筑专项先行，统筹融合其他专项规划；多专项协同的园区一体化设计，营建高品质的特色空间；指标总量平衡、全域统筹，实现资源合理分配、高效集约；汇编全专项综合方案，横向统筹、纵向衔接、多规合一。

二是编制综合导则，依据全专项综合方案，抓牢各专项的特点、亮点，给予有效引导转化。有以下四点可借鉴：设计总控将综合方案的亮点、特点，部分转化为分期分组团的开发前提，部分转化为示范项目，另一大部分转化为技术引导；构建"统一总纲，十个专项，两级指引（总则纲要 + 分组团地块指引），两类要素（通用要素 + 专用要素），灵活图示"的导则体系；采用"表格 + 文字 + 图示"引导形式给予简明表达；采用"菜单式"的一览表，使不同地块、不同要素、管控内容、管控力度均可以直观呈现。

数字江海作为上海五大新城的示范项目，采用区域整体开发模式，创新运用设计总控，在规划实施阶段发挥了"提升整体开发品质、系统整合各个专项、有效对接主管部门、提前预判问题、降低重复建设概率、增加园区综合价值"的重要作用。

参考文献

[1] 郑德高，王英. 新城发展取向与创新试验——基于国际建设经验与未来趋势 [J]. 上海城市规划，2021（4）：30-36.
[2] 丁杰，数字孪生体实验室. 数字化赋能特色园区，新产业聚集和新城市建设的高端结合点. [EB/OL].（2021-04-01）[2022-11-01]. https://mp.weixin.qq.com/s/oeHVSTRHcV6TbwLp4zov4g.
[3] 上海建筑设计研究院有限公司. 区域整体开发的设计总控 [M]. 上海：上海科学技术出版社，2021.
[4] 卫建彬，黄志亮，林伊鸿，等. 精细化城市设计管控模式的比较研究 [J]. 城乡规划，2022（1）：95-101，110.

7 | 面向站城融合的枢纽地区 总控模式

高速铁路网、城际铁路等为代表的区域交通，推动着我国"十四五"规划时期的高质量城镇化进程，也缓解了人口加速向中心城市集聚的交通压力。研究和实践领域对"站"与"城"的关系认知从初期的站疏导城、站引领城（TOD）嬗变到站城融合综合开发全新阶段。以上海为例，随着长三角区域一体化进程的加快和高铁的再发展，利用枢纽实现区域内核心功能区、战略性地区一体开发的潜在需求巨大，站城融合综合开发成为城市重点地区建设发展中的必选项。

本章以安亭枢纽综合功能区城市设计为主要案例，聚焦上海市五个新城"一城一枢纽"行业前沿，围绕"站城融合"的总控模式，提出建筑规划维度的空间融合、管理维度的前端机制聚合、市场开发维度的功能耦合。同时，横向对比重庆西站周边城市设计、苏州北站站城融合 TOD 综合开发等案例，丰富站城融合领域的枢纽地区总控模式，引导枢纽地区走向多维创新与一体化协同。

7.1 枢纽地区总控项目的总体特征

7.1.1 总体趋势——从 TOD 到站城融合

1）TOD

TOD 的概念是由建筑师和城市规划师 Peter Calthorpe 提出的，他在《下一个美国大都市》一书中明确地将 TOD 定义为："在一个公共交通站点和核心商业区平均 2 000ft（600m）步行距离内的多功能社区。TOD 将住宅、零售、办公、开放空间和公共功能混合在一个可步行的环境中，为居民和员工使用公交、自行车、步行或汽车出行提供了便利。"

2）站城融合

站城融合开发与 TOD 概念存在共性。两者均关注城市功能向站点周边高度集聚、站点周边步行环境友好、以高品质公共空间促进公共活动等。但两者在具体的关注点、对象人群、路径模式等方面存在明显的差异。

TOD 发展的初始关注点是为解决城市低密度蔓延问题，提出向公共交通站点集聚的紧凑式增长模式；站城融合更关注面向区域服务的城市功能、促进区域更高质量一体化，提出铁路车站与城市功能中心紧密结合的发展模式，将站点开发的对象从车站大楼本身延伸到车站周边区域，特别是商业区和综合功能区。在对象人群上，TOD 发展侧重研究以城市轨道为主的大运量公交系统及其出行人群，以城市内部人群为主；而站城融合更侧重研究铁路系统及其出行人群，特别是城际间商务、休闲和通勤人群[1]。

站城融合不拘泥于车站本身的建设，以街区的尺度设置城市功能，使车站、街区存在的问题得以一体化解决，通过以交通枢纽站为中心，撬动城市中心的高复合再开发，在有限空间内集聚多样的城市功能。由于"站城融合"开发拥有社区营造与轨道交通运营的综合叠加效应，其目标正从单一价值向多元价值演变（图 7–1）。

7.1.2 项目难点——复杂性与长期性

由于高铁能够提供稳定、便捷且价格合理的中长途客运服务，配合城市内部的短途轨道线网，可扩大辐射范围，从而带动站点及周边的空间品质与土地价值。这不仅有利于强化中心区发展，更成为"城市再生"的推动力，通过土地溢价来实现中心区老旧片区的更新[2]。中国一、二线城市的中心

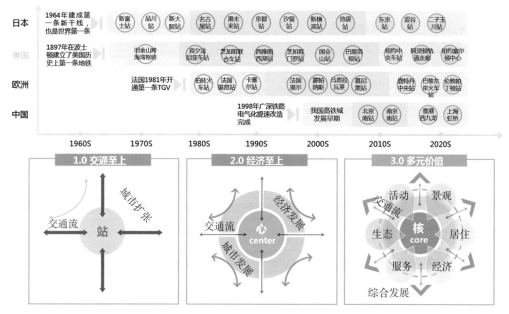

图 7-1　从单一价值向多元价值的"站城融合"发展

区普遍开始面临站与城的融合开发议题，以上海安亭枢纽周边开发为例，面临传统火车站周边融合开发所具有的通病：①站前缺少疏散空间：未来站点周边商业用地比例过高，绿地广场用地不足，在未来铁路客流量增长的情况下，疏散空间的缺少将带来安全隐患。②站场空间被周边高层淹没：未来站点周边建设量很大，建筑高度普遍很高，使得火车站站房被淹没，标志性作用减弱。③城市干道割裂严重：规划区中部宝安公路为城市主干路，两侧缺少必要的道路绿化。

1）从分离到有机结合

站城融合的驱动力来自城市发展的需求：高度集约的土地与城市空间利用（图 7-2）。伴随着城市化发展进程，站与城的关系越来越紧密，转变了传统站房周边土地利用的方式，对城市规划与建筑层面的空间融合也提出了更高要求。

2）站城融合应量力而为

站城融合开发的利益相关方包括铁路和运营公司、市场开发商、政府部门及设施使用者四大类。

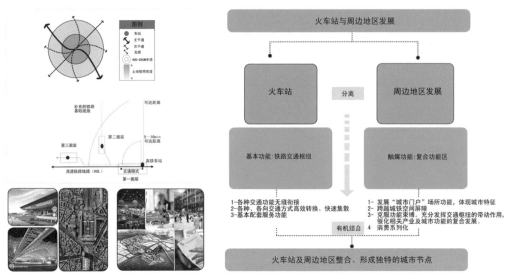

图 7-2 从站城分离到有机结合

如果缺少模式演进的长期积累与利益相关方的普遍共识作为基础，站点及周边的城市设计只会是一座空中楼阁，尤其是在土地溢价相对有限的城市中，站城融合更应量力而为。

在重庆西站的实践中，技术团队作为多部门多利益主体沟通媒介，以技术形式协助多主体进行沟通，并就设计方案达成利益共识，支撑投资分析和地块规划条件的生成。设计通过伴随式的规划总控模式，力促同时满足多方利益的站城融合开发落地（图 7-3）。

（a）投标阶段总体效果

（b）导则控制阶段总体效果

（c）建设实施阶段总体效果

图 7-3　重庆西站项目投标到实施的深化过程

7.2　面向站城融合的枢纽地区总控模式

7.2.1　平衡"高效换乘"与"开发价值"

1）站域与周边土地资源的空间纽带

站城融合不能单凭物理空间建设实现，而是在区域更高质量一体化推动下，随着城际人群出行特征和需求变化、面向区域的城市功能产生并集聚、铁路网络和枢纽结构转型等多因素共同作用而成[3]。枢纽站域的步行需求与建成环境之间普遍存在一个矛盾，即公共设施之间的步行可达性需求与城市主干路导致的空间分断。在重点区域通过"层级链接"方式，实现步行系统的独立性和环游性，是提升公共步行可达性、解决人车矛盾的重要策略（图7-4）。

图 7-4 苏州北站立体步行体系

2）从独享到市民共享的城市客厅

车站是乘客与市民共享的城市综合体，在交通空间、商业空间、文化交流空间上产生互动与交流，快捷满足他们的多样化需求，实现便利性与经济效益共同提升，实现现阶段的"交通综合体"升级为功能复合的"城市客厅"（图 7-5）。在开发高铁站内复合城市功能时，商业功能的定位应满足乘客与市民两大群体的需求，植入城市共享功能。

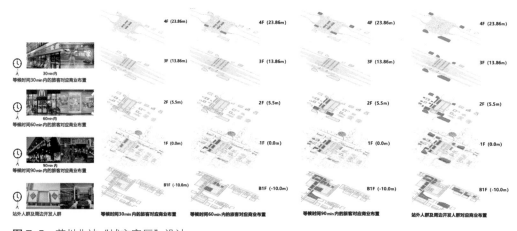

图 7-5 苏州北站"城市客厅"设计

通过对站城融合核心区周边街区用地性质的分析，苏州北站东西两侧规划有大量依托高铁发展的商贸商务空间，设计提供公共参与性较强的演讲、展示空间，使部分商务人群可以不出高铁站房完成工作。

以停留时间越短的人群活动类型对应的功能空间离安检候车区越近为原则，0 ~ 24h 对应的功能空间由下至上布局。为保证车站基本的交通功能顺畅运行，候车区所在的城市大厅与新城市通廊层以开敞空间、交通空间、休息空间为主，仅设置使用频率最高的信息中心、便利店、饮品店等功能。

7.2.2　实现"一张蓝图"与"面向实施"

在站城融合项目中，规划师、建筑师、各专业工程师，以及政府、开发商更需要形成一个紧密的总控技术共同体，既在前期充分考虑建设可实施性，又在实施推进中充分落实前期构思。

1）通过可视化设计，寻求"最优值"

落实控规要求的前提下，校核城市空间详细规划各项控制指标的可实施性，进一步优化和明确各功能设施的具体位置及相互之间的三维关系。在对重庆西站的设计中，通过对重要景观节点、公共空间、建筑节点等地设置观景视线点，形成交织互动的主次视线通廊（图 7-6）。

站城地区的风貌形象不仅由站房建筑单体决定，还与区域性地标群体息息相关。通过合理控制站城地区各功能板块建筑形态、建筑高度、建筑风貌等，形成区域地标簇群，使各板块地标节点遥相呼应，塑造一体化的站城融合风貌。

2）典型剖面总控，实现多维界面融合

车站作为城市对外交流的门户，实现站城融合区整体的维护高效化，首先要解决好综合交通疏解换乘，而其关键在于对不同界面融合化设计。以苏州北站为例，更高效多元的连通意味着面对更复杂的界面，这些界面可以是跨地铁线路的地下通廊、跨城市道路的下沉广场、跨越铁道的空中连廊等（图 7-7）。整体体系的可实施性相当程度上取决于关键界面的融合程度。

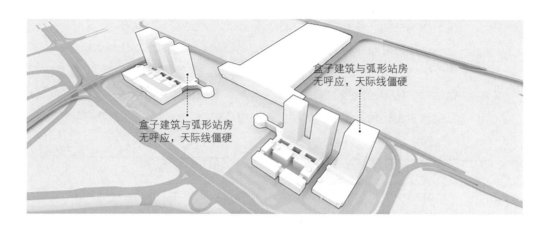

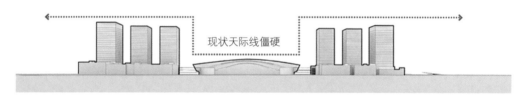

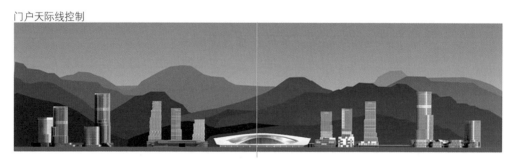

城市设计阶段——塔楼与山体的融合布局

图7-6 重庆西站周边地块城市设计

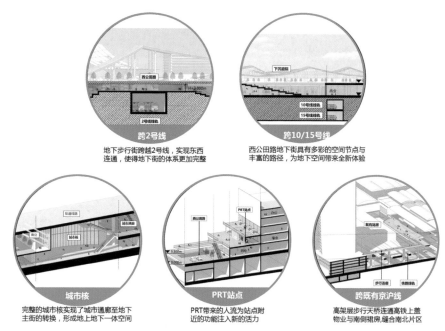

图 7-7 苏州北站：梳理与不同界面间的剖面节点设计

7.3 案例：安亭枢纽综合功能区城市设计

7.3.1 项目概况

1）项目区位与定位

为全面落实"十四五"规划"把嘉定建设成为独立的综合性节点城市"的要求，嘉定新城实施"北拓西联"扩区计划：向北拓展至嘉定工业区北区，规划面积由 122km² 扩大至 160km²；向西联动安亭枢纽，形成 2.2km² 的交通枢纽功能联动区（图 7-8）。

安亭枢纽以市域铁路安亭北站、安亭西站升级及两站场地的一体化建设，衔接城市轨交系统为核心，作为"十四五"嘉定新城规划建设的重点地区，枢纽将无缝连接虹桥国际开放枢纽北向拓展带、沪苏城市带和沪宁合产业创新带。为更好地支撑新城城市能级全面提升，发挥沪宁发展轴上的枢纽带动作用，在此背景下开展的安亭枢纽地区城市设计，目的是要打造站城一体化、辐射长三角的综合交通枢纽。

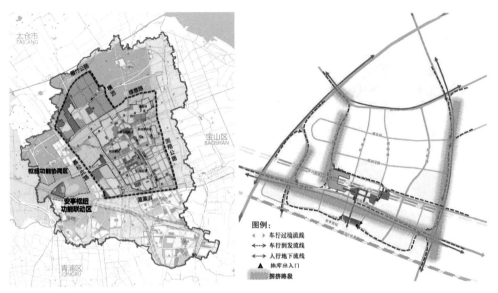

图 7-8　区域背景下的安亭枢纽综合功能区

2）项目难点

（1）枢纽系统整合

根据《上海市城市总体规划（2017—2035 年）》《嘉定区总体规划暨土地利用总体规划（2017—2035 年）》，安亭枢纽作为城市级客运枢纽，需要承担市域联系功能，也要联系嘉定区与中心城区和其他新城组团，同时承载虹桥枢纽部分对外交通功能。因此，如何依托沪宁发展廊道上的沪宁城际和沪苏通铁路，将既有安亭北站与安亭西站组合形成安亭枢纽，加强横向联系，发挥安亭枢纽对嘉定新城以周边城镇圈的服务支撑作用。

（2）枢纽之于城市服务

作为汽车城地区功能集聚带上的重要节点，如何围绕东方肝胆医院及周边产业设施服务人群需求，配置商业服务、办公会务、文化、体育、教育、交流展示等城市服务设施，并从地区活力塑造、产城融合发展的需要配置居住及配套服务功能，也是难点之一。

（3）枢纽之于产业服务

立足世界级汽车产业中心新一轮产业发展的需要，如何积极引入汽车软件、汽车新四化及关联产业的研发总部、研发平台，以及引导汽车及相关产业的跨界融合，建设面向未来的创新服务平台，也是另一难点。

3）项目特征

（1）同步成长周期，捕获溢出价值

枢纽站及周边土地本身拥有极大的商业潜力，通常会设定较高的容积率，即高强度开发。但随着周边地区居住人口的变化，人们对于商业、娱乐、文化等设施的需求也在变化。为了适应这些变化，站城融合 TOD 项目规划总控，需要预先考虑不同时代的需求和对应的功能转换，分阶段对站点周边用地进行开发规划。

安亭枢纽综合功能区不是单一的"交通集散"，而是"枢纽交通核 + 景观特色核 + 城市副中心""三核联动"的新城区，以"高铁兴区、生态立区、产业强区"为指导，充分发挥对外、对内、对片区的综合能量。设计按土地出让、城市规划、价值提升、协同赋能 4 个维度，落实近期、中期、远期开发策略要点，达到开发时序适配、TOD 效益带动与价值最大化 3 项目标（图 7-9）。近期强化智能交通枢纽核心；中期导入产业初期功能，并逐步建设产业核心功能；晚期完善产业配套服务，并与周边区域协同发展。

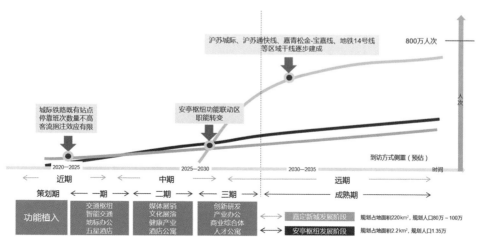

图 7-9 安亭枢纽功能区的成长周期策略

（2）建立多方共赢的特别政策区

为推进站城融合更新模式在实施深度上突破，借鉴日本经验，大城市以轨道交通为核心划定城市更新特区，在该区域内实施特定的规划政策和管理模式（图 7-10）。在保障公共利益、符合更新目标的前提下，建立用地性质、容积率、建筑高度等规划指标弹性管理机制，优化审批流程，压缩审批时限，支持项目尽快落地[4]。

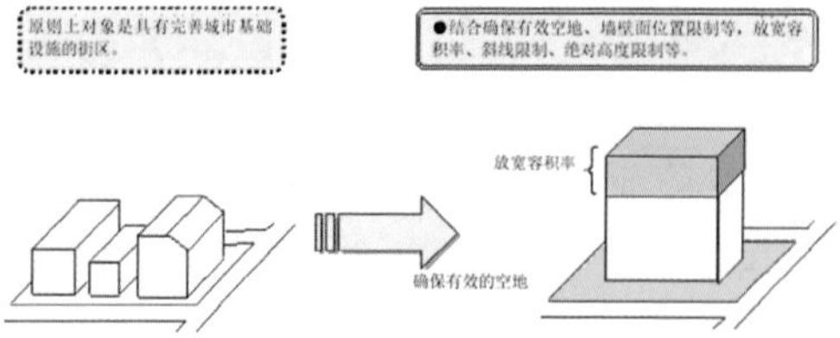

（a）特定街区制度（1961年，《都市计划法》《建筑基准法》）

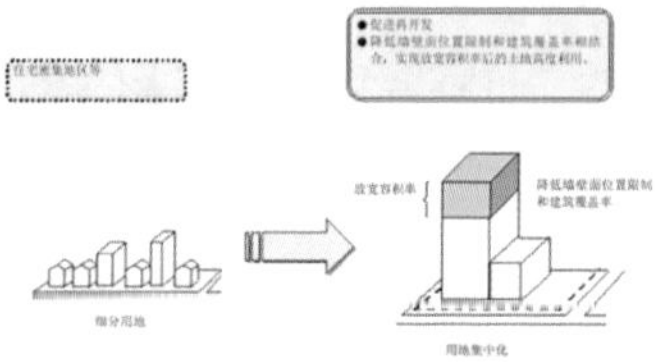

（b）高度利用地区（1969年，《都市计划法》《建筑基准法》）

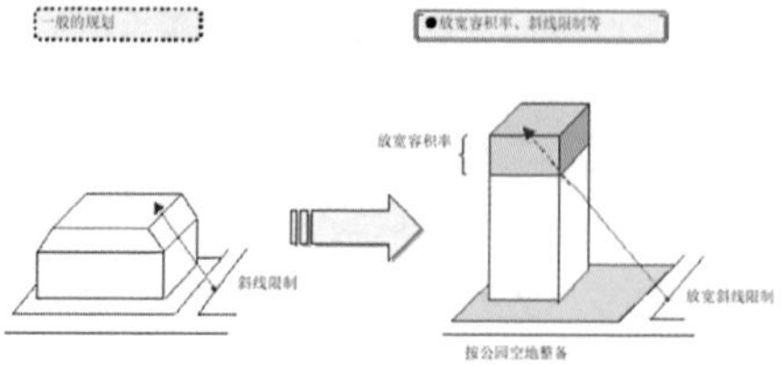

（c）综合设计制度（1970年，《建筑基准法》）

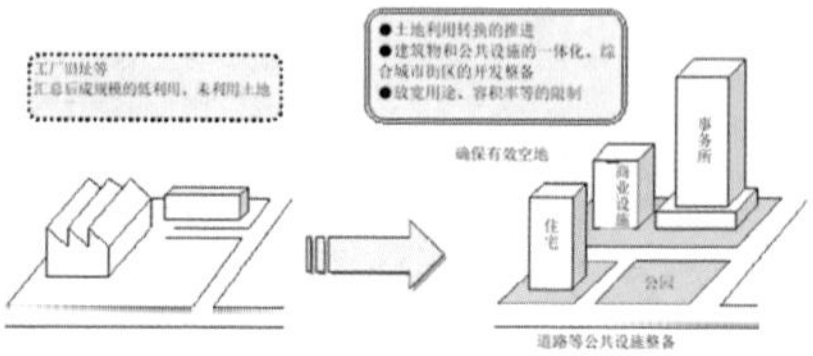

（d）再开发等促进区（1988年，《都市计划法》《建筑基准法》）

图 7-10　日本城市特别对策区法

　　规划通过把对社会公众的贡献转换为容积率奖励，并以此带动城市更新，引入更优异的城市功能，最终进一步激发城市活力。同时，通过制定并实施一系列以轨道交通、公共交通出行为中心的政策，减小容积率上升对城市和自然环境所造成的压力。

　　对于特定街区的建筑，不适用容积率、建筑密度、高度等限街区的建筑形式，可由城市规划单独确定。在安亭枢纽综合功能区内，根据对地区改善做出贡献的程度，项目容积率可以得到相应的提高。另外，在对相邻的多个街区进行精细化城市设计时，街区之间也可以进行容积率转移；高度利用地区是为了促进建成区内细分化的土地的整合、提高防灾性能、谋求合理且高效的土地利用而指定的地区（图 7-11）。

7.3.2　规划总控的工作机制

1）工作体系

　　传统模式下，对于枢纽所在地区的规划建设与管理更多是站在单层级、单主体的角度，其局限性主要可概括为三点：一是交通层级之间系统整合不够，如高铁、城际铁路、地铁之间；二是不同部门之间统筹衔接不足[5]，如轨道站点与城市功能、产业策划之间；三是政府代表的公共利益与市场开发主体利益之间的矛盾（图 7-12）。如果仅聚焦于自身权责范围之内，则整体

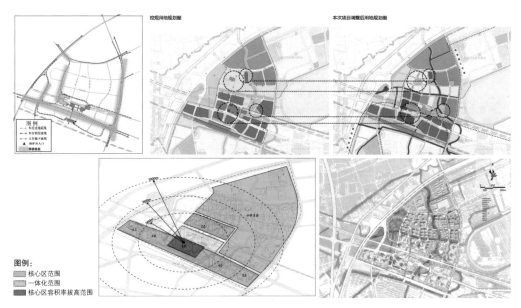

图 7-11 安亭枢纽综合功能区的规划对策

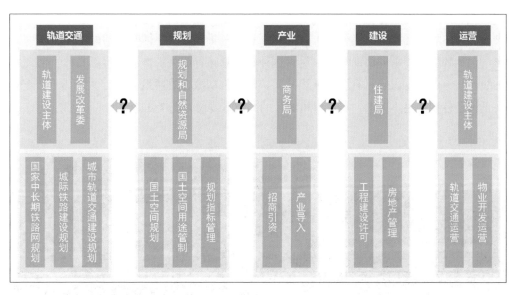

图 7-12 各部门条块化管理机制制约 TOD 站城融合

利益就难以实现。

规划总控从多层级、多主体协同治理的角度分析和解决问题，整体统筹高铁、城际铁路、地铁，紧密衔接站场与城市，实现公共利益与市场开发主体利益之间的平衡（图7-13），实现从多层级治理向协作式规划的转变。

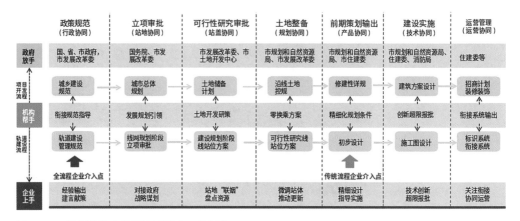

图7-13 规划总控全流程协同管理工作框架

2）组织架构

随着综合开发实践经验的不断积累，政府部门与交通建设主体对站城融合的重要意义已有深入理解（图7-14）。以安亭枢纽综合功能区为例，政府决策层对站场经济圈价值认可后，以"3+3模式"推动相关主体与部门的协作，包括政协多界别的协商议政。尽管这种转变意味着相关工作会变得更具挑战性，但各方意识到只有统一共识共同协作，推动综合效益最大化，才能真正满足各相关主体诉求，实现枢纽地区的高质量发展（图7-15）。

图7-14 政协多界别活动对"安亭枢纽综合发展"协商共议

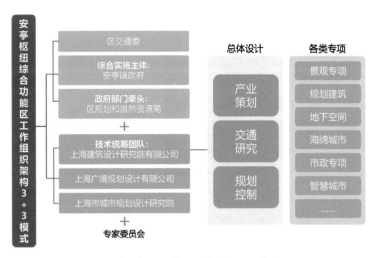

图 7-15　安亭枢纽综合功能区工作组织架构：3+3 模式

7.3.3　规划总控的核心理念

1）土地盘整，规划引领

安亭枢纽综合功能区以城市更新开发模式连接新旧城区。片区被运营中的京沪高速、沪宁铁路割裂，仅余 300m 宽的夹心地，交通非常孤立（图 7-16），且规划范围内已批已建、已批未建项目用地穿插。基于安亭西站、北站两站组合的特殊土地条件，规划总控提出两站之间夹心地一体化设计，"变夹心地为目的地"的整体定位。以规划总控模式为导向，实现两站周边区域良好衔接，南北两侧自由穿行。同时，依托虹桥国际开放枢纽与嘉定本身产业特色，以枢纽交通中心链接东、西片区，西片区聚焦文旅服务，东片区聚焦商旅服务，构建站城一体的目的地枢纽（图 7-17）。

（1）枢纽升级、预留接口

鉴于安亭枢纽在五大新城"一城一枢纽"的定位，以"进行适应性改造，满足高铁始发终到站客运需求"为原则，不对已有站房进行大的改变，总体协调三大交通升级策略（图 7-18）：第一，引入嘉青松金线并与宝嘉线贯通，向东串联嘉定东枢纽，向南串联青浦、松江、奉贤、南汇枢纽；第二，结合嘉青松金线预留京沪铁路接入条件，为远期利用沪宁铁路开行市域列车预留安亭枢纽接发车条件，形成嘉定北与安亭枢纽间快捷通道；第三，预留市区线 14 号线接入条件，串联汽车城，提高国铁与地铁换乘效率，实现车站的"有机"发展，与城市不断融合。

图 7-16 从夹心地到城市目的地

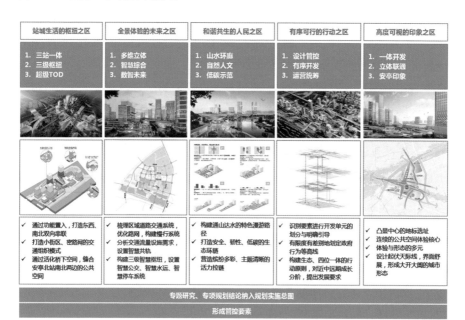

图 7-17 关注事项和专项规划要点

引入嘉青松金线

向东串联嘉定东枢纽,向南连接青浦、松江、奉贤、南汇枢纽。

依托局域线

形成嘉定北与安亭枢纽间快捷通道。

延伸 14 号线

预留市区线接入条件,连接汽车城。

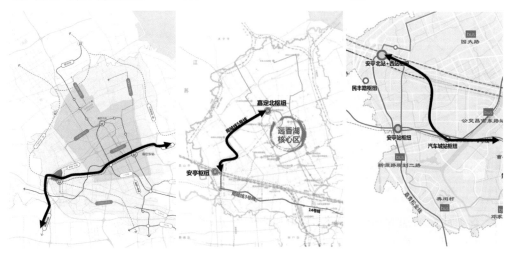

图 7-18 区域交通的融合

（2）十字轴带、高差织补

安亭西站与安亭北站形成"双站"布局,需要解决旅客便捷出行及车站周边综合开发带来的交通交织问题。区域规划布局上,以十字轴结构为空间主体框架,通过采用低线公园、安亭西站扩建等手法,将被站场"割裂"的城市空间"织补"起来,实现城市空间的连续。

安亭西站作为地面线路,南边紧邻城市建成区。由于铁路沿线没有足够的通道预留,基地与南侧割裂严重。扩建采用"立体红线"措施,线上加盖,在红线立体空间内整合,提高核心区的可达性（图 7-19）。安亭北站高架桥

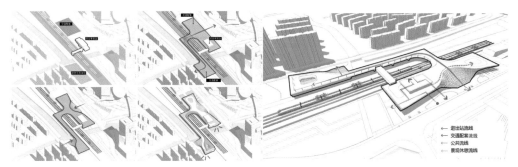

图 7-19 安亭西站线上加盖

下的线性公园为桥下空间注入活力，消除消极的城市界面，结合地形集聚多种功能，形成广域的慢行网络系统（图 7-20）。

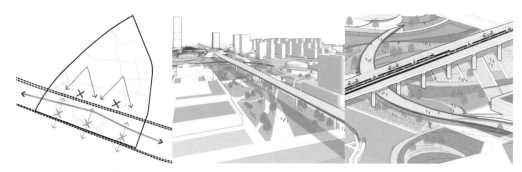

图 7-20 安亭北站线下城市公园

2）协调"重大机遇"与"实际动能"

（1）站域与经济圈的能级适配

安亭枢纽综合功能区除作为城市门户之外，还必须承担多重角色：作为沪宁发展轴战略高地，是实现长三角都市圈苏沪交通一体化的桥头堡；作为上海西向拓展带引领前哨，是上海西北翼门户综合交通枢纽；作为嘉定综合功能融合城市先导，是锚定嘉定区双轴发展带上的关键棋眼。在圈层定义上，分为 3 个层级（图 7-21）：铁路枢纽—站城综合体、轨道区域—城市区域开发、枢纽经济圈—都市圈中心节点。

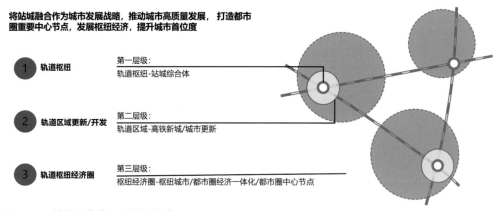

图 7-21 站城融合的三大圈层关系

（2）引导城市群发展的项目矩阵

安亭枢纽功能布局上联动城市轨道、机场等多种交通方式，推动四网融合，引导区域经济一体化，成为城市群重要节点。结合辐射城市产业优势与安亭枢纽的适配性，得出细分产业支撑。首先，可为太仓提供贸易、租赁、会展等相关服务业；其次，闵行区联动、错位发展，形成角色互补、优势错位的合作关系；进一步配合国际贸易协同功能，承接高端人才外溢需求。同时，承接功能性、专业化细分平台，支持临空经济拓展协同（图 7–22）。

	嘉定	昆山	太仓	闵行	长宁
① 汽车产业	■ 汽车产业 ■ 汽车零部件				
② 战略性新兴产业	■ 高性能医疗设备及精准医疗 ■ 集成电路及物联网 ■ 新能源汽车及汽车智能化 ■ 智能制造及机器人	■ 高新技术产业 ■ 战略性新兴产业		■ 新能源 ■ 高端装备 ■ 生物医药 ■ 新一代信息技术 ■ 新材料 ■ 新能源汽车 ■ 节能环保	■ 航空服务业 ■ 互联网+生活性服务业 ■ 时尚创意产业
③ IT产业集群		■ 1个千亿级IT产业集群（通信设备、计算机及其他电子设备）			
④ 高端制造业		■ 12个百亿级产业集群 通用设备、专用设备、汽车、橡胶和塑料、电器机械和器材、造纸和纸、金属、化学原料和化学制品、仪器仪表、非金属矿物、有色金属、铁路、船舶、航空行天和其他运输设备		■ 通信设备、计算机及其他电子设备制造业 ■ 通用设备制造业 ■ 电气机械及器材制造业 ■ 化学原料及化学制品制造业	
⑤ 基础制造业			■ 纱、布、服装、家具、机制纸及纸板、初级形态塑料、化学药品原药、化学纤维、塑料制品、水泥、钢材、金属集装箱、摩托车整车、两轮脚踏自行车、电动自行车、电动机、家用电热取暖器具、电子组件、工业自动调节仪表与控制系统	■ 糖果、乳制品、碳酸型饮料、服装、橡胶轮胎外胎、塑料制品、汽车、发电设备、电力电缆、印刷电路板、火力发电量	
⑥ 科技事业	■ 高新技术企业 ■ 上海智能型新能源汽车功能型平台 ■ 创新创业大赛	■ 有效高企数达2014家 ■ 省工程技术研究中心17家 ■ 省院士工作站2家 ■ 苏州市重点实验室2家 ■ 苏州市级工程技术研究中心56家		■ 累计完成5G基站建设3310座 ■ 工业制造、交通物流等领域的5G+创新应用项目25个	
⑦ 批发与零售业	■ 汽车产业 ■ 龙头电商	■ 社会消费品 ■ 批发零售业 ■ 住宿餐饮业	■ 社会消费品 ■ 批发零售业 ■ 住宿餐饮业	■ 社会消费品 ■ 批发零售业 ■ 住宿餐饮业	■ 社会消费品 ■ 批发和零售业 ■ 电子商务交易平台
⑧ 现代服务业		■ 软件和信息技术服务业 ■ 互联网和相关服务业			■ 信息服务业 ■ 专业服务业 ■ 航空及物流业 ■ 现代商贸业 ■ 会展旅游业 ■ 社会服务业 ■ 金融服务业
⑨ 金融业	■ 大数据产融平台 ■ 股权托管交易及新三板挂牌企业	■ 银行机构 ■ 证券公司、保险机构 ■ 人民币跨境双向借款业务试点			■ 金融业
⑩ 对外经济	■ 利用外资 ■ 外贸进出口	■ 国家进口贸易促进创新示范区 ■ 第八次部省际联席会议 ■ 全国首家具有两岸特色的金融改革试验区	■ 利用外资 ■ 实现服务外包接包 ■ 离岸服务外包	■ 虹桥商务区 ■ 跨国公司地区总部 ■ 独立的外资研发机构 ■ 外资公司内部研发中心	■ 中国国际进口博览会 ■ 外商直接投资项目 ■ 货物贸易进出口

图 7–22　区域一体化视角下安亭枢纽功能区的机遇矩阵

3）融合“红线之内”与“红线之外”

（1）集约用地、分层确权

两站之间用地进深仅有 300m，如何减少因枢纽站建设带来的新的交通压力，如何充分利用土地，与既有交通设施高效衔接，在有限的空间内构建高效便捷的换乘体系，实现高铁、地铁、公交、出租、小汽车的高效换乘；如何使得土地充分利用，是规划思考的重点、难点。经过多轮方案比较，最终确定采用交通换乘一体化设计思路，通过综合利用立体化空间格局，最终实现与城市交通体系的一体化整合（图 7–23）。

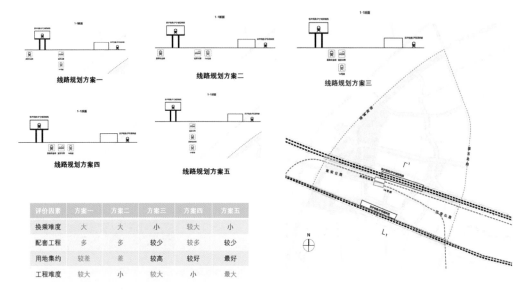

图7-23 多线并行下的集约用地方案论证

（2）立体红线、城市之核

站城融合是从规划到实践、从自然环境到人工环境的全过程融合和全方位融合。安亭枢纽站前区域创新性提出：采用环岛打造集交通、商业、换乘、下沉广场为一体的综合节点，将地面交通、PRT站台、高铁到发、地下商业、地铁14号线与市域线站点等进行有机结合。设计采取了地上空间与地下空间整合设计，通过置入环岛、空中廊道与下沉广场将PRT系统、高铁出入站体系与地下商业连廊结合，构建了穿插渗透的地上地下一体化空间。宝安公路在站前局部下穿处理，将一部分过境车辆分流，减轻了环岛交通压力，在实现慢行化的同时，发挥最大化公共空间效益及商业效益（图7-24）。

7.4 结语

多方实践证明，对于用地和空间复杂、利益主体多元的站城地区，若不加以总体管控，各方在开发时以自身效益最大化为导向，将致使开发结构失效。因此，如何平衡"高效换乘"与"开发价值"，是枢纽地区站城融合总控模式运用的重要考量。聚焦上海5个新城"一城一枢纽"规划建设前沿，

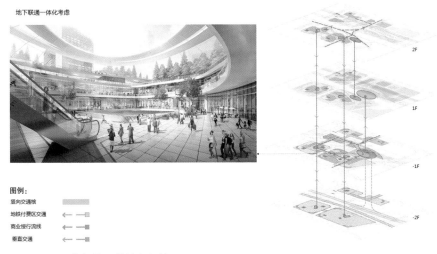

地下联通一体化考虑

图例：
竖向交通核
地铁付费区交通
商业慢行流线
垂直交通

2F
1F
-1F
-2F

图 7-24 立体红线下的城市之核

以安亭枢纽综合功能区为代表的枢纽周边开发，已经率先从"服务开发型"规划模式转变为"协同总控型"模式，其工作要点主要体现为：

一是引入竖向复合、自下而上等手段，促进线网规划与政府土地储备、企业土地资源的融合，为站城融合的实施预留出更好的土地开发条件，为站场经济圈建设打好前期基础。

二是多专业联合同步，从城市规划、交通组织、商业策划、设计创新、经济评估 5 个范畴的细分要素，进行立体都市层级的系统分析及建筑综合体深度的精细设计，以实现站城空间的耦合发展。

三是设定分层深化路径，以可视化的多情景设计协助多主体进行沟通，并就设计达成利益共识，支撑投资分析和地块规划条件的生成。

指导新时代站城融合协同发展实践的理论研究尚需进一步研究探索。随着国家逐步从高速度发展转向高质量发展，期待未来可以给予枢纽地区全过程周期更宽裕的时间、空间，以实现更好的建设实施成效。

参考文献

［1］ 李晓江. 城市交通. 站城融合之思考与认识［EB/OL］.（2022-07-22）［2022-12-07］. https://mp.weixin.qq.com/s/wFClFxSo1KK0ffmw1kB4PA.

［2］ 郑健，李晓江. 程泰宁. 中国"站城融合发展论坛论文集"［C］. 北京：中国建筑工业出版社，2021.

［3］ 以轨道站为核心的立体化公共空间体系研究技术资料. 江苏省建设科技项目
（JS2008JH13）［P］. 2010.

［4］ 王婷. 他山之石｜日本的城市更新和站城融合：制度篇［EB/OL］.（2022-07-15）
［2022-12-07］. https://mp.weixin.qq.com/s/8wr7nZZNbU69slDUsxuKKA.

［5］ 刘雨菡，鲍梓婷，田文豪. TOD 站城融合发展路径与广州实践：多层级空间治理与
协作式规划设计［J］. 规划师，2022（2）: 5-15.

8 | 面向区域统筹的历史风貌区规划实施

　　历史风貌区*的保护与更新已成为提高城市发展质量、增强城市文化软实力的重要抓手。上海作为我国第二批历史文化名城，底蕴深厚的同时，也面临历史风貌保护与城市建设如何相融的问题。传统应对增量建设的控规管理，与单一主体主导的开发更新已表现出较大不适应性，由于土地权属分散，土地再开发的收益需要兼顾各方，历史建筑和城市风貌评估、业态运营组织等技术工作专业度、复杂度高，导致传统控规和保护规划的可实施性较低。

　　由政府主导、引入市场合作，实施立足保护、面向区域统筹的综合更新是当下上海中心城区城市更新运行的主要机制，旨在强化政府统筹组织的作用，从规划审批程序、实施策略和技术手段的创新等方面，加强控规和项目实施建设的衔接和互动。

　　上海张园地区的保护性综合开发，是实施机制创新中的代表性实践。项目总体设计统筹了历史风貌保护、地上与地下空间综合开发、公共空间体系建设、现行技术法规创新等多个方面，在以保护为前提的设计理念下，实现了新与老的有机融合与区域统筹。

---

* 根据 2002 年出台及 2019 年 9 月修订的《上海市历史风貌区和优秀历史建筑保护条例》，历史风貌区是指上海市行政区域内的历史文化风貌区、风貌保护街坊、风貌保护道路、风貌保护河道。

8.1 上海中心城区城市更新的挑战

8.1.1 历史风貌保护体系建设历程

上海作为第二批国家历史文化名城，是全国最早通过城市立法确定风貌保护法定地位的城市之一。1991 年，上海市政府颁布了我国第一部有关近代建筑保护的地方性政府法令《上海市优秀近代建筑保护管理办法》。2002 年颁布《上海市历史文化风貌区和优秀历史建筑保护条例》，将立法的范围由单个建筑或建筑群扩展至历史文化风貌区，同时将优秀历史建筑的标准由原规定 1949 年以前扩展至建成使用 30 年以上的建筑。2003 年中心城 12 个历史文化风貌区与 2005 年浦东新区及郊区 32 片历史文化风貌区陆续批准确立。

上海市委市政府高度重视中心城区的历史风貌保护工作，2017 年提出在城市建设中，从"拆、改、留"转变为"留、改、拆"，以保护为主的城市有机更新方式，发布《关于在有机城市有机更新中促进历史风貌保护工作的若干意见及相关的实施细则》。2016—2018 年，在对中心城区 50 年以上的历史建筑进行普查的基础上，于 2016 年和 2017 年分两批次，在历史文化风貌区之外进一步划定 250 个风貌保护街坊，作为历史文化风貌区的重要扩充。

完善的保护法规体系建设，拓展了从单体保护到成片、成街坊的保护对象体系。同时，法定保护规划编制借鉴精细化城市设计的方法，按照分级分类的管控要求，对风貌区内每一幢建筑都进行甄别，并在保护规划中明确每一类建筑的规划管控要求。

8.1.2 旧区改造实践历程

1）旧区改造整体推进情况

在不同的历史时期，上海旧区改造的重点、方法有不同的侧重方面，大致经历了"旧住宅小区零星改造""365 危棚简屋改造"和"成片二级旧里以下房屋改造"3 个阶段。20 世纪 80 年代以来，以旧小区综合改造居多。20 世纪 80 年代后期，伴随土地制度试点的推进，中心区居住条件差、市政设施落后的危房、棚户、简屋、旧里等街坊或小区整体以批租形式出让，上海市政府于 2000 年宣布本市基本完成"365 危棚简屋改造"[1]。

2015 年，"十三五"规划明确，旧区改造目标是完成中心城区二级以下旧里房屋改造 240 万 m²，并将成片二级旧里以下房屋改造作为上海市旧区改造的重点[2]。

2）旧区改造范围内历史风貌保护情况

截至 2018 年底，上海中心城按计划有约 300 万 m² 成片二级以下旧里待改造，其中 80% 以上的旧区改造地块位于历史文化风貌区或风貌保护街坊内，风貌保护与城市更新发展的矛盾十分突出。2016 年，50 年以上历史建筑普查工作结果显示，中心城区 50 年以上历史建筑的建筑面积约为 2 559 万 m²，其中里弄房屋建筑面积约 813 万 m²，而需要保留保护的约 730 万 m²[3]。为加强历史风貌抢救性保护工作，市规划和自然资源局于 2016 年、2017 年申报上海市第一、第二批风貌保护街坊，其中近 200 片里弄住宅街坊被纳入法定保护范围。

中西合璧的建筑风格和石库门里弄肌理，已成为城市独特的文化基因，是打造"卓越全球城市"的宝贵财富。但随着上海城市的快速发展和生活品质的不断提高，曾经作为中心城主要居住空间的里弄已无法满足当今的居住需求。

8.1.3　城市更新中控规实施面临的挑战

位于历史风貌区的更新项目面临实施机制和实施技术的双重挑战。机制方面，由于保护要求高，开发成本高，建设周期长，加上缺乏必要的财税、产权交易、融资等配套支持政策，各方参与主体的权责利界面亟待明晰。在规划实施技术方面，控规编制批复后时间较长，常规土地指标管控机制有局限性，亟须从规划审批程序、实施策略和技术手段方面，加强控规和项目实施建设的衔接和互动。

1）实施机制和实施主体

位于城市中心历史风貌区的更新项目，涉及多方的不同目标诉求，相关主体可归纳为各级政府部门、市场企业、当地居民、设计及施工单位与社会组织等，其中政府部门和市场企业是此类项目的核心实施主体。

政府部门是更新项目的主要发起者，其机制设计和政策执行能力决定了更新项目的综合效益。政府部门在项目中承担了"公共利益"与"经济人"的双重角色，一方面希望通过改造物质空间环境，实现改善居民生活、提升风貌形象的社会目标；另一方面期望通过改造盘活土地资产，增加地区税收。在规划实施中，政府部门主要履行行政管理主体责任，负责项目实施的组织协调与行政审批。

市场企业是更新项目的主要执行者，包括投入资金、策划项目、研究方案、具体实施和后续运营，获得的收益主要是经济收益、企业价值等。市场企业通过对政府招标文件的响应获得项目经营权，通过对项目进行投资、建设投入换取项目后续运营的经济收益，以投入产出差额获得一定经济利益。

上海中心城历史成因下复杂的建成现状与分散产权，加大项目实施难度，以里弄为代表的较为狭小的历史房屋空间肌理，也对企业建设、运营使用造成了困难。对于承担投资的市场企业来说，其核心诉求是盈利空间，其与政府之间的关注焦点通常为规则性冲突，在规划阶段具体表现为控规开发规则与土地出让条件的理解与执行。

2）保护更新模式和技术法规

（1）实施需求难以在控规阶段完全预设

由于传统控规为土地出让前的预设条件，控规编制时市场实施主体尚不明确，对功能业态、运营模式等具体需求并未确定，控规较难对上述需求进行设计转化。部分技术要求如巷弄宽度、街道界面、保护保留与新建建筑高度尚未达到相应工作深度，无法在空间设计图上精准体现，由此生成的控规阶段三维建筑管控外轮廓，不能匹配实施主体需求和技术深化的要求。

（2）项目实施过程中历史风貌评估专业度高、变化多

历史风貌评估，通常由单体建筑甄别和街区风貌评估构成[4]，在城市更新项目中占相当大的工作比重，专业度和复杂性较高，风貌评估过程中部分难以预见的变化影响设计方案无法按控规予以落实。归结起来主要有保护保留建筑信息补充勘误、产权信息变更、相邻地块协商意愿等。持续性、渐进式的项目实施使上述信息无法精准，需要实时调整。

（3）现有技术标准无法满足专项审批落地需求

上海目前的消防、交通、绿化等相关技术标准为针对新建项目制定，在历史风貌区多栋小体量建筑成组连片布置情况下，相邻建筑物之间的间距、道路及街巷宽度等如果按照新建标准执行，会对风貌保护形成巨大挑战，涉及多个专项领域规范的突破和创新要求。例如，消防方面对风貌保护旧改项目内建筑间距、消防登高场、灭火救援设施设置要求与设置方式，涉及总体消防设计相关内容的创新研究。

8.2　区域统筹机制和规划实施技术创新

8.2.1　区域统筹机制创新

1）以立法形式强化政府层面组织统筹作用

在上述背景下，有必要创新规划实施的思路和方法，走出一条旧区改造、风貌保护和城市功能更新有机结合、整体提升区域品质的新路。2021年8月，《上海市城市更新条例》（以下简称《条例》）正式审议通过，标志着上海市城市更新正式进入"立法时代"。《条例》的颁布使得上海的城市更新进程在原先的"1＋N"体系上有了纲领性文件，同时进一步完善细化城市更新工作流程、技术要求和相关政策，配套细则同步制定，内容涉及规划、土地、建管、权籍等各个方面，为上海城市更新实践的全面开展提供依据。

《条例》中提出"更新统筹主体"与"区域更新方案"，强化政府层面组织统筹作用。更新统筹主体是推动达成区域更新的市场主体，既有统筹功能又具有实施功能，需要根据上位的规划、计划，提出具体的实施规划方案，并且在过程中实现基于相关主体平台的初步磋商、协调，为具体更新工作提供依据和保障（图8-1）。区域更新方案是更新区域的纲领性框架，从控规的制定与调整到城市设计管控要素的制定，到最终实施方案的动态更新方案[5]。

《条例》中，相比于以往实施主体的概念，确定了"统筹主体"的新定位："更新区域内的城市更新活动，由更新统筹主体负责推动达成区域更新意愿、整合市场资源、编制区域更新方案以及统筹、推进更新项目的实施。市、区人民政府根据区域情况和更新需要，可以赋予更新统筹主体参与规划编制、实施土地前期准备、配合土地供应、统筹整体利益等职能。"

2）创新土地出让制度，聚焦公共要素提质

我国土地出让采用招拍挂制度，传统控规编制作为前置预设条件，与开发主体需求脱离。上海率先进行探索，从城市建设实际需求出发，增加开发主体协商和土地正式出让两环节之间的时间，通过优化土地出让中政府与市场企业的规则要素，形成具有上海特色的政府引导、市场运作、公众参与的城市更新模式。

政府从"多头管理"走向"协同治理"。统筹城市发展目标和公众意愿，

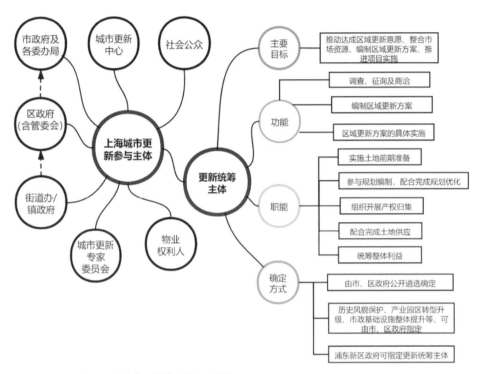

上海城市更新统筹主体的功能及职能

图8-1 上海城市更新统筹主体的功能及职能

设定统一的利益统筹规则，通过政策法规、整体规划、技术规范等管理机制[6]，协调、督促更新统筹主体进行公共要素配置完善，通过明确城市更新项目内部的公共要素类型、产权归属、建设规模和空间布局，增加地方政府的公共开发控制力。

企业从"单求盈利"走向"兼顾公益"。企业在关注"盈利"的同时，依据土地合约的要求，履行对地区公共环境、服务设施与周边民居建筑风貌提升等公共利益保障工作，以及处理实施过程中与相邻关系的在地居民间的矛盾冲突。

鉴于历史风貌区更新项目的复杂性，更加需要通过统筹主体充分发挥作用，进行片区范围识别、整体目标定位、更新内容识别、时序安排统筹、资金路径统筹等。依托专业技术团队，通过高质量的整体规划引领，整合建筑、景观、生态、交通、市政、商务、运营等领域专业团队，对一、二级实施方案进行核对、指导。

8.2.2　规划实施的技术程序创新

以上海院参与的 2020—2022 年黄浦区与虹口区政企合作的山寿里、乔家路、新闸路等旧改实践为例，通过形成总控平台（可结合规划实施平台），合并规划管理条线的编制创新，从规划总控角度创新技术体系。通过政府主体引入市场团队，从历史风貌研究与建筑设计层面，明确城市更新的目标、指标和策略，对一级土地开发层面的城市更新进行有序引导，完善实施应对，并理顺法定规划的实施渠道。

在规划总控的第一阶段，先进行风貌甄别评估和城市设计，在城市风貌评估的基础上，形成针对逐栋的建筑风貌甄别。第二阶段，结合历史建筑的分类保护要求，提出规划实施方案，作为政府、统筹主体的平台企业、开发企业之间的技术约定。第三、第四阶段，在城市设计引导方案、规划实施方案、历史风貌甄别方案这 3 个成果的基础之上，编制控规调整和开发设计方案，每一个阶段都经过严谨的专家论证程序（图 8-2）。

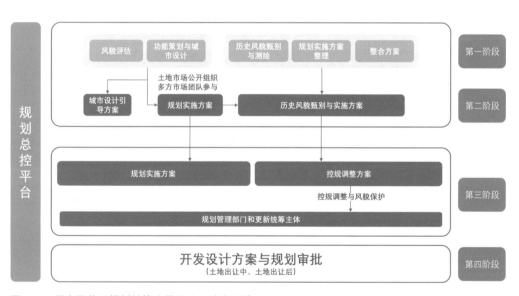

图 8-2　历史风貌区规划总控流程图（土地出让前）

1）规划设计条件阶段（土地出让前）

本阶段为规划设计条件提供依据，总控团队开展历史风貌甄别与城市设计方案研究，明确公共性、基础性要素规划底线要求，同时也作为控规调整的依据。对于历史风貌片区更新来说，历史建筑风貌评估贯穿各个阶段。本阶段的建筑甄别在原风貌评估法定文件的基础上，综合考虑地块肌理、街巷界面历史建筑、公共空间与景观绿化等因素，从多个维度对片区风貌与历史建筑进行评估，在建筑本体的层面对保留历史建筑进行逐栋甄别与测绘，采集基础信息，根据质量与价值的双重判定提出历史风貌建筑甄别结论。

2）规划实施方案阶段（土地出让前）

本阶段为规划实施方案阶段，区域统筹主体引入市场团队，通过功能策划和城市设计为片区控规编制提供市场依据。由规划设计条件以及上一阶段的历史风貌甄别成果和城市设计方案，结合市场开发的实际需求，以"重塑风貌、完善功能、提升价值"为目标，组织市场企业形成可实施、可落地的设计成果。主要目标是通过市场标杆企业的深度参与，平衡历史风貌片区的公益性与营利性寻求最优规划方案。

3）控规调整阶段（土地出让前）

本阶段的目标是落实管控要素和风貌保护要求，衔接土地出让工作。本阶段控规调整依据为整合方案，总控团队根据规划实施方案中对功能、规模、高度、地下空间开发强度等规划管控要素的综合考虑，并结合历史风貌要素的分类分级研究，最终形成兼顾风貌要求与城市空间形态的整合方案。

4）开发设计方案阶段（土地出让中、土地出让后）

本阶段的目标是在土地出让过程中，遴选优秀的规划设计与风貌保护设计方案以及市场开发企业，是对方案和企业的双选择。在前3个阶段的工作基础上，通过合法的土地获得程序落实地块开发实施主体，保证二级开发企业在"风貌保护"底线之内，进一步深化建筑设计方案，并通过保护专家委员会的认证后才能正式实施，促进规划和建设需求紧密对接。

8.3 案例：上海张园地区的保护性综合开发

8.3.1 项目概况和开发条件

1）总体定位和区位

张园是上海主城区内现存范围最大、保护最完整的石库门里弄建筑群，始建于1882年，在近140年的发展历程中，由公共活动场所向密集石库门住宅区转变。独特历史变迁使其形成小地块多种类石库门里弄建筑群，已然成为上海的石库门里弄博物馆（图8-3）。

图8-3 张园航拍图 *

张园综合开发项目位于南京西路商圈，是上海市静安区"十三五"期间"一轴一带"战略性城市节点。项目北邻吴江路商业街，西邻丰盛里商业街，东邻太古里商业中心，与梅陇镇广场、中信泰富广场、恒隆广场、静安寺商圈，共同构成南京西路高端商务商业聚集带（图8-4）。张园所在城市区域整体活化更新，将加强南京西路沿线的商业规模，使东侧商业区域更加完整，同时成为上海城区独具特色的商业区域。

2）项目功能分区和开发条件

项目总体规划包含5个地块，总用地面积4.6万 m^2。总建筑面积14.5万 m^2，其中地上建筑面积为6.3万 m^2，地下共3层，地下建筑面积8.2万 m^2（图8-5）。

作为城市中心历史风貌区更新项目，张园采用多地块区域整体开发。与徐汇西岸传媒港等以新建建筑为主的整体开发不同，张园项目面临更加复杂的开发条件。一方面，项目为地上地下多种功能混合，内部建设类型多样，保护保留建筑和街巷情况复杂（图8-6）。除历史建筑外，还包括新建建筑、旧建筑改造、地铁换乘空间、历史建筑下方的地下空间等，设置为商业办公、住宅、文化、地铁交通枢纽等不同功能（图8-7）。另一方面，张园地

---

* 来源：上海静安城市更新建设发展有限公司提供。

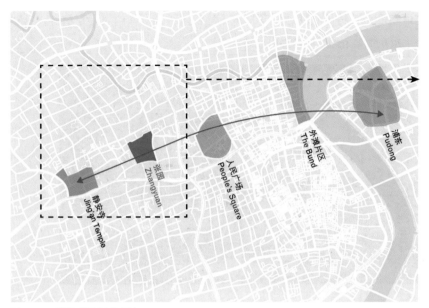

图 8-4 张园项目区位图*

图 8-5 总平面图

---

* 来源：戴卫奇普菲尔德建筑方案咨询（上海）有限公司提供。

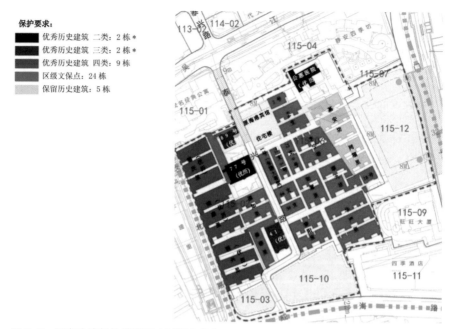

图 8-6 历史建筑保护类型图（过程文件）

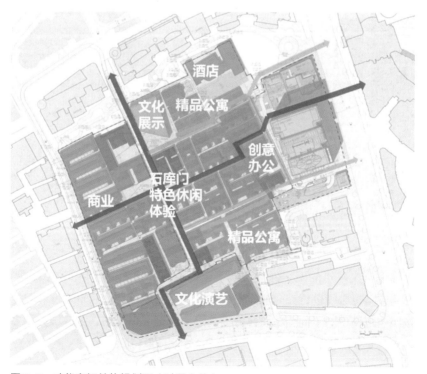

图 8-7 功能空间总体规划图（过程文件）

处城市中心区，周边建筑密度较高，道路空间相对局促，管线设施也相对有限，对规划条件向建设实施转换带来制约，工作组织需要考虑的问题更加多维。

8.3.2　总体设计工作组织

针对项目区域整体开发要求高、技术难度大的特点，张园项目采用"总体设计+多专项联合设计"工作组织架构，分期分区实施。

总体设计方面，由华建集团（上海建筑设计研究院有限公司及上海地下空间与工程设计研究院）作为张园项目的总体设计单位，通过总体统筹、历史保护、地下空间技术创新等方面来解决各项难点。

在城市空间整合、功能统筹的规划理念下，总体设计落实类型多样的历史建筑保护更新要求、整合公共功能和商业运营界面、解决地下空间实施难题、协调众多设计参与方和众多管理条线。在各分地块设计前，提出统一要求，制定工作计划和内容；各分地块设计中，通过图纸拼合进行校验和协调；最终，汇总形成完整系统的设计成果（图8-8）。

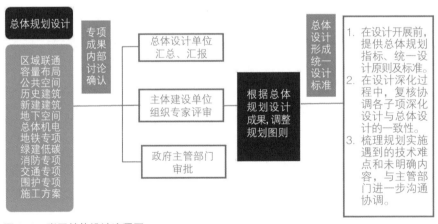

图8-8　张园总体设计流程图

为确保历史建筑的安全保护、地下交通换乘和地上商业功能的衔接匹配，总体方案也必须进行充分的技术论证，确保实施可靠性和落地性。因此项目按照建筑类型的不同，在总体方案确定的情况下，分期、分区域分设多个专项，由专业的设计公司承担分项，由总体设计单位承担统筹（图8-9）。

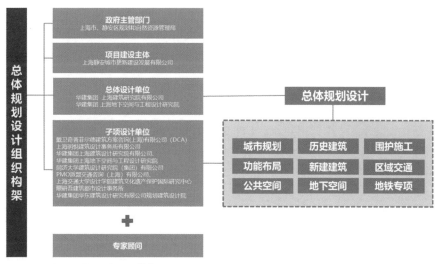

图 8-9 张园总体设计组织构架图

8.3.3 总体设计策略

1）依托控规调整程序，以总体设计推进整体统筹

历史保护核心原则下的总体设计，与控规法定管理程序同步，可以对应为规划实施总控体系中的"规划总控"阶段。通过这一阶段的工作，梳理原控规因项目实施而需调整的内容，并对技术可行性进行充分论证，在方案深化过程中，同步综合解决功能、交通、市政、绿化和各类公共配套设施等空间规模、结构问题，通过符合法定管理程序的调整和协商过程，将总体设计原则落实在后续设计的要求中，提升项目的整体性（图 8-10）。

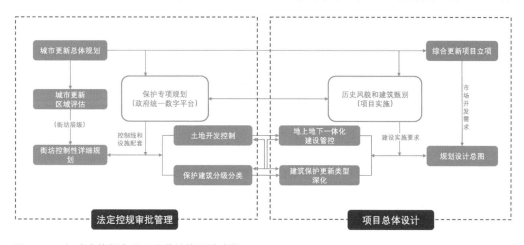

图 8-10 与法定控规审批同步的总体设计阶段

在张园项目中，总体设计核心工作，具体体现在建筑保护更新类型深化和地上地下空间一体化管控两个方面。

（1）建筑保护更新类型深化

在原控规基础上，对现存历史建筑进行进一步深化分类，包括 13 栋优秀历史建筑、24 栋区级文保点、5 栋保留历史建筑、1 栋一般历史建筑、4 栋新建建筑、2 栋保留建筑、1 栋复建历史建筑，也包括泰兴路以及东西向主要通道作为风貌保护道路街巷（图 8-11、图 8-12）。

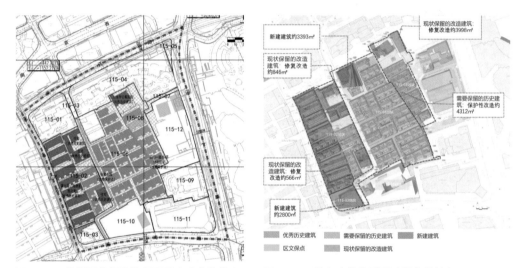

图 8-11　控规风貌保护控制图则（法定控规）　　图 8-12　地上建筑类型图（总体设计）

（2）地上地下空间一体化管控

项目北、西、东侧为城市轨道交通线，需设置地下通道和换乘大厅以实现三线换乘。通过充分的技术论证，总体设计为控规提供地下室的可建范围，为历史建筑下方建设地下空间提供基础条件。同时，由于项目被其他地块环绕，地下空间的出入，特别是地下车库的出入必须结合周边地块共同建设。设计也提供了相应的结建依据，并要求东侧地块地下室与张园地下室整体建设，设置地下车库连通道，实现区域地下空间整体联通（图 8-13 ~ 图 8-15）。

2）区域功能统筹布局，衔接历史保护和运营要求

未来张园将建设成为多功能复合的公共性城市片区，除了商业、办公、住宅等经营性功能外，文化及社区公共服务设施等公益性功能比例较高，约

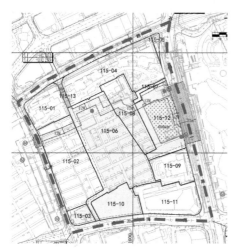

图 8-13　地下空间控制图则（法定控规）

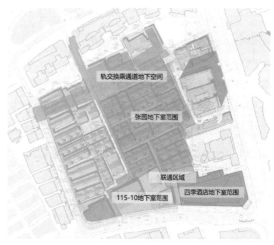

图 8-14　地下空间布局图（总体设计）

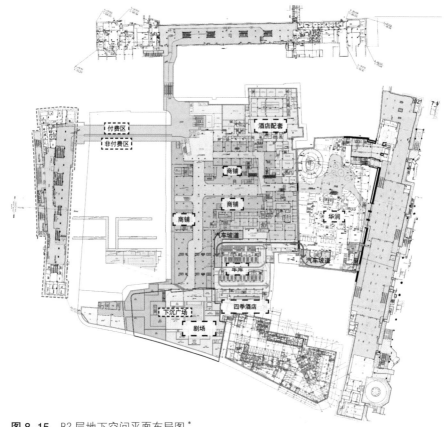

图 8-15　B2 层地下空间平面布局图 *

---

* 　来源：华建集团上海地下空间与工程设计研究院。

占 20%。基于区域整体开发的理念，在各单体设计之前，需以设计总图形式完成各地块的功能统筹布局方案，包括公益性功能和经营性功能两种类型。按照规划各地块功能的比例限值、统筹设置的控规允许范围，结合周边项目功能、商业动线规划、公共空间规划进行功能区域规划，并结合建筑面积的细致核算，平衡落实各项面积指标，遵从总体功能面积的整体方案，再进行单体建筑方案的设计。功能统筹方案同时也应纳入历史建筑保护和活化利用的相关结论，需要与历史建筑保护专项交互运行。

对于局部功能深化层面的地块规划，运营主体的介入和开发计划的明确，使得更精细化的设计统筹成为可能。结合这种情况，总图根据建设项目在开发进程中的实际需求进行动态调整，进行更为精细化的功能管控，以各建设地块"补丁"的形式对设计总图进行渐进式修订。当前，张园西区已面向公众开放，张园东区 115-06、115-08 地块已经进入方案审批阶段，115-03、115-10 地块仍在方案设计阶段。总图编制和项目开发进程相互咬合进行，使得总体设计始终可以动态满足城市发展的实际需求。

3）城市公共空间统筹，进行精细化设计管控

在区域统筹更新的新阶段，本项目特点是将居住、工作、文化、娱乐等多重功能聚集，将历史文化优势、地铁换乘等资源进行放大，针对性地构建具有活力的公共空间，落地先进的步行系统，将商业运营与城市客厅联系起来。项目现状作为老旧石库门居住区阻隔了南京西路至威海路、石门一路至茂名路商业空间的连续，自身也被高层住宅、办公楼围绕。项目原始标高低洼，比周边新建项目低 700~800mm，基地内部原定性为城市道路的泰兴路失去公共属性，整体区域闭塞局促且空间杂乱。

项目旨在提升整个城市区域的空间品质和商业活力，需要依托总体设计手段，实现与周边商业功能的联系、交通体系的联通及公共空间的连续。例如，为了改善地面竖向标高衔接，通过局部抬升，使地面标高与周边在建项目和城市道路协调取平并平缓过渡。另外，基于区域整合共享的理念，总体设计中落实了与周边在建、改建项目的地下室联通，借用联通项目车库出入口，解决了张园内部无法设置地下车库出入口坡道的难题。在这一系列与城市周边环境协调中，总体设计承担了总图拼合统筹对接的工作，最终落实了区域交通流线、片区竖向控制标高等设计成果，并完成与控规附加图则中管控要素的对应工作，成为控制公共空间生成、促进高效开发、保障城市品质的重要手段（图 8-16、图 8-17）。

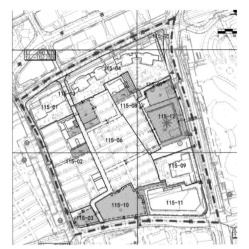

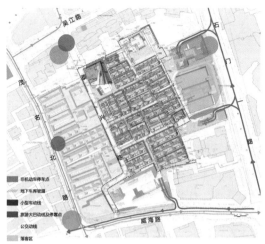

图 8-16 控制总图则（法定控规）   图 8-17 交通分析图（总体设计）

8.3.4 建筑保护更新专项

张园保护性综合开发，是上海首个以历史建筑保护为核心的中心城城市更新项目，凝聚了众多专家团队成果。项目内历史建筑种类众多，除了多栋历史建筑保护更新外，还有 0.54 万 m² 现状保留的改造建筑、0.62 万 m² 的新建建筑。如何整合类型各异的历史建筑和既有建筑，满足区域功能、公共空间的整体规划要求，需要在单体历史建筑保护方案制订前，制订建筑总体保护和更新方案。

1）整体保护原则下"一栋一议"

总体设计根据规划容量和布局的要求，结合周边项目功能及建设方运营策划需求，制定总体功能布局规划方案。历史建筑保护专项团队结合总体功能布局要求及规划风貌保护要求，针对性地提出张园项目历史建筑保护的总体原则。

历史建筑保护专项，首先通过风貌价值评估来判断保留更新的策略标准，坚持保留与新建相结合的有机模式，通过协调新老建筑、置换地块功能，在原有的控规上进行适应性调整。其次，对每栋建筑进行价值评估和现状调研，基于张园项目本身，提出"一栋一议"、分类分级的保护原则。不同等级的历史建筑，对不可改变的建筑部位进行了明确规定，包括建筑的周围环境、外立面、结构、空间格局、内部装饰、传统材料，传统工艺等。最后，基于历史建筑保护要求的复杂性多样性，对功能提出多元化、可变性的设置要求，结合不同等级的历史建筑保护要求，总体设计中的空间和功能方案也相应进行动态调整，以满足历史建筑保护性更新的要求，使总体设计方案与历史建筑保护方案双向契合。

2）采用结合地下空间开发的多样化施工方案

通过高效利用地下空间，加强轨交站点周边联通。依托站点周边道路的修整与地块连通，串接已有文物和历史建筑的便捷路线及周边地块，最大限度保留地上历史风貌肌理。张园在历史建筑原位保留保护的前提下，采用原位基础托换、建筑移位等低扰动、低影响技术，实现平方公里级历史建筑下方三层地下空间的开发利用，提供超过地面建筑面积的地下空间，新增400个停车位，缓解历史风貌区及周边停车难问题。同时拓展大量的商业与公共空间，实现密集中心城区土地节约开发利用。

张园历史建筑保护等级较高，同时街巷肌理需要严格保护。新建建筑穿插在历史建筑群中，历史建筑下方设置大面积地下室，同时原本低洼的场地抬高，这一系列的方案都需要通过施工方案的论证，以确保对历史建筑及街巷肌理的保护。在总体方案阶段，施工顾问提前介入，制订施工方案，论证总体布局方案中的可行性。采用原位托换、顶升、整体平移回迁等多项技术，结合逆作法施工方案，确保总体方案满足历史建筑保护要求。

3）构建立足保护的综合技术规则体系

石库门里弄尺度、格局和肌理与现行的技术规定有较大差异，要想保留原有空间格局、街巷尺度，亟待适用于石库门历史建筑保护利用的技术标准体系。本项目通过总体设计研究，进行编制实施性方案，研究风貌肌理、历史建筑、消防、交通、绿化、日照、地下空间的创新建议，提供历史风貌片区的技术标准，包括因历史建筑本体保护、风貌道路保护及其他风貌保护需要引起建筑退界、建筑间距、地下空间建设，以及城市道路步行化、地块机动车出入口灵活设置、与周边项目共用消防车道地、防火单元划分及防火分隔等方面，积极探索可行的实施路径。

为应对项目实施过程中的复杂情况，强化各技术服务团队在实施中的技术协调应对。规划单位通过驻场服务，随时了解现场问题与情况变化，形成规划、设计、实施协同的工作机制，避免传统设计模式下规划实施脱节、设计返工的情况。驻场规划师与规划管理部门、政府职能部门共同探讨解决规划落地问题，推进项目实施。区别于一般新建项目，设计师通过组织工作坊、开展入户咨询与上门讲解方案的方式，加强与相关及相邻产权人的意见沟通。作为首个以历史建筑保护为核心的历史风貌区的更新改造项目，受到了全社会及各级政府、主管部门的高度关注。总体设计按照规划方案审批的流程，进行了设计的审查和论证，从房屋的测绘、检测到历史建筑的保护方案、地铁方案、围护方案、新建方案等，都经过了上海市历史建筑保护事务中心、市区文旅局、市区规划局、市房管局、建委科技委、交通管理部门、地铁公司等主管部门的审查。不同部门的管理要求由总体设计单位汇总，形成统一的标准，细化落实在总体设计方案中。

8.4 结语

新发展时期的城市更新与以往模式相比，无论是更新理念、内涵与目标，还是更新方式、任务与机制，均发生了巨大且深刻的变化。目前国内关于历史风貌区保护利用的相关研究，主要围绕规划理念与价值方法，鲜有针对规划实施过程展开的研究与讨论。因此，如何解决复杂的城市中心建成环境下的规划实施问题，探索一条可实施、可复制、可推广的有效路径，在存量规划背景下具有现实意义。本章以 2020—2022 年黄浦区与虹口区政企合作的城市更新实践项目与法定规划的互动经验，以及张园保护性综合开发项目的总体设计为例，这些项目采取区域功能和公共空间统筹、历史建筑保护更新专项引领的总体工作方式，为法定控规和保护规划精准实施探索了新的思路，成为上海新时期城市更新工作的重要组成部分。

参考文献

［1］ 张松. 积极保护引领上海城市更新行动及其整体性机制探讨［J］. 同济大学学报（社会科学版），2021，32（6）：71–79.

［2］ 上观新闻. 上海旧改超额完成"十三五"目标，今年征收量相较去年继续大幅增长［EB/OL］.（2020–12–07）［2022–10–07］. https://www.jfdaily.com/news/detail?id=318797.

［3］ 看看新闻. 上海住建委：中心城区 730 万平米里弄将保留研究出台风貌开发权转移机制［EB/OL］.（2017–07–12）［2022–10–07］. https://www.kankanews.com/a/2017–07–12/0038068370.shtml.

［4］ 赵宝静，张灏. 上海旧区改造中的里弄风貌保护附加图则创新探讨［J］. 上海城市规划，2022（3）：94–100.

［5］ 上海人大. 上海市城市更新条例［EB/OL］.（2021–11–23）［2022–11–03］. http://www.shrd.gov.cn/n8347/n8407/n9186/u1ai240288.html.

［6］ 周俭，梁洁，陈飞. 历史保护区保护规划的实践研究——上海历史文化风貌区保护规划编制的探索［J］. 城市规划学刊，2007（4）：79–84.

9 | 面向整体转型的区域规划
总控策略

　　快速城市化进程中被忽略的城市中心区外围地区，是制约区域整体协调发展、矛盾较为突出的地区。对于土地资源严重短缺的城市，区域整体开发正在成为带动此类地区整体转型、整合多方资源、激活城市创新的重要手段。

　　增量时代自上而下的法定规划实施路径，将概念城市设计方案纳入法定控规后再进行指标分解，在实施中受到较大挑战，土地、规划和建设、运营管理过程各环节分散，总体机制亟待创新。集产业升级重任与公共目标落实、市场运营支持于一身的区域规划总控应运而生，不断在法规依据、管理制度、规划编制、技术优化等方面探索，从而使规划实施过程同时服务于更深层次的城市治理。本章以上海北虹桥幸福村片区为例，从全域策划、交通优化、土地整备和地块营建 4 个方面进行总控应用研究，探索和归纳该类地区的整体转型和规划总控策略。

9.1 整体转型地区的总体特征

整体转型地区地处城市建成区的外围地带，是城市可持续发展的薄弱地区，具有距离城市中心较近、易于延续城市空间脉络的特点，又拥有土地资源较为充裕、交通较为便捷的优势，随着城市的发展和中心区的扩散，成为城市扩张的首选区域。由于该类地区没有统一的利益主体，受到自身城乡二元结构的影响，在发展过程中逐渐失去有效规划管控。因发展速度过快和资源条件限制，发展无序、空间破碎、交通不畅、环境杂乱等问题，成为制约地区协同发展的短板，在城市更新、土地利用提质增效的城市发展新时期，有必要重新审视这类地区整体转型的要求[1]。

产业升级是此类地区发展的第一动力。以产业升级为主要目标，通过建立形式多样、使用灵活的产业空间发展模式，积极植入产业发展所需的各项功能（包括产业服务与人居功能），提供多样性的公共基础设施，开放各类公共空间，为城市生活带来了更多都市体验，同步提升城市服务的水平和质量。整体转型不仅是空间物理形态上的土地整备、拆旧建新，更涉及各方利益重构、政府职能转变和法治市场构建等多个方面的变化，在城市更新过程中逐步化解快速城市化过程遗留的土地问题、积极推动产业和人居社区包容性发展，这些使得区域层面的城市更新成为推动社会发展的重要平台。

相较于集中统一开发的新建地区，整体转型地区在规划实施阶段面临更复杂的技术条件，从土地空间角度，突出表现在土地整备、外部交通和环境接入方面。

一是土地权属分散，整备周期长。经历长期发展，片区内部土地和建筑空间权属分散，涉及主体呈现城乡二元化。从前期土地收储到后期建设实施，往往面临协商时间长、工作较为烦琐，多方利益统筹平衡的困难。

二是外部建成条件复杂，基础设施接入难度大。由于所在区域发展不平衡、不充分客观造成的空间割裂，在外围已建成区包围"发展洼地"的情况下，交通市政、生态网络接入面临限制条件更多，实施难度更大，规划方案体系与项目建设体系更需要集成一体。

例如上海嘉定区的北虹桥幸福村项目，地处规划虹桥主城片区北部拓展区（图9-1），现状为上海中心城外围的城中村，也有多个分散的小型工业园。涉及502户村民和100余家个体工业企业，最高峰时有多达2.5万外来人口。工业用地与原村镇中的宅基地呈交错碎片状分布，工业以高能耗、低产出的低端型加工制造业为主，并面临人口密集、违章搭建、安全隐患、污染物排放等问题（图 9-2）。

作为典型的中心城外围亟待整体转型地区，未来的幸福村片区将依托虹桥商务区向北辐射，进行"北虹桥"区域产业升级，政府层面明确以"科创中心核心承载区、专精特新研发总部集聚区、科技产业商贸服务高地"为定位（图 9-3）。高目标定位与高空间品质的要求，决定了本项目采用统一土地整备、统一开发、统一运营招商的全过程整体开发的必要性。

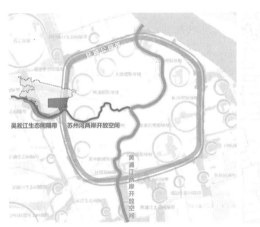

图 9-1 项目区位和虹桥主城区单元规划

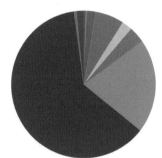

图 9-2 北虹桥项目土地利用现状图

图 9-3 北虹桥项目规划鸟瞰图

9.2 北虹桥片区区域规划总控的运行模式

9.2.1 政企合作模式

城市建设的快速发展，使得中心城区未建设用地成为实现公共政策类用地供给的稀缺资源。公共政策类用地即公共利益涉及的用地，包括绿地、水域、道路、市政交通设施用地、公共管理与公共服务设施用地等，落实或优化上位总规和控规中新增道路、拓宽现状道路、打通断头路、加密现状路网密度、增加公共服务和产业发展类用地，产业服务、科研、教育、医疗、文化体育等设施用地。转型地区的公共政策类用地在推动产业转型升级、补足城市公共配套、拉动基础设施建设、解决历史遗留问题等方面发挥着极为重要的作用[2]。

北虹桥项目由上海市和嘉定区政府共同牵头，国有平台企业上海地产有限公司为综合开发实施主体，建设审批采用上海建设项目规划实施平台的组织架构，运营采用政企联合招商机制，引进优质开发项目，结合专项策划保障项目落地实施。

政企合作的区域整体开发模式的优势如下：

1）强化城市功能发展主轴

中心城外围地区在政府引导下，由点带面强化推动城市功能结构不断优化完善。例如北虹桥项目地处苏州河北岸，其区位落在"大虹桥"发展的重点区域，规划为面向长三角，依托大虹桥，以先进生产性服务业为主导，以文化创意、生态休闲为特色的综合功能区[3]。受地形地貌制约、区域经济轴影响下，规划整体空间格局形成"三核联动、三廊串联、多组团驱动发展"的结构：搭载轨道交通13号线，形成金山江西路发展轴，建设总部商贸走廊；深化绿色生态理念，打造吴淞江生态文化走廊。

2）明确公共服务和基础设施供给要求

由于城市建设高速度发展，中心城外围地区，面临法定规划确定的公共服务和基础设施实施难的问题。通过区域整体开发进行土地整理，是解决上述公共设施历史欠账的有效途径，政企合作的机制设计有助于保障上述设施的供给品质和供给时序。

3）增添城市空间魅力，提升公共空间品质

除公园、广场等常规的开放空间外，城市街道、建筑场地也将变成城市生态、生产、生活理念的新舞台。区域整体开发打造的不仅是城市空间，也是产城融合的都市生活。城市魅力的增加，不仅来自更广泛意义上的地标，还来自生态、社会、人文环境改善过程中的城市感知，需要精准实施街道空间、产业社区和公共活动空间的品质要素。

4）落实公共利益捆绑责任

随着城市功能提升和相应政策优化，公共利益的内涵不断拓展，政企合作模式有助于落实法定规划未明确的公共建设标准，智慧城市、低碳城市、社区共享的产业设施、滨水公共空间等国家层面的先进示范标准，通过政府平台企业实施，厘清责任主体，有序实现引领更广大地区发展的标杆目标。

9.2.2 总控工作组织模式

区域整体开发下的规划总控是以法定规划为基础进行编制的，落实法定单元规划和控规确定的基础设施、道路、产业和公共服务等公共政策是基本要求。通过比上位法定规划更为深入的、从区域到地块层级的研究，结合市

场需求、土地运营和项目建设、产业招商策略，统筹解决单一指标分配式的法定规划中公共建设落实问题难点，明确基础建设和产品布局方案，引导公共利益和市场利益的合理分配。

从落实公共政策的角度出发，规划总控以单元规划、控规等法定规划为基础，又具有一定的区域统筹性和特色提升性，通过政府控规批复设计条件、综合约定的形式，保障公共设施和公共空间的实施体量和实施品质（图9-4）。

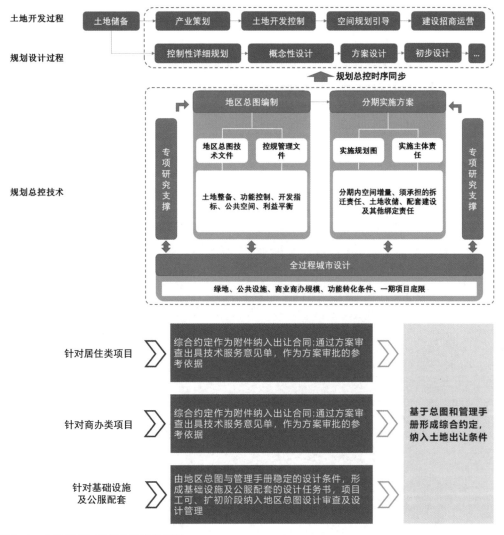

图9-4 北虹桥项目规划总控工作路径

北虹桥项目总用地 2.7km²，一期建设规模 108 万 m²，二期发展用地总建设规模约 70 万 m²，产业空间为商务办公和研发功能。上海院在规划总控阶段承担城市设计和空间规划专题研究的核心技术工作，目前已基本完成控规任务书审批，即将启动后续地区总图编制工作。

在规划总控阶段，项目在地区总图编制技术、土地整备分期实施方案、全过程城市设计和多专题研究支撑 4 个方面进行了重点探索，体现为以下总控工作技术要点：

1）地区总图编制技术优化

地区总图编制技术脱胎于传统的控规和法定图则，结合相关政策和实际需求，逐步演变成为契合城市更新发展需求、面向实施的规划编制技术体系与技术指引（见 4 规划实施总控的技术成果体系）。针对整体转型地区特点，通过制定强制性的控制要求，包括土地整备、功能控制、开发指标、公共空间及利益平衡等，维护公共利益，通过对各类开发建设空间管控来实现公共政策的空间化，以"地区总图技术文件 + 控规管理文件（如控规任务书、控规批复）"的基本形式，分别在精细化和简明化两个方向进行优化（图 9-5）。

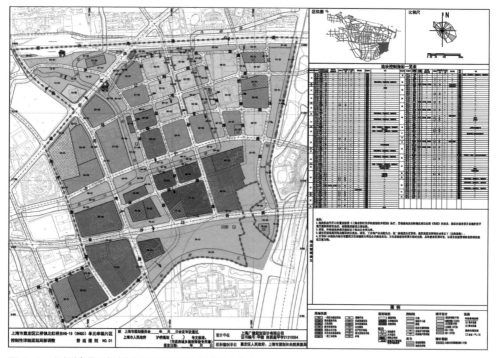

图 9-5 北虹桥项目规划地区总图初版（过程文件）

2）土地整备分期实施方案制定

规划总控阶段控规编制和土地整备同步协调进行，在土地整备过程中发现的问题和矛盾能够及时反馈到规划编订中，实现地区总图的实时更新。综合实施主体责任包括各分期内空间增量、土地收储、公共配套及其他绑定责任等，明确各分期的责权利划分。规划总控需分别绘制各期实施规划图，在最新有效的地形图上标绘各期对应的拆除用地、独立占地的公共服务设施用地及开发建设用地范围线，并附各期《地块控制指标一览表》《技术经济指标一览表》等（图9-6）。

图9-6　北虹桥项目规划土地整备分期实施方案（过程文件）

3）全过程地块层级城市设计

随着城市功能的变化，不断衍生出新的、更具公共性与开放度的服务职能，同时产业空间也会因为市场需要动态转化。北虹桥项目中商办研发占比较大，市场短期需求有限，以全过程城市设计为动态工具，根据地区空间增量规模、产业功能导向及相关政策要求进行三维空间测算，多方案验证，明确商业、商办规模上限，预留商办、商业与研发功能的转换弹性；结合设计各方协商过程中对地块产品的认识加深，精细化地落实地块层面的开发指标和建设标准。

4）问题清单导向下多专题研究支撑

专项规划或专题研究是应对城市更新复杂性、科学评估项目建设影响、确保规划实施合理性的重要支撑。北虹桥项目各项专题研究的设定，不断跟随阶段目标的变化而进行动态调整。前期规划总控阶段涉及的专题或专项研究内容包括产业发展研究、规划功能研究、开发容量及规模测算研究、道路交通研究、水系专题研究、公共服务设施研究、市政工程设施研究、机场周边降噪研究和经济测算专项研究等。

9.3 北虹桥片区区域总控策略

作为典型区域整体开发，北虹桥项目规划总控阶段的核心策略有 4 个方面：一是全域规划策划，通过前期产业、功能、土地价值匹配分析，奠定区域联合开发模式，明确后续建设总量和控规调整路径；二是综合交通体系规划，在遵从规划定位与空间结构的基础上，明确道路交通功能建设与地区开发的关系，针对地区对外交通不畅、空间割裂等核心问题提出可操作的解决方案，为规划分期实施的过渡方案提供路径；三是土地整备规划，以生态网络优先实施为切入点，综合考虑开发时序因素，构建规划功能板块，布局定位开发界面；四是区域统筹的地块营建，通过地块层级城市设计，落实与地块后续开发密切相关的开发指标、建设标准等关键性实施问题。

9.3.1 全域规划策划：提升区域综合价值

全域规划策划是将区域产业和功能落位于空间布局上的整体策划，以控规单元调整为切入点，通过扩大区域开发研究范围，在制度政策层面寻求更多突破和提升，提供政府决策的基础。

空间层面，扩大原"城中村"认定范围，由幸福村片区扩展到包括西北部的封浜片区，对两个规划单元进行同步土地运营测算，研究通过两个单元"区域联合开发"的形式，提高社会、经济平衡能力（图 9–7）。

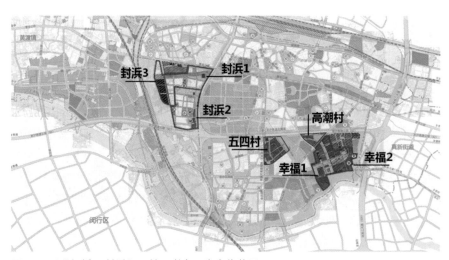

图 9–7 "北虹桥 – 封浜"双单元联合开发合作范围

　　相对单体开发周期较短和可控，区域多地联合开发开发周期会拉长，实际建设时间紧张，要求前期规划设计和规划审批、建筑设计和审批及施工图审批等步骤时间尽量压缩。因此，在前期阶段加强对区域开发的整体控制，减少规划设计反复修改和调整，更趋于建立完善的统筹和进度预警机制，全局考虑，减少不必要的重复（表 9-1）。

表 9-1　区域双单元联合开发模式下控规调整建议 *

规划单元	内容	存在问题	调整建议	调整路径	备注
封浜单元	规划结构，用地布局	远景导向，周边规划在编，区域发展不确定性	增加纵向结构，横向预留与区域对接口，用地根据地块属性和使用价值最大化优化布局	修编，整体调整，规模保持不变	
	交通网络	滨水西侧不明确东侧实施时序未知，对外联系受限	增加南北向道路联系，中间道路贯通，道路局部拓宽	局部调整，道路红线调整	如整体结构修编，可结合调整
	一期开发街坊	偏社区服务型商业，公交首末站等设施布局对主要出入口造成影响	商业用地临南侧道路布局，减少对南北道路影响，街坊内部地块边界调整，规模保持不变	局部调整	建议进行修规程度的方案研究
	市政设施	缺专项规划	编制专项规划		
北虹桥单元	一期站点周边用地	纯商务办公用地，站点周边综合性开发不足	依据整体产业项目策划，站点周边混合开发，调整用地性质，确定比例	局部调整	建议进行修规程度的方案研究
	留白区	功能业态，指标规模未明确	依据整体产业策划和项目设计，明确功能业态、规模空间布局	修编，整体调整	
	市政设施布局	与专项规划不符	以专项规划为依据，明确选址和规模	局部调整	

* 来源：上海建筑设计研究院有限公司《北虹桥和封浜新镇项目区域控规评估》，2018.11—2020.4。

规划充分解读区镇级总规、《上海市北虹桥地区 JDP0-1002、JDP0-1003 单元控规》等不同层面的上位规划，验证机场限高等规划刚性限制条件下的商办、住宅开发总量上限，对两个单元的开发时间（未来测算）、开发空间节奏（骨架结构和土地指标的分步释放）建立开发经济测算模型，统一进行时间、空间的结构性梳理，保证总体组织合理，确定封浜片区为国际化品质社区，以多层次住宅供给和生活配套设施为主，北虹桥片区重点吸引大型企业总部与研发中心，构建多元复合的产业空间，提升产业服务功能。

9.3.2 交通优化：有序衔接区域空间

中心城外围地区是中心城区对外联系的重要交通过境地区，通过区位优势吸引城市产业功能集聚，道路交通的功能性及服务水平是影响区域转型是否成功的重中之重。北虹桥项目位于虹桥国际交通枢纽以北 5km 空港功能拓展区，享有优越区位条件的同时，地区自身交通服务水平较低，铁路、高速路两侧空间割裂，断头路、丁字路口多，没有形成支路网络体系，区域主干路交通拥堵现象严重，影响地区产业空间未来发育。

项目规划总控工作以综合交通体系优化为纲，以促进地区空间衔接为导向开展以下工作。

1）疏通内外路网，缝补空间割裂

项目用地被北部京沪高速及东侧外环线快速路围绕，交通干线穿越不便，对外交通沟通不畅，与周边地区割裂严重。区域内现状道路网密度仅为 4km/km²，密度极低，与中心城规划路网密度差距很大。来往中心城的通勤压力均集中在金沙江路、临洮路几条主次干路上，与过境交通流重叠，交通拥堵现象严重。

经专题研究，将穿越性过境交通功能转移至区域西侧金运路方向，加强与东侧中心城区、南侧虹桥枢纽等周边区域之间的联系，提出规划路网密度 12km/km² 等总体服务水平优化的明确指标（图 9-8），纳入后续评审参照。

规划道路红线采用弹性、务实的管控策略，以打造开放式产业创新街区为理念，充分梳理和利用内部有条件的道路、保留地块和建筑等，建立服务于未来产业社区的体系完整的主次路、支路体系，提供 3 种基于开发条件底线的弹性深化方向：线型宽度不可调整、线型宽度可调整和对外接口不可调整以及线型不可调整、宽度可调整（图 9-8）。后续地区总图编制以此为指针，顺畅衔接既有控规体系（图 9-9）。

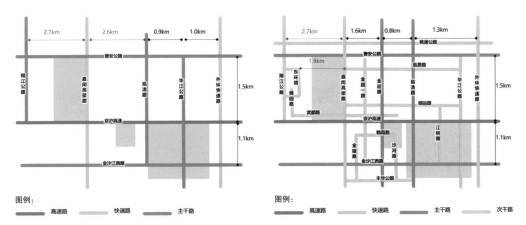

图 9-8 综合交通优化策略 *

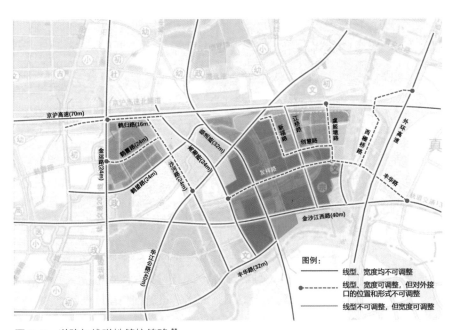

图 9-9 道路红线弹性管控策略 **

---

* 来源：上海广境规划设计有限公司《北虹桥对外交通提升专题研究》。

** 来源：上海地产北虹桥开发建设有限公司、上海广境规划设计有限公司《北虹桥城中村项目城市设计方案征集设计任务书》，2021 年 6 月。

规划选择跨越高架道路京沪高速、外环线的具体连接道路线位和节点，采用架空或下穿的方式，缝补被高速公路、快速路阻隔的空间，这些节点以问题清单形式，纳入场地竖向和路桥连接线工程专项研究（图 9-10）。

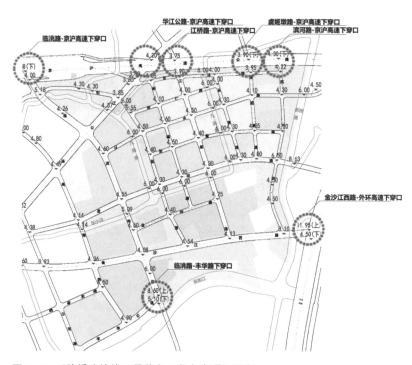

图 9-10 "路桥连接线工程节点＋竖向专项"研究

2）公交先行，优化慢行环境

由于项目商办和研发体量占比大，在高峰期间交通集聚现象明显。经交通专题研究，综合判断应以公交优先和依托 TOD 站点发展作为基本交通策略。饱和度测算显示，公交优先策略下外部高等级路网在高峰时段饱和度仍然达到 80% 左右（图 9-11）。因此，针对此类产业地区功能相对单一，且规模较大、用地性质偏于商办就业，应重视后续的精细管理和运营。

后续设计阶段将通过建立慢行友好的路网体系，提高地块可达性和街道空间品质。规划中建立以开放型社区为基础的社区道路体系，江桥路等城市干道在穿越园区核心的规划道路时，应与物业管理模式结合，采用特定的出入管理和停车限制供给模式，纳入土地开发阶段的综合技术约定。通过共享大型地块退界与滨水绿地的公共空间资源，构建网络化、连续性强的慢行系统，缝合区域内部各组团片区，形成城市道路与水绿廊道呼应的特色景观（图 9-12）。

图 9-11 公交优先策略下（高峰时段）交通饱和度示意图 *

图 9-12 滨水建筑和慢行空间尺度验证

9.3.3 土地整备：深化蓝绿系统实施论证

中心城外围地区在"城市边缘区"时期，通常被定位为绿化隔离功能，随着城市中心区的拓展，外围地区承载着促进地区功能升级、整体品质提升的使命，需要体现集约高效、绿色生态、智慧城市的宏观导向，将城市发展

---

* 来源：上海广境规划设计有限公司《北虹桥对外交通提升专题研究》。

新理念落实为土地有序开发的空间主张。

按照北虹桥项目的分期实施计划，项目至五年期实施期末将初显整体区域形象，完成道路、河道、绿地和必要市政工程建设，并逐步移交运营。这就要求规划总控在道路交通功能网络稳定后，应结合专项系统的土地综合整备，构建整体功能板块和开发框架。中心城外围地区由于土地权属分散、外部建成条件复杂，基础设施接入是难点。土地整备是一项系统性、专业性较强的工作，总控专项工作围绕电力、供水、排水、能源等基础性专项和风貌、低碳、慢行等提升性专项展开（图9-13）。

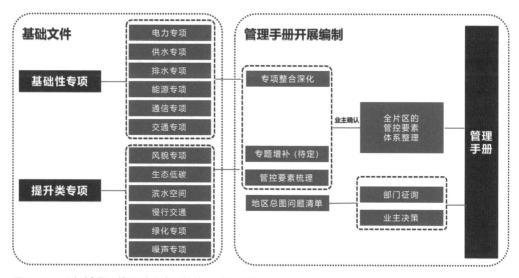

图 9-13 北虹桥项目管理手册成果结构（过程文件）

生态导向下构建可实施的蓝绿空间系统是土地整备的核心工作。一方面，上海所在的江南地区水网面积率、联通率是衡量城市生态建设水平的具体指标，土地整备分期实施范围划定，应充分考虑各期的水网完整性和环通性，提升蓄水能力，兼顾雨洪体系实施。另一方面，蓝绿系统作为低碳、慢行、风貌等提升性专项展开的空间载体，水系、道路、绿化"三网复合"。其复合利用水平将直接影响未来土地运营中出地效率、地块尺度、景观品质等，需要在前期规划阶段得到科学、缜密的论证和精细化设计。

1）成环成网，融入区域生态格局

项目范围紧密附着于"苏州河—环城公园带"城市级生态走廊上，是上海市主城区西向对外进行绿化渗透的主要空间。因此，总体生态格局上，结合外围吴淞江、申纪港等水系和内部九曲港，形成"内外双环"，通过绿地水系廊道强调外环生态功能和内环活力功能。外环保障与区域毗连的生态空间的连绵度，内环满足"畅、通、连、活"，做好与地块周边河道河口顺接，增强滨水生态绿地的公共活动功能。

规划总控经过水系专项研究，梳理现状河道骨架，构建以水绿基底"成环成网"状生态格局，明确河道水系的实施要点，以此确定总体城市设计任务书的核心边界条件（图9-14）。

骨干河道网络　　　　　公园绿地网络　　　　　开放空间体系

图9-14　项目在虹桥主城片区区域生态区位

2）景观基底优先，锚固开发品质

区域蓝绿空间以公共投资为先导，可以在项目先期划分出完整的产业组团和分期开发板块，易于后续分期实施。北虹桥项目中，由产业聚落形成的"多核心，组团式"的产业空间由网状生态空间紧紧包裹，形成从自然到人工的复合化生态系统。

区域整体开发将优先实施蓝绿空间，在滨水绿地中增加人性化的活力设施，打造多样化、与创意灵活工作及健康低碳生活相适应的慢行网络，提供可进入、可体验、可驻留、可参与的活动场所，强化地区优势资源的高效利用，实现公共活动与城市空间的高度匹配，提高企业入驻吸引力（图9-15）。

9.3.4　地块营建：锚固空间开发附加值

作为水绿特色鲜明的整体开发项目，考虑到后续地块实施也由政企合作运行统一招商，规划总控面临着使用何种管控方式来奠定项目"从区域到地块"的整体、连续的技术基调。规划总控中的"地块管控"逐渐由针对新建

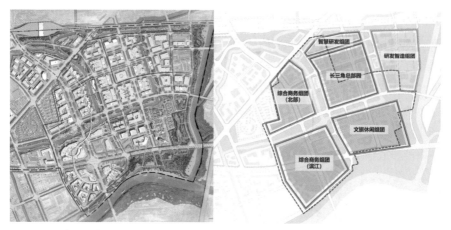

图 9–15 城市设计总平面和功能板块分区

地区的控规普适性"开发指标"通则，演变为契合存量区域发展需求可灵活推进的针对性"地块营建"规则。对于区域规划中的一些整体性愿景，在具体实施中可能遇到诸多变化，这需要在上层级的区域规划指引和下层次的地块营建之间，形成柔性的连接通道和传导途径。

北虹桥项目在机制保障上以综合约定作为附件纳入居住、商办和公共配套用地的土地出让合同，通过方案审查出具技术服务意见单，作为方案审批的参考依据，用以约束不同主体的建筑设计及开发行为。技术面采用全域统筹方式，构建各地块"开发指标"和"建设标准"的"统筹化 + 特色化"两个体系。

1）顶层设计引导下的绿地指标优化

以地块绿化率的建设指标为例，为满足区域总体建设规模和机场建筑限高的双重限制条件，"总体场地建筑低平，密度较高，各指标牵一发而动全身"是确定开发指标过程中最大的挑战。以研发组团为例，对应建筑类型单体较长。经区域统筹发现，绝大部分地块内建筑密度超过 50%，绿地率在 10% ~ 15%，而相关规范要求为外环线外商业商办类取值 20%[*]。而在水系、绿地、道路三网融合导向下的区域整体规划，"地块红线外"的公共绿地率达到可建设用地的 25%，公共水面率达到 7%，多达 15 个地块拥有至少一侧滨水、临绿的界面，其中 9 个地块拥有两侧的上述界面。地区总图针对上述

---

[*]《上海市绿化行政许可审核若干规定》（2018）。

外围生态条件较好的地块，将绿地率指标调整为 10%～15%，在区域层级实现总体生态服务效率优化，地块层级实现最优化的开发指标（图 9-16）。

图 9-16 区域土地使用结构和地块开发指标联动研究

2）开发建设标准定制化

规划片区位于虹桥枢纽北部 5km，特定的区位和外围交通条件也带来了机场噪声、G2 京沪高速噪声、机场限高等对后续地块开发、招商运营有直接影响的消极因素。规划总控不仅需锚固放大水绿核心资源要素，还要在有限的条件下弱化消极因素影响，故总控管理手册采用"提升性专项＋基础性专项"的成果结构，在交通、各市政专项等基础性专项之上，增加噪声专项、生态低碳专项、滨水空间和慢行系统、绿化景观专项等，整合建筑设计、规划、交通、造价、法律、施工组织策划等各方面的专业资源，协助业主方重新定义地块层面的建设标准，以总控研究结论性成果作为未来各地块项目建设、投资审批的依据。

以噪声专项为例，在区域空间结构规划层面，采用第五立面、半封闭慢行廊道、地下通道等消减飞机噪声的不利影响；在地块层面，从绿化、建筑、景观 3 个维度赋予"降噪空间"设计引导条文的法定性，对接"大虹桥"建设标准，包括多元屋顶形式、声光交互降噪点、航声展示绿景带等设施空间布局等。通过总控协调，可以将后续降噪设计与城市功能、照明专项等不同研究的侧重点相互协同、衔接，探索设施混合智能化设计，让北虹桥第五立面成为地处航道下方的独特风景线，可以为建设全时空感知的数字城市提供超越法定规划常规的创新内容支持。

9.4 结语

转型发展的关键时期，区域开发从关注城市中的"物"的建设，向关注城市中的"人"的生活舒适性和幸福感转变，区域开发规模变大，开发周期变长、开发难度变高。中心城外围地区在新兴产业导入和人居空间结构优化过程中，需要进行生态修复和区域性公共空间构建，规划总控体系可以包括相关的技术标准和土地开发规定，与法定控规一起构成了规划实施管理的依据。

规划总控可以通过"向上"和"向下"两个路径，形成整体贯通的实施路径。

一是推进规划实施沟通机制层级向上。引导公共投资对公共基础建设和土地运营直接发挥作用，上海院自2018年起进入北虹桥项目，从规划管理的法定依据，即从控规评估切入，进行全案规划和土地开发策划，由规划技术文件向战略性空间政策转变，实现了土地出让前相关规划指标的综合经济论证。

二是促进地块开发规则向下延续。规划前期阶段充分破解和掌握实施要素如"街道空间""降噪空间"等构建规则，借助全过程城市设计的成熟技术手段，科学编制诸如街道两侧建筑的裙房高度和退界、降噪设施高效积极的复合空间利用等设计引导内容，有助于后续顺畅延续到项目实体建设阶段。

参考文献

［1］邹兵. 存量发展模式的实践、成效与挑战——深圳城市更新实施的评估及延伸思考［J］. 城市规划, 2017, 41（1）: 89-94.
［2］林华. 城市更新规划管理与政策机制研究——以上海和深圳为例［C］// 持续发展理性规划——2017中国城市规划年会论文集（02城市更新）.［出版者不详］, 2017: 1164-1171.
［3］上海市自然资源局. 上海市虹桥主城片区单元规划［EB/OL］.（2022-02-16）［2022-7-10］. https://ghzyj.sh.gov.cn/ghjh/20200306/0032-960859.html.

10 │面向多主体共建的医学园区总体设计导则

　　医学园区作为多个医疗机构及运营主体的建筑集群，为城市提供高水准的医疗服务保障，由政府搭建平台、多主体、多种运营性质的医疗机构的共同建设是未来医学园区的重要实施机制。相对于单一医疗机构建设，医学园区作为一个复杂系统，需要构建与城市交通、功能流线组织、公共空间景观体系的良好关系，通过系统的协同规划设计策略，在项目建设全过程中逐步将前期概念设计的蓝图付诸实现。

　　大规模医学园区建设将多个医疗机构主体聚集，形成医疗产业联动，这是一种以医疗资源为核心的城市开发模式。上海新虹桥国际医学中心就是这一建设模式的典型案例。对案例的总体设计过程开展技术策略和导则传导机制的探讨，可以为推进未来的医学园区规划与建设、运营一体化，形成制度化的总控工作体系提供新理念、新思路。

10.1 医学园区的研究背景及发展趋势

我国医疗体制改革日臻完善，国家正在进行大健康的战略建设，包含对社区基础医疗保障设施、国家医学中心和国家区域医疗中心的建设。科学技术的发展助力医疗设施设备的更新迭代，智慧医院、现代物流等新技术推动医学园区的发展进步。随着人们生活水平的提高及可支配收入的提高，对高质量医疗及健康服务的需求也日益增加。从城市角度，医疗建筑与城市的关联程度更加密切，既是城市的民生工程和健康产业的重要支撑，更是作为城市功能的重要组成部分，其定位、规模、学科发展、建筑形象、功能组织等均呈现多元性和复杂性。

国外的医学园区发展已较为成熟，多元市场主体和投资格局下，园区前期定位、开发模式、规划设计及落实机制方面均有发展借鉴之处。例如，历经百余年变迁发展的位于美国休斯敦的得克萨斯医学中心（Texas Medical Center，TMC），从 1925 年发展至今，已聚集 50 多家国际水准医疗机构，每年吸引着全世界的患者前来就诊，带动区域经济年产值达 140 亿美元。TMC 1999 年拟定第一版"50 年 TMC 规划"草案，之后每 5 年进行发展规划的调整，目前已进入新科研街区 TMC3 的建设中。动态灵活的规划策略促进医学园区的有机生长，满足其内部机构自身发展的需求。在总体规划阶段，园区在片区层面就街道及可达性、交通接驳及停车、公共空间、基础设施、可持续、功能混合等多方面，进行专项规划引导。2020 年在 TMC 新科研街区 TMC3 的建筑设计导则编制中，就单地块建筑的退界、景观带、沿街商业区、建筑出入口、二层步行通道、建筑材质等进行了详细的图则编制，为 TMC3 的设计完成度奠定了坚实的基础。规划引导下循序渐进地发展重塑立体化医学园区城市公共空间，使 TMC 跃升为世界顶级的功能配套齐全、步行友好型的医学园区。

近 10 年来，我国兴起了床位规模 2 000～6 000 张的医学园区和医学中心规划和建设，如上海浦东国际医学中心、成都天府新区国际医学中心、长三角医学中心等。上海新虹桥国际医学中心是中国较早由政府公立医院与社会医疗多主体结合，通过总体设计和规划导则统筹项目建设运营的案例。经过 12 年的建设，园区已于 2021 年底投入正式运营，对未来医学园区的建设具有借鉴意义（图 10-1）。

图 10-1 新虹桥国际医学中心实景 *

10.2 新虹桥国际医学园区项目概况和开发模式

10.2.1 项目定位和开发模式

1）项目定位

上海新虹桥国际医学中心园区（以下简称"园区"）选址于虹桥主城片区重点开发区域虹桥前湾南部，距离虹桥机场 5.3km（图 10-2）。周边功能主要分布有重要商业、医药企业聚集区、高端居住区。项目规划用地面积约 42.38hm²，并在西侧规划预留远期拓展用地。

园区依托区位优势发展高端医疗与基础医疗相结合的服务模式成为上海医疗产业发展的突破口：以虹桥交通枢纽为依托，促进医疗服务辐射长三角；与虹桥商务区内会展、旅游、贸易等产业紧密融合，促进产业链的延伸。区域拥有宝贵的土地储备，为未来高端医疗的拓展和产业链的延伸预留了升级空间。园区定位为"探索医疗服务、医技保障、管理集成、产业延伸等四大体系的创新发展模式，吸引国内外优秀的高端医疗服务和运营机构及管理人才加入，共同打造立足上海、辐射长三角、服务全国的高端医疗服务集聚新平台"。[1]

2）项目开发模式

项目开发采用"新虹桥模式"：在"高端医疗与基础医疗相结合的服务模式"和"学科错位"的产业定位下，以打造特色明确、差异化服务的综合专科体系为路径，提倡社会办医与政府投资公立医院相结合，在学科布局、

---

* 来源：上海新虹桥国际医学中心建设发展有限公司。

图10-2 新虹桥国际医学中心城市区位

医疗服务和运营开发3个维度提出了具体目标，分阶段有重点地实行发展计划。学科布局方面，对标国际一流医疗机构通用建设标准，并为未来的产业链延伸预留接口和空间。医疗服务方面，服务配套设施需满足病人、家属及医学中心工作人员的多样化需求，保证研讨、会展、商业活动的顺利运行。运营开发方面，采用BOO和BOT模式*，引入专业设备承包商和服务供应商，管理运营影像中心、实验室、数据中心、物流中心等公共基础设施项目，形成适应多主体共建的医疗专业建筑集群。项目的开发模式、建设策划的系统目标决定了总体设计应发挥综合统筹作用。

---

* BOO（Building-Owning-Operation）即建设—拥有—经营，承包商根据政府赋予的特许权，建设并经营某项产业项目，但是并不将此项基础产业项目移交给公共部门。BOT（Build-Operate-Transfer）即建设—经营—转让，是私营企业参与基础设施建设，向社会提供公共服务的一种方式。

10.2.2 总体工作组织

1) 政府平台公司的主导作用

政府成立上海新虹桥国际医学中心建设发展有限公司（以下简称"新虹桥公司"），根据前期产业运营模式牵头园区各建设和运营主体。一方面以市场化运作引进公办医院和社会医疗机构，保证"中心"能够充分吸引社会各界优质资源；另一方面发挥整体协调作用，落实园区的整体开发建设。由政府牵头，协调规划部门、导则总体设计单位、各地块设计单位等多主体共同协作，实现园区资源更好地配置和共享，统筹园区的建设及施工。

2) 导则编制的总控作用

在政府和平台开发企业主导框架下，上海院牵头统筹编制《上海新虹桥国际医学中心入驻园区医疗机构建筑规划设计导则》（以下简称《导则》）（图10-3），美国 GS&P 建筑设计咨询（上海）有限公司、上海现代建筑设计（集团）现代规划建筑设计院、都市建筑设计院、市政工程设计院、上海

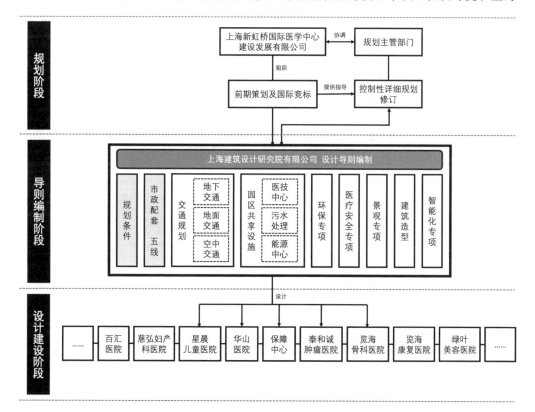

图 10-3 《上海新虹桥国际医学中心入驻园区医疗机构建筑规划设计导则》编制工作流架构图

市建筑科学研究院（集团）有限公司等专业技术单位参编各专项篇章，作为统筹园区整体开发的框架性指导文件。

《导则》的编制目的在于促进园区的规划建设，有效地贯彻《上海新虹桥国际医学中心控制性详细规划》的各项规划要求，增强园区与城市、园区建筑之间、建筑与公共空间的协调度，确保园区各个组成部分之间能够成为资源共享、优势互补的统一整体。

上海院基于上位规划，综合各专项设计导则的核心技术要点，就地块划分及经济技术指标、空间使用、交通空间、建筑外形、景观标识、配套设施（市政配套设施、园区配套设施）、环境保护、医疗安全等进行了详细研究，最终形成分地块设计导则（图 10-4），供后续入驻园区的医疗机构了解市政配套设施及园区服务设施规划情况，并指导其充分贯彻园区总体城市

图 10-4 导则编制目标和专题研究

设计理念。

　　《导则》编制后，规划部门根据前期国际竞标的核心理念及《导则》总体设计进行控规调整，并根据最终成果启动土地出让程序。各地块医院运营主体拿地后，组织各个设计单位在《导则》的框架下，进行各单体方案、扩初、施工图设计和各专项系统设计（图 10-5）。

　　《导则》的编制和全过程贯彻实施是医疗专项领域和城市设计、规划跨学科的超前尝试。在项目建设过程中，上海院还参与了星晨儿童医院、华山医院、医技中心、泰和诚肿瘤医院、览海骨科医院 5 个项目的单体设计工作，使《导则》在园区建设过程得以良好落实。

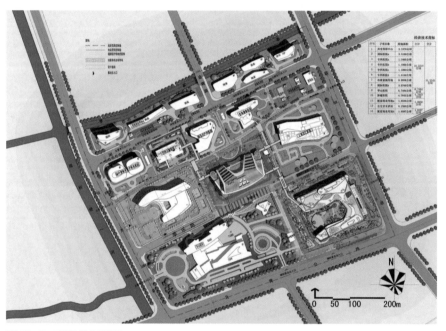

图 10-5　项目总平面图

10.3　总体设计策略

10.3.1　运营先行及产业聚集策略

　　项目发展策略基于公立和社会医院分期运营的基本构想开展（表 10-1），通过华山医院的前期综合医疗带动，多家高端专科医疗后期布局，形成基础综合医疗与高端专科医疗有机结合的、多层次的医疗服务体系。

表 10-1　导则编制依据性专项设计报告

序号	内容	编制单位
1	麦肯锡咨询报告	McKinsey & Company
2	上海新虹桥国际医学中心保障中心建筑设计资料	美国 GS & P 建筑设计咨询（上海）有限公司
3	上海新虹桥国际医学中心控规详细规划 03 街坊地块划分深化调整论证方案及相关图纸文件	上海现代建筑设计（集团）有限公司 现代规划建筑设计院有限公司
4	新虹桥国际医学中心总平面设计方案	上海现代建筑设计（集团）有限公司 现代都市建筑设计院
5	上海新虹桥国际医学中心园区市政配套工程方案研究（北侧地块）及相关图纸文件	上海现代建筑设计（集团）有限公司 现代市政工程设计院
6	上海新虹桥国际医学中心景观、夜景照明及标识概念规划设计导则	上海现代建筑设计（集团）有限公司 现代建筑装饰环境设计研究院有限公司
7	新虹桥国际医学中心低碳节能规划	上海市建筑科学研究院（集团）有限公司
8	上海新虹桥国际医学中心污染分析报告	上海市建筑科学研究院（集团）有限公司
9	上海新虹桥国际医学中心能源中心方案设计	申能（集团）有限公司
10	上海新虹桥国际医疗中心园区视频监控系统设计方案及相关资料	杭州创业软件股份有限公司
11	上海新虹桥国际医疗中心园区智能化系统初步设计方案	杭州创业软件股份有限公司
12	虹桥医学污水处理设施工艺图（评审）	上海富程环保工程有限公司
13	新虹桥医学中心分布式能源站工程可行性研究咨询报后及相关图纸文件	上海市节能减排中心
14	上海新虹桥国际医学中心园区市政配套工程方案研究（北侧地块）技术评审报告	上海新虹桥国际医学中心建设发展有限公司
15	上海新虹桥国际医学中心高中压配电网络规划（最终稿）及相关图纸资料	上海市电力公司市南供电公司
16	上海新虹桥国际医学中心供水系统专业规划及相关图纸资料	上海市水务（海洋）规划设计研究院

（续表）

序号	内容	编制单位
17	上海新虹桥国际医学中心雨、污排水专业规划及相关图纸资料	上海市水务（海洋）规划设计研究院
18	新虹桥国际医学中心规划路（纪潭路—联友路）市政管线综合规划报告（调整）及相关图纸资料	上海营邑城市规划设计有限公司
19	新虹桥国际医学中心道路管线综合规划会议纪要	上海营邑城市规划设计有限公司
20	新虹桥国际医学中心市政规划路新建工程、闵北路改建工程环境影响报告书及相关图纸资料	上海市环境科学研究院
21	规划路（纪潭路—联友路）交通流量预测	上海市城市综合交通规划研究所
22	上海新虹桥国际医学中心环境影响研究报告	上海市环境科学研究院
23	新虹桥国际医学中心燃气规划（最终稿）及相关图纸	上海燃气工程设计研究有限公司
24	新虹桥国际医学中心水系调整方案及相关图纸	上海市水务规划设计研究院
25	上海新虹桥国际医学中心信息基础设施专业规划及相关图纸	上海邮电设计咨询研究院有限公司

以脑科为优势的华山医院西院，是园区唯一一家公立医疗机构，起到项目发展引擎的作用。后续引入上海泰和诚肿瘤医院、百汇医院、星晨儿童医院、览海骨科医院等优质国内外民营资本专科医院入驻，其他专科医院在不同的学科领域形成差异化竞争优势。

在产业发展策略指导下，园区分两期开发建设。一期开发建设分 3 个阶段，第一阶段是建设医技共享功能区、市政设施功能区、肿瘤医院临床医学中心及东侧的国际医院；第二阶段为华山医院临床医学中心及专科医院；第三阶段为西侧国际医院、长期看护设施和商业设施。按照"一次规划、由南至北分期实施"的原则逐步完善园区的功能配套，保证整体运营过程在经济效益和市场分期构建的可持续性。远期利用园区周边以产业研发用地为主的预留用地，引入城市配套设施，完善高端医疗产业聚集区的功能需求，形成有厚度的产业积累、有规模的产业聚集（图 10–6）。

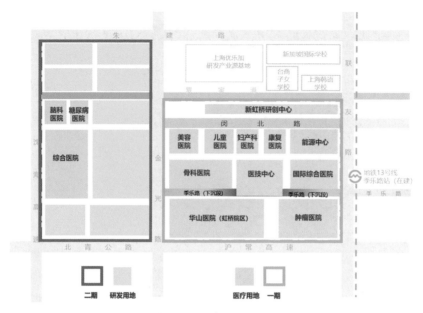

图 10-6 一体化功能组织及分期发展策略*

10.3.2 医疗集群交通组织策略

传统医院涉及复杂的流线系统，包含门诊流线、住院流线、清洁物流流线、污物流线等医疗服务流线等多套流线关系，同时有着封闭严格的洁污分区和院感控制要求。

园区多地块、多家医院的聚集建设，将不可避免地增加城市开放度和交通组织的复杂性：各家医院之间的医疗流线关系，以及物流和人流的共享流线关系需要系统性考虑，各医疗机构与医院共享医技设施之间的人行流线需要合理规划。内外综合交通组织是总体设计阶段的难点。

总体设计提出多维立体交通组织的设计策略：分层组织市政交通、园区内部物资供应、污物回收、病患医护及公共活动等流线，均采用立体交通组织策略。具体包括：首先在园区地面层，保证各地块与周边市政路均有主要出入口，且实现园区内通道联通所有地块（图 10-7）。其次在园区地下交通层，设计各地块在地面均有地下出入口，规划路地下通道北与医技中心，南与华山医院、肿瘤医院直接联通，园区地下大空间以医技中心为核心联通。再次，园区南北地块通过地下三层通道联通（图 10-8）。最后，空中层增加各地块的空中连廊，解决各地块内部功能的联系和功能共享问题。

---

* 来源：上海新虹桥国际医学中心建设发展有限公司。

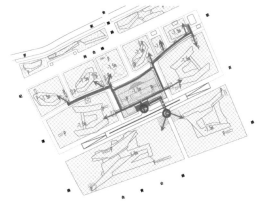

图 10-7　地面交通组织　　　　　　　　图 10-8　地下交通组织

10.3.3　多主体共建共享策略

多医疗机构的共建，打破了各机构医疗设施各自为政的壁垒，促进"多维共享"的园区整体医疗资源的优化配置。与此同时，医疗设施、设备的更新迭代，对医疗空间提出了新的要求。绿色低碳节能理念、智慧医疗、智慧服务、智慧管理，以及现代的物流运输系统等，都将加速医院的转型和变化。多个医疗主体共建模式下，园区在医技中心、后勤物流、能源供应、数字信息方面进行统一规划和资源共享。

1）医技中心共享

核医学设备、高尖端大型医技设备、体检中心等预约制管理的诊疗资源，将其设置在园区中部的医技中心。

2）后勤物流共享

集中设置中央消毒供应、检验病理、药库等后勤支持，通过现代化的物流系统（包括气动物流、箱式物流、自走车等）串联全区的各个医疗机构，提供园区内各家医疗机构日常运维的服务与支持。

3）能源供给共享

集中设置天然气能源中心和污水处理，来满足用户对热、电、冷负荷的需求，使得清洁能源和绿色建筑得到良好融合。

4）信息数字共享

园区统一提供信息化、数字化建设运营标准，为园区内不同使用部门、信息化建设部门及各大运营商提供足够的容量，避免重复建设。通过采用现代智能化集成管理技术，包括互联网络技术、自动化控制技术、数字化技术，采用先进适用、优化组合的成套技术体系，精心建设医疗中心信息化系统，建立安全可靠的数字化管理、医疗、服务环境。

10.3.4　城市公共景观策略

园区处于虹桥主城片区重点开发地区，开发环境复合，主、次出入口轴线和街道、滨水空间品质是总体设计控制的重点内容，需要平衡好城市公共性和各地块院感控制的封闭性需要。

园区公共景观塑造的难点，在于如何统筹多主体地块，形成整体城市界面和形象，延续城市连续的公共空间系统。园区内部的公共空间节点和序列也需要与城市公共空间节点有系统性的联系，同时需要兼顾单地块的空间塑造和医疗功能需求。

10.4　总体设计的系统导则体系

10.4.1　园区交通系统导则

《导则》整合地下、地面和空中3个层面上综合交通管控要素，构建立体园区。各入驻医疗机构根据《导则》要求，在交通流线方向、空中连廊与地下连通口方面更有针对性地衔接并开展设计。

1）地面交通组织

各地块间街坊道路为机非混行双向两车道，两侧各设置人行道，路面宽度11m，为园区提供丰富便利的车行通道及慢行通道，高效疏导行人与社会车辆、救护车及园区内部接驳车，进入街坊道路后可快速准确到达目标医院[2]。

各地块出入口组织的原则是：较大的地块（500床以上的医疗机构）设置3个出入口，包含门诊出入口、住院出入口、污物出入口；较小的地块（200~300床的医疗机构）设置2个出入口：门诊住院出入口合用，另设污物出入口（图10-9）。

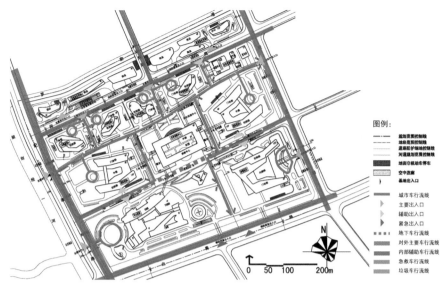

图 10-9 地面交通组织

2）地下交通组织

园区设下沉式规划道路和地下通道各一条，地下通道全长约 450m，净宽 9m，行车净空 2.6m。医技中心大楼与各医院相连，有效地将后勤物流、医疗废弃物等流线与入园行人及社会车辆分隔开来，在地下设置物流流线和停车流线。

市政道路（季乐路）沿东西向下穿至地下一层，地面段与下穿暗埋段均采用双向四车道，路面宽 20m。季乐路下穿段设置两个出入口，一个连接北侧医技中心地下通道，并与街坊道路地下通道相连；另一个连接南侧华山医院与泰和诚肿瘤医院，将这两家医院地下部分与园区街坊道路地下通道相连，最终形成便捷的地下交通网[2]（图 10-10）。

3）空中连廊

空中连廊为连接各医疗机构的 2 层通道，全长约 710m，净宽 4m，层高 5m，与园区各医院同步建设，将各医院与医技中心大楼相连，为患者、医护人员提供更为便利的无障碍人行通道，方便医技中心与园区各医院之间医技检查、药品流通等共享功能的实现，并加设顶盖实现人员的全天候通行（图 10-11）。

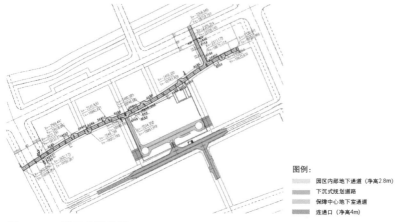

图例:
园区内部地下通道 (净高2.8m)
下沉式规划道路
保障中心地下室通道
连通口 (净高4m)

图 10-10 地下交通组织

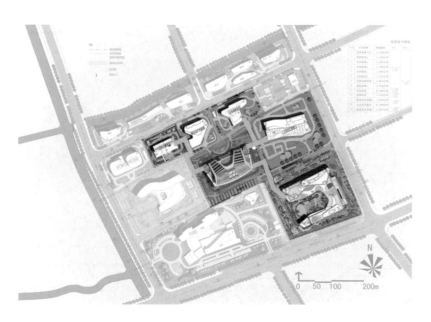

图 10-11 空中连廊设计和建设

10.4.2　园区共享设施导则

《导则》对设置三类共享设施提出要求：医疗设施平台共享，具体指医技中心；保障性设备设施共享，主要包含能源中心和污水处理系统；智能化和信息化管理平台共享，包含各地块的智能化系统和信息基础设施系统。

1）医技中心

医技中心是园区整体规划方案的概念核心，作为"平台"组织整个园区空间，同时也是落实《导则》设计策略的重要建筑单体之一（图 10-12、图 10-13）。

图 10-12　医技中心外部和内部实景（图片来源：上海新虹桥国际医学中心建设发展有限公司）

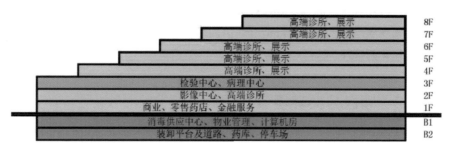

高端诊所、展示	8F
高端诊所、展示	7F
高端诊所、展示	6F
高端诊所、展示	5F
高端诊所、展示	4F
检验中心、病理中心	3F
影像中心、高端诊所	2F
商业、零售药店、金融服务	1F
消毒供应中心、物业管理、计算机房	B1
装卸平台及道路、药库、停车场	B2

图 10-13　医技中心功能分布

医技中心为园区内各医疗机构提供集约化和标准化的高质量服务，在学科错位策略的功能系统中起到补充专科医院医疗配套服务功能的作用，并为分期发展各时期的各家医院提供医疗配套服务设施，支撑其发展。地上二层至三层为共享医疗区域，四至八层为高端诊所、展示区域，落实资源共享的策略。地下二层是园区物流的枢纽层，包括药库、清洁和污物装卸货平台、物业管理和停车。地下一层设置大型超市和信息机房、消毒供应中心等（图10-13）。

空中连廊、街坊道路及地下通道三位一体的立体交通体系将园区内各医院与医技中心大楼紧密联系在一起，为园区的资源共享提供便利的交通保障。医技中心作为园区的"心脏"，拥有先进设备和集约化支持管理平台，为园区内各医疗机构提供集约化和标准化的高质量服务。

2）保障性设施

有针对性地建设天然气能源中心项目，来满足用户对热、电、冷负荷的部分需求，使得清洁能源和绿色建筑得到良好融合，不但有利于园区能源的综合利用，更能加快实现上海"国际性、低碳、环保"的建设进程。园区的能源中心采用冷、热、电三联供供能系统，为地块建筑提供空调冷水、空调热水、生活热水和应急备用电源。此外，污水处理系统也可实现共享，将各家医疗机构的污水通过统一的管网和处理系统进行处理，最终排向市政管网。

3）智能化和信息化管理平台

通过采用现代智能化集成管理技术，即互联网络技术、自动化控制技术及数字化技术，进行精密设计、优化组合，精心建设医疗中心信息化系统，提高中心高新技术的含量，满足园区行政办公、管理和服务的数字化技术应用要求。医疗院区智能化系统设计应采用先进、适用、优化组合的成套技术体系，实现建立一个安全、舒适、通信高速便捷，安全可靠的数字化、网络化、智能化的管理、医疗、服务环境。

10.4.3 园区公共环境设计导则

对于园区内部的公共空间环境，《导则》通过对景观和标识的系统化处理进行整体控制，保证园区内部的患者体验具备统一感和协调性，强调花园式景观，同时有利于患者能够快速寻路，提升就诊效率，兼具观赏性和功能性。

1）景观空间布局

与城市片区上位规划的景观和公共空间系统规划相对应，也根据园区内部各个地块的实际需求和场地特性打造个性化的园区公共景观系统。沿联友路、北青公路、纪潭路形成 3 条道路绿化景观带，沿罗家港形成滨水景观带。

2）景观专项设计

景观专项设计方面，医学园区的绿化建筑覆盖面积较多，致力于提供一个良好的就医与绿化景观环境。选择高固碳植物并以乔灌草合理配比，实现代表绿地生态效益的指标即平均绿地斑块面积不低于 200m^2。在非机动车道、地面停车场和其他硬质路面，利用植物进行遮阳。选择含有益挥发物的植物构建"保健园林"。在立体绿化方面，利用垂直空间绿化技术，软化硬质标志。

3）标识规划导则

园区通过分级标识设计来组织各地块的标识系统。《导则》明确"各地块二级以上标识应由'中心'统一进行规划设计"，兼顾了整体标识的统一性需求和各地块的个性化需求。

10.5　项目思考及展望

2021 年 12 月，园区正式投入运营使用，《导则》在各家医疗机构入驻及贯穿设计全过程中起到总体统筹设计的承上启下作用，大部分专项设计内容在各医疗机构的建设全过程中得以落实。未来医学园区的规划设计在《导则》编制的基础上，可以借鉴规划实施总控的理论进展，全面提升医学园区的规划与建设品质。

10.5.1　国际竞标与多主体共建的思考

2010 年，园区建设进行国际城市设计概念方案的竞标，美国 GS&P 建筑设计咨询（上海）有限公司以先进的医疗设计理念及超前的建筑形象获得第一名。设计以医疗技术中心为核心，倡导共享医疗的服务理念，塑造"城市公园"般的可持续发展医学中心。在控规地块划分和土地出让阶段，因异型有机的建筑造型和无法分割的建筑集群形态，在当时条件下很难应对未来多建设主体的未知需求。2012 年 5 月，由闵行区规划和土地管理局组织编制，上海现代建筑设计（集团）有限公司编制的《控制性详细规划 03 街坊地块

划分调整图则》，将各地块红线调整为相对规整明晰的矩形地块，为土地出
让阶段各医疗机构的开发建设提供了可行性。虽然原城市设计自然有机的超
前形态没有在实施阶段落实，但共赢共享、生态可持续的理念得以延续。因
此，园区建设的前期策划阶段的常见问题是参与的多主体建设方的数量、性
质尚未完全明确，早期城市设计概念方案的落地性，需要通过规划总控进行
全过程把控。

10.5.2　未来园区规划设计总控是发展方向

总体方案阶段与各家医疗机构进行地块方案设计同步，采用以新虹桥公
司为协调主体的、以上海建科集团为项目管理和技术支持、主要设计单位共
同参与的模式，定期举行各医疗机构协调会议，在设计及建设过程中及时发
现问题并协商解决问题。上海院作为参与了园区内包括医技中心在内的五所
医疗机构的设计方，起到整体技术统筹的积极作用。在这个过程中，各设计
机构共同协作完成了下穿市政道路与医技中心的连接，北侧地下联通道与医
技中心及各专科医疗机构的连接。园区、市政基础设施条件的接驳和美观造
型关联度不大，与各主体的需求也没有太大的冲突。然而，单体建筑的设计
是与各建设主体的审美喜好、功能需求息息相关的，建筑的园区各机构建筑
造型呈现百花齐放的状态，即使在上海院在规划设计阶段已编制了《上海新
虹桥国际医学中心建筑形态专项研究》，依然很难强制统一各家医疗机构多
元化的审美需求。这也进一步启示，规划设计阶段自上而下地控制，需要在
总体方案阶段通过精细化城市设计及法定规划审批完成优化，以实现在满足
园区整体性要求的前提下，更高效地匹配各建筑主体实际的运营需求。

10.5.3　结语

从国家医疗体制层面来看，中国的医疗体系与西方国家不同，复制国外
的形式是否适应中国特有的医疗体系的土壤值得思考。在对优质医疗资源需
求紧迫的现阶段，中国适合发展什么模式的医学园区值得探究。

在医疗产业功能构建层面，医疗建筑的功能复杂性使得医学园区规划
设计更需要以合理功能为核心进行系统的构建，尤其是医疗资源和设施的
共享优化、功能性交通组织的系统构建，以及与城市公共环境更友好地建
立关联。

在未来设计理念方面，后疫情时代，医学园区作为医疗集群，为城市提

供高质量的医疗服务保障，需要通过系统的协同规划来提升城市公共卫生事件的响应及恢复能力，为人民健康、城市公共卫生事业筑起坚实的屏障。医学园区的规划设计需要考虑其作为一个有机生命体的韧性发展，包括园区内部灵活可变的功能模块设计、城市规划层面系统资源的弹性配置等。上海新虹桥国际医学中心总体设计中的系统导则实践，可以视作医学园区迈向全过程规划设计总控的一个起步。

参考文献

［1］ 麦肯锡 2009 年 12 月上海新虹桥国际医学中心战略发展报告［Z］.
［2］ Gresham Smith. 医疗服务新模式——上海新虹桥国际医学中心［J］. 建筑实践，2020（4）：98–101.

11 | 面向城市综合性公园的 世博文化公园总控实践

在习近平总书记"人民城市"重要理念指导下，为实现高质量发展、高品质生活的目标，生态文明和公共开放已成为上海中心城区建设现代化国际大城市的关键词。随着日新月异的技术变革，城市公园的内涵和空间形态也发生着深刻的变化，整合大型基础设施、公园绿地和公共文化设施、建筑综合街区的土地集约式、一体化建设，有助于促进公共生态价值、文化创新价值与商业运营效能结合，为城市综合性公园带来更多元的可能。

本章以世博文化公园为例，通过全过程规划实施总控管理和技术方法，完成从理念定位到体系设计、工程实施的系列落地，克服了相较于常规公园建设主体多、工程系统复杂、建设风险高、智能化要求高、功能综合性强等技术难点，成功实现了蓝绿空间、基础设施、城市道路与街道、建筑与建筑场地在同一区域性公共空间中的系统复合，为社会和市民奉献了让生活更美好的城市作品。

11.1 城市综合性公园项目的总体特征

当今生态文明、高质量发展等理念下，现阶段的城市发展特征有了显著的变化，城市空间格局进入绿色时代。以城市本底和生态空间控制线为基础，高质量构建绿色生活体系，在城市核心区采用集约紧凑的功能复合发展模式，随着技术变革而动态调整空间开发和运营边界，将更好地适应未来城市社会活动的变化。

城市综合性公园是以城市为依托、以人为本地考虑人居生活需求与价值的重要场所，也是城市生态发展的组成及实践部分。公园所体现的综合特性与文化，也是未来城市高品质建设极为重要的名片。新冠肺炎疫情之后的城市，更关注以高质量绿色生活为导向构建的场所，大型综合性公园作为关键功能节点，在城市发展中的"触媒"作用得到关注。"城市公园不仅仅具有城市生态、景观的物质功能，也承担着愈发重要的服务市民身心放松、回归自然和促进社会交往的社会功能。"

在区域整体开发中，整合城市基础设施和公共服务设施的土地集约式、一体化建设，需要综合运用规划、城市设计、建筑设计等工具，整合社会、环境、空间品质等全要素，发挥大型综合性公园为新产业、新经济提供应用场景，为新人群提供社会发展空间的作用。

在城市公园与公共设施集约布局的"命题设计"条件下，需要识别新的空间议题。

（1）以城市功能为切入点

功能多元适应了现代化社会高效率、快节奏的生活方式，是大城市走向高度集中的一种新模式。新的城市功能需要城市公园和其他公共活动的交融和相互作用，公园可以成为集交通功能和公共文化、商业服务性内容于一体的综合性多功能生态街区。

（2）以公共空间联合运营为手段

当前的公园和公共建筑建设，缺少对城市核心功能即公共服务品质的关注，公园空间也应视作城市公共产品，以系统的市场化运营为带动，对公共空间和公共系统进行统一规划设计和建设。

世博文化公园项目作为此类城市综合性公园[1]的代表，依托总控工作总体统筹公园、场馆、交通、防汛等多项功能要素，最终实现多功能复合型的文化高地的定位。规划实施总控充分认识不同运营属性下，作为城市公共空间在功能使用上的体验共性，实现功能优先、体验为上、综合运营，新的空间结构技术又为集约混合开发和高品质空间营造创造了条件，这样一个融合滨水公共空间绿地、市政基础设施、轨道交通换乘和文化商业开发的公园，亟待复合型、智慧型的总控设计构思。

11.2　世博文化公园项目概况

11.2.1　项目区位和开发模式

世博文化公园是上海中心城区最大的综合性公园，也是上海各界人士共同关注的重点民生项目，由上海地产世园公司进行整体把控，即由一个业主产权自持的区域整体开发 4.0 模式（详见 1.3.4）。项目位于浦东新区后世博板块的世博 C 片区。西北部毗邻黄浦江，东接长清北路—卢浦大桥，南抵通耀路，总用地面积约 187.7hm^2，其中公共绿地 154.21hm^2（含已建成的后滩公园 23hm^2）（图 11-1、图 11-2）。

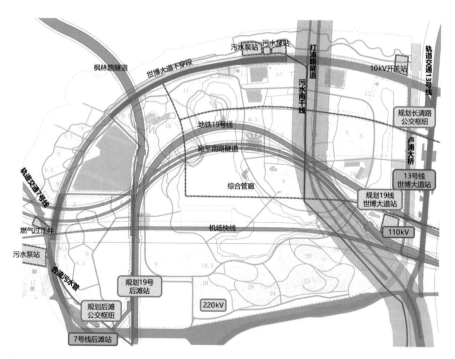

图 11-1　项目现状条件图示

图 11-2 总平面图示例

　　随着项目推进，设计子项及建筑单体逐渐增加，条线逐渐复杂，项目逐渐由单纯公园绿地及其配套建筑项目，向多功能复合型的综合性公园转化。规划实施总控需要攻坚的技术课题，包括外部相邻区域如轨道交通 19 号线、变电站、污水干线、宛平路隧道、枫林路隧道等的时空影响，也有内部功能空间要求带来的技术复杂子项如双子山工程、保留场馆改建等。

　　以世博文化公园项目为代表的综合性城市公园，众多技术课题无法以常规开发模式及设计方式解决，需要更大尺度、更全面的全域全过程统筹协调平台进行整体调度与控制。总控团队于 2019 年 8 月起正式开展的规划实施总控，在设计、施工、投资三大方面进行多维度把控，是与区域整体开发相协调的设计模式。

11.2.2　总体设计亮点

　　世博文化公园总体设计目标为打造世界一流城市中心公园，塑造上海绿色新地标，倡导"生态自然永续、文化融合创新、市民欢聚共享"三大主题。项目基于生态自然永续，突出绿色技术应用的示范引领。基于文化融合创新，融汇世博记忆与创新技术，强调海纳百川、多元文化的包容汇聚，即创新引领的文化属性。基于市民欢聚共享，营造市中心最大的全开放城市公园，为市民提供公共生活的绿色舞台，并为都市慢生活提供舒适惬意的环境。

作为生态为本、功能复合、文化创新、交通立体的城市中心综合公园，在总体设计目标的引领下，梳理总结出世博文化公园设计十大主要项目亮点。项目亮点是项目规划总控阶段总控工作的主要引导和抓手，也是后期工程总控评估的主要回顾要点。

1）亮点一：城中有景、景中有城的整体架构

①"造山"——最高50m的人造山体，与连绵起伏的余脉地形，环绕整个公园，阻隔了水泥森林的喧嚣，形成面向浦江的态势。

②"引水"——U形水体成为缝合各个功能区的核心，利用后滩已有水利设施，实现自然流动。

③"成林"——特色鲜明的七彩森林水体，覆盖整个公园，高达80%以上的绿地率，成为城市中心的新绿肺。

④"聚人"——世博保留场馆、温室、江南园林、大歌剧院、马术谷等引人瞩目的现代建筑，将丰富多彩的城市生活融入自然（图11-3）。

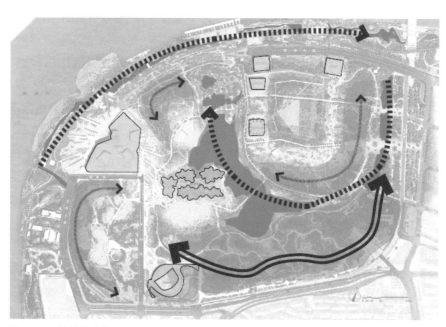

图11-3 总体山水格局图示

2）亮点二：特色鲜明、互融互通的功能布局

世博环区位于公园东北角，以世博会保留场馆为核心，包含世博花园、舞动广场、静谧林三大功能片区。片区传承世博文化记忆，打造文化高地，提供文化交流场所与创新平台。人文艺术区位于公园西侧，包含江南园林、音乐之林、大剧院、世界花艺园、马术谷几大功能片区。片区以人为本，共享开放，打造市民易于前往、乐于驻留的高品质城市生活圈。自然生态区位于公园南侧，包含温室花园、双子山两大功能片区，以生态为先，蓝绿网络渗透，完善生态格局；重塑自然生境，促进生物多样性，打造城市生态修复典范（图11-4）。

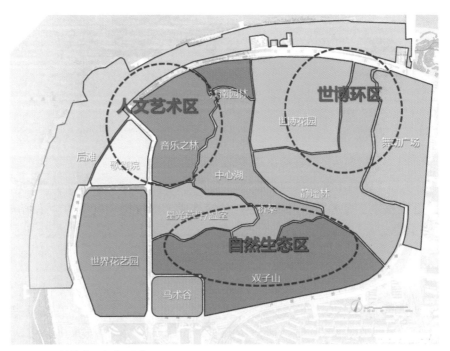

图11-4　总体分区组织示意

3）亮点三：绿色出行、立体多维的交通系统

区域内包含现有及规划建设的地铁线三条、机场快线、隧道两条、公交枢纽两个，交通便捷，公共交通可达性较好。整个公园集合轨道交通、公交、小汽车、自行车、电瓶车等多元交通方式，倡导绿色出行，构建多元立体的城市交通体系（图11-5）。

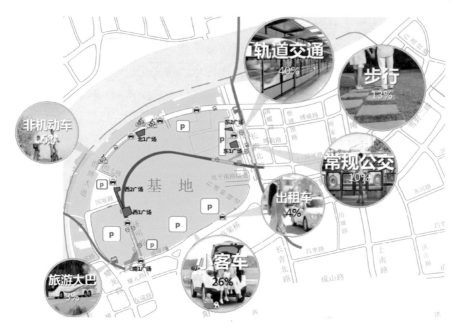

图 11-5　多维交通系统图示

4）亮点四：七彩森林、春光秋色的景观设计

千棵保留乔木和万棵新种乔木，形成探索自然、亲近自然、修复生态的七彩森林。和水系、山体一起，共同构成未来可持续发展的生态系统（图 11-6）。

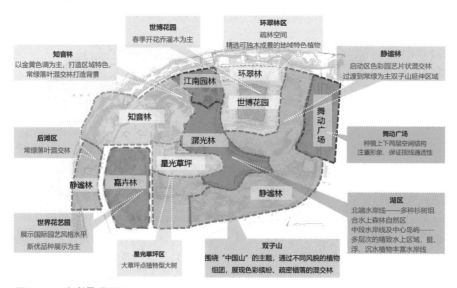

图 11-6　多彩景观图示

5）亮点五：延续现有、融合消融的建筑设计

园区保留四个世博场馆，延续世博文化记忆。改造修缮现有配套服务及设备设施用房，尽可能将配套服务设施消隐在生态绿色的景观中。新建建筑强调与自然环境的融合互通，打造融于城市公园的游憩乐活场所（图 11–7）。

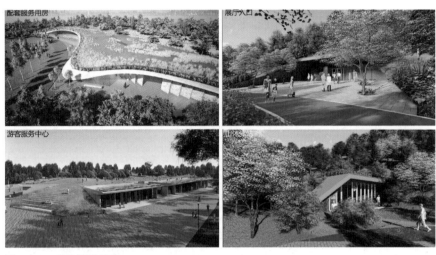

图 11–7　建筑消隐示意

6）亮点六：互联互通、站城一体的地下空间

依托地铁站点，在园区东、西两个主入口处打造站城一体化的地下空间，将地铁人流直接引入园区内部，实现公园与地铁到发人流的无缝衔接。济明路沿线地下空间一体化设计，串联核心景点及地铁 19 号线，增强核心景点可达性，使观演、活动、游玩不受室外气候环境影响。地下空间景观化处理，结合下沉广场、采光天井、Urban Core，打造舒适怡人的地下空间环境（图 11–8）。

7）亮点七：以人为本、回归自然的灯光设计

园区灯光统一设计，以"人与自然共生共存"的关系为中心，在亮丽的夜上海给游人全新的发现自然、感受夜景的游园体验。园区灯光以"山水城相依、生态夜公园"为设计理念，通过道路、建筑、山体、绿化、水体、桥梁等载体，形成"一环、二带、三馆、四星"的夜景空间布局。根据时间和情景，设置"常态、活动、深夜"三种模式，营造自然和谐、活泼雅趣的公园夜景（图 11–9）。

大歌剧院

停车库

下沉庭院（交通性）

下沉庭院（景观性）

温室

下沉庭院（交通性）

下沉庭院（交通性）

地铁换乘 / 设备层

马术谷

地铁换乘 / 设备层

图 11-8 立体交通示意

图 11-9 灯光效果示意

8）亮点八：资源整合、便捷舒适的智慧公园

通过信息技术和各类资源的整合，建设智慧公园指挥中心，通过智慧公园大脑和十余个应用场景，为游客提供安全、舒适、便捷的游园体验。同时，

借助人流分析、自动识别、环境监控等系统和大数据应用，掌握运营现状，加强管理监控，进行分析预判，提升公园维护管理效率和安全服务保障，树立智慧公园建设标杆（图 11-10）。

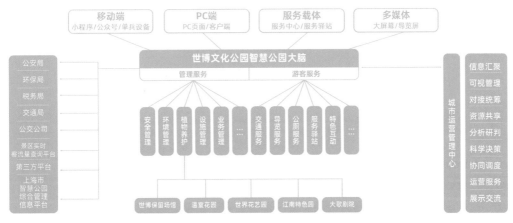

图 11-10 智慧系统示意

9）亮点九：蓝绿交织、全域系统的海绵城市

全园径流量控制 85%，综合采用自然途径和人工措施，全面实践海绵城市，构建生态可持续发展的绿色公共空间系统（图 11-11）。

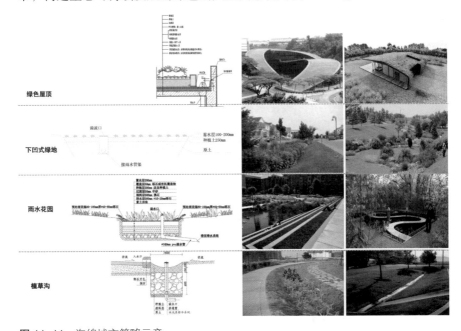

图 11-11 海绵城市策略示意

10）亮点十：统一管理、区域联动的运营方式

公园由多个建设主体参与实施，为了给游客提供优质的游园环境，项目在规划设计之初，就明确要统一规划设计、统一运营管理。地上空间开放共享，每个建筑都是公园的有机组成部分，坚持不设人为分隔。地下空间充分利用，按照一体化管理，做到停车设施共享、连通便捷通畅。公园建立了集中管理指挥中心，对公园运营进行整体监控、维护和管理。

11.3 总控技术路线

世博文化公园项目作为一个超大体量的区域性、综合性立体开发公园，包含景观绿化、水体、保留场馆改建、工业遗产再利用、48m 高空腔结构山体、花艺园超大基坑、市政道路和管廊、大规模异形温室幕墙等诸多专业技术集成。项目处于黄浦江两岸的综合开发的重要节点，遵循"百年大计，世纪精品"的原则设计，需要较高的设计标准。同时，项目分为 9 个建设主体、12 个标段、6 个总包、83 家分包，设计协调难度大（图 11-12、图 11-13）。

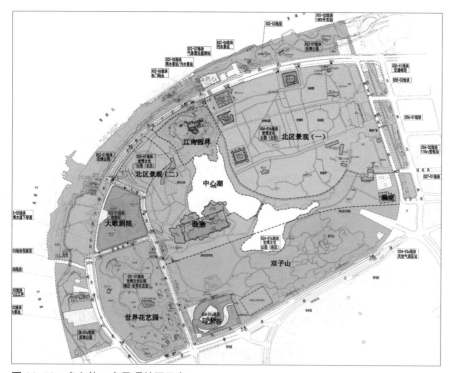

图 11-12 多主体、多子项总图示意

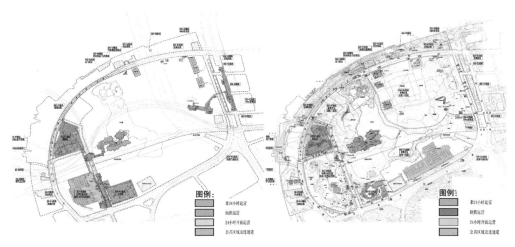

图 11-13　地上地下运营界面图示

11.3.1　联合总控团队组织架构

为应对复杂的设计技术和组织管理要求，项目于工作开始初期便明确了整体总控工作团队及组织构架，为后续工作的有序开展奠定了重要基础。世博文化公园规划实施总控管理构架见图 11-14。

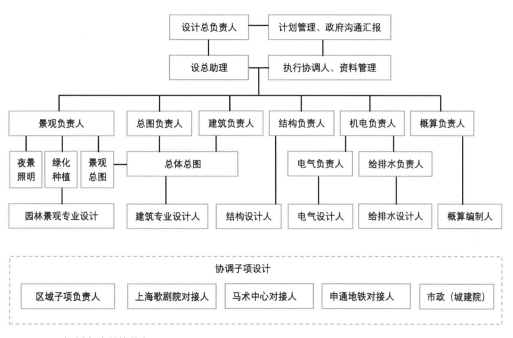

图 11-14　规划实施总控构架

　　为更好地保障世博文化公园的持续推进，总控团队与业主方进一步形成了联合总控团队。联合总控团队由世园公司和华建集团相关人员共同组成，按照"内外分工、条线对接、条块结合"的原则分工合作，包括联合总控设计总负责人和景观、建筑、结构、机电、总图等专业条线负责人，以及统筹协调、计划管理条线负责人。联合总控团队中业主人员主要负责与政府相关审批部门、公园其他建设主体单位、公司内各条块间协同事项沟通、联系和协调，解决外部界面、建设程序、报批报审手续、招投标、设计变更程序等事宜。

11.3.2　总控解决策略

1）策略一：重点关注产权、设计、建设、管理四大界面统筹

　　本项目主要子项包括双子山、花艺园、申园、温室花园、游客服务中心、世博花园、音乐之林、入口广场等，涉及多方设计单位。多维度复杂的界面是项目一大特征，也是总控工作的重难点。项目众多建设主体、项目和标段之间，上下重叠，左右搭接，总控团队在厘清各层级维度的界面的同时，重点关注交界处协调及各元素之间的统筹，避免出现各子项之间界面割裂、各自为政，从而保障整体规划目标的实现（图11-15）。

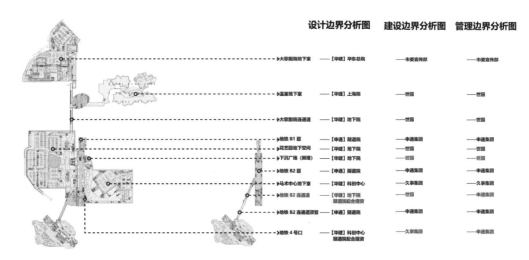

图 11-15　世博文化公园地下空间界面分析

2）策略二：设计、建设、运营交错进行下的时序把控

大范围的综合开发不仅空间上存在多元交错，在时间上同样存在先后序列需要总控决策。不同建设主体不同专项之间建设时序多线并行，设计、建设、运营三者在多条线同步推进的情况下，对总控团队的时序把控能力提出更高的要求。

总控团队一方面通过搭建专业化团队、设置计划管理及统筹专项人员，对内协调各个专业团队，形成整体方案，对外与周边功能空间进行设计对接。另一方面通过不断更新的工作清单及设计事项表，实现对项目时序的有效梳理和把控。

3）策略三：济民路沿线地上地下一体化设计

地下空间一体化开发是提高土地利用效率及改善区域静态交通的一大重点。项目区域范围大、地下市政设施及轨道交通错综复杂，如何因地制宜探索适合地下空间开发模式成为总控工作的一大难点。经过梳理，济民路沿线上下一体化设计成为总控团队串联项目主要地下空间的突破口与关键点。

总控团队统筹协调多方，以总体设计方案和规划设计导则的形式，稳定方案策略，通过地下连通道及下沉庭院串联起了花艺园、马术谷、大歌剧院、温室花园等核心景点及轨道交通7号线、19号线，增强核心景点可达性，使观演、活动、游玩不受室外气候环境影响。花艺园地下空间、马术谷公园与轨道交通19号线之间，全面融合，打破了地下红线的约束，实现了共通共享的目标（图11-16）。

图11-16　下沉庭院效果图

11.4 规划实施总控的核心工作

世博文化公园的规划实施总控工作重点分为 4 个重要工作阶段，即总体规划方案编制、总体设计导则编制、统一技术措施编制及后续实施协调工作。

11.4.1 总体规划方案

与方案征集工作相匹配，世博文化公园项目总控团队于城市设计及方案整合阶段前期主要工作为总体规划设计方案的编制（图 11-17、图 11-18）。

总体规划设计在对多方设计方案进行拼合的同时，梳理了各个专项与条线，设置总体设计说明、总体方案设计、总体景观设计、总体交通设计、总体机电设计、两大界面设计及专项设计七大篇章。

总体设计目标与总体设计策略的提出，使得世博文化公园项目有了总体把控方向。策略的目标最终需要在空间中落实，总体层面上梳理整合本项目的"三图"（即建筑总图、景观总图与机电总图），便是后续一系列分析及控制工作的基础。总控团队需要拼合各方的设计图纸，梳理各单项界面及交接关系，统筹主要系统及控制项。"三图"的编制为总体规划设计总控工作建立了工作平台，是至关重要的一环。其既是总控梳理工作的一个成果展现，又是总控研究控制工作的基础材料。"三图"的基本稳定也是总体设计方案基本稳定的一大标志。

图 11-17 世博文化公园总体鸟瞰效果图

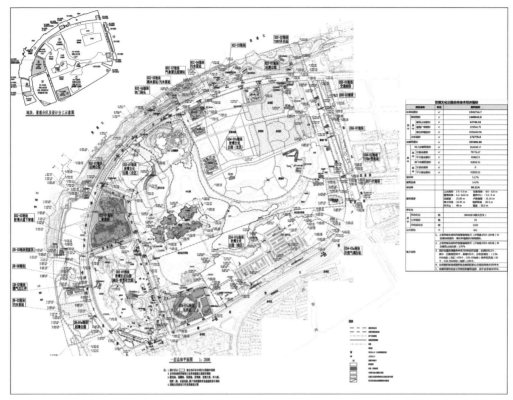

图 11-18 园区总平面图

同步"三图"编制工作的进行，总体规划设计阶段的另一工作为全域基本技术经济指标的综合梳理及全局平衡。总控团队于总体设计方案中，复核并统筹整个园区的陆域面积、水域面积、建筑面积、建筑高度、停车位、公共厕位等主要指标，同时对各个分区的相关指标进行核算协调，明确总体及分区指标控制要点。

总体规划设计的编制是规划总控工作在项目实质推进阶段的第一个主要环节，其成果作为各相关部门研究及审批的一大要点，为后续的导则编制奠定了重要基础，并明确了大量前置条件及边界条件。

11.4.2 总体设计导则

基于经审批的总体设计方案，总控在规划设计阶段后的进一步工作为编制总体设计导则。总体设计导则是对总体设计方案的进一步细化，其在分项分专业控制的内容广度及深度上均作了进一步提升，是方案及施工图设计工作前明确设计标准及设计要点的重要一环。

总体设计导则主要内容包括项目概况、总体设计导则、景观设计导则、建筑设计导则（图11-19）、交通设计导则（图11-20）、消防设计导则（图11-21）、结构设计导则、机电设计导则、智慧公园设计导则、夜景照明设计导则、海绵城市设计导则、公园水系设计导则、标识系统设计导则、运营管理设计导则、植物景观设计导则。

总体设计导则重点关注"三图"梳理，指标统筹控制及总体功能、绿化、竖向、界面的把控；建筑设计导则重点关注新建及改造修缮建筑及地下空间设计要点；交通设计导则重点关注需求测算、出入口设置、货运流线、无障碍流线及静态交通分析；消防设计导则重点关注消防道路分级、园区总体消防给水与消火栓设置等。

总体设计方案与总体设计导则的编制，是规划设计总体与单项设计规划方案报审阶段相协同的两个重点环节。此两项工作需要在各分项方案规划报审前编制完成。总控团队各专业相关人员对各专项设计方案与专项导则进行内部反复推敲评审并进行多方案比较后，形成完善的设计成果并报送主管部

图 11-19 建筑设计导则示例

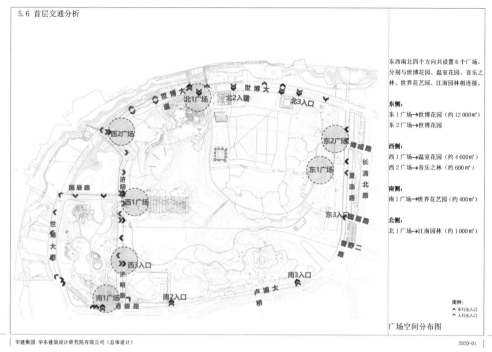

图 11-20　交通设计导则示例

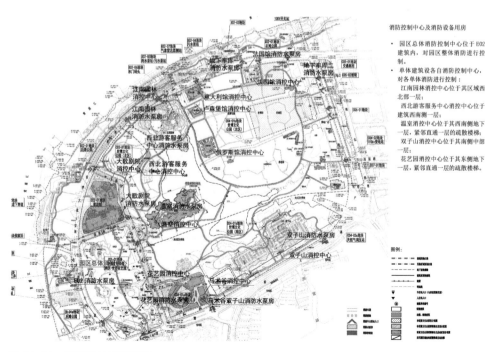

图 11-21　消防设计导则示例

门咨询确认。主管部门咨询的协调与确认工作将作为总体设计方案与总体设计导则法定作用的依据，并为后续工作的开展奠定前置条件基础。

基于协调确认的总体设计文件，总控团队对各分项推进的时间计划、设计边界、技术指标等方面均具有统筹指导作用。同时，各单项正式规划报审前，总控团队各专业人员需基于总体设计导则代主管部门进行方案预审，统筹协调并明确提出审核意见。

11.4.3 统一技术措施

在各分项、分部开展施工图设计前，规划设计总控团队编制统一技术措施以指导各单项施工图设计。统一技术措施是对经过认可的控制导则的相关内容进行的进一步匹配施工图深度的研究细则。其由点及面，以重点典型节点的深化设计把控面域的品质。

世博文化公园统一技术措施主要涵盖园路铺装专项（图 11-22）、景观设施专项（图 11-23）、容器苗与特型树专项、水系驳岸专项、土壤改良专项、防水防渗专项、结构设计专项（图 11-24）、园区照明专项等内容。

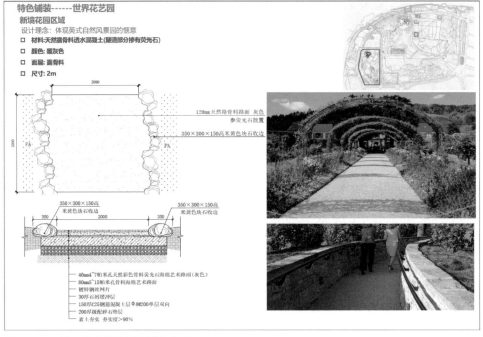

图 11-22 统一技术措施园路铺装专项

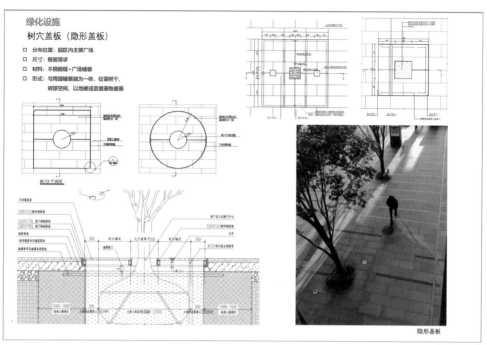

图 11-23 统一技术措施景观设施专项示例

d) 地下室顶板：采用现浇梁板式结构，楼板厚度室内取180mm、室外250mm，主次梁截面在满足建筑净高要求的前提下，研究确定配筋量和混凝土方量间的平衡点；

e) 超长地下室顶板考虑设置预应力钢筋，钢筋计算和普通钢筋合并；

f) 防止开裂措施：图纸应明确地下防止开裂的措施和构造；

g) 地下封闭墙及排风沟设计应充分考虑受力和边界条件，厚度不小于250mm。

4）结构体系

① 钢结构框架＋大跨屋盖：温室花园为通透大跨结构，结构选型、构件截面满足建筑效果、建筑尺度等要求，充分利用外形对抗侧力的有力条件。

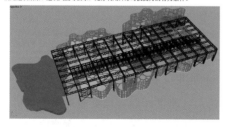

② 屋盖体系：在满足建筑外形要求、净高要求等前提下，进行结构方案比较，重点比较结构选型、结构合理性、屋盖与框架的连接节点形式、经济性等。

③ 单体结构设计应就结构体系、屋盖体系报总控结构专业进行专项论证，论证

材料满足初步设计深度要求，按照总控结构确认的体系进行初步设计和施工图设计。

③ 单体结构设计应就结构超限内容进行预判，需要进行高层建筑结构抗震设防专项审查或多层建筑结构专项论证，应提早进行技术准备。

5）特殊控制指标

① 温室不上人屋面恒载＋活载挠度：　　　　1/250

② 温室不上人屋面活载挠度：　　　　　　　1/500

③ 温室风荷载组合水平位移：　　　　　　　1/500

④ 钢结构楼面主梁、桁架挠度：　　　　　　1/400

⑤ 温室屋面预起拱：　　　　　　　　　　　L/300

⑥ 悬挂步道/走廊竖向振动控制：　　　　　　3Hz

⑦ 钢柱长细比：　　　　　　　　　　　　　1/120

⑧ 关键构件应力比限值：　　　　　　　　　0.75

⑨ 一般构件应力比限值：　　　　　　　　　0.80

6）其它专项设计

① 风洞试验

温室建筑群平面布置不规则，风场复杂，且屋盖为轻型结构，风荷载较敏感，应进行风洞试验以确定风载体型系数和风振系数。

② 模型试验

图纸中应进行特别注明：热带雨林、多肉植物馆结构体系复杂，施工总包在施工前应选择一个温室进行缩尺整体模型进行加载试验。

图 11-24 统一技术措施结构设计专项示例

例如，园路铺装方面主要关注点为铺装选材、系统框架、铺装形式、特色区域设计、典型构造做法等；景观设计方面主要关注点为休憩设施、排水设施、交通设施、卫生设施、围挡设施绿化设施等；结构设计方面主要关注点为设计标准标定、荷载设置及结构计算原则、各子项结构设计要点等。

统一技术措施的主要控制要点在于为统一协调园区整体形象与最佳风貌，对全园典型及特殊选材用料及构造做法进行指导标定。通过技术措施实现园区用料选材的统一协调及施工工艺的有据可依，并在此基础上保障整体园区的总体方案有效落地及可靠的设计施工完成度，从而体现规划设计总控的优越性。

统一技术措施编制完成并在其指导下单项施工图完成，整体项目进入施工推进及后期配合阶段。

11.4.4 后续实施协调

随着项目进入集中施工阶段，设计总控管理的职能从方案设计转向配合现场管理。此阶段总控团队的具体工作内容可归纳为控计划、定界面、审方案、巡现场四个主要方面。

1）控计划：梳理"三表"，动态管理

"三表"即项目重要节点清单表、优化设计清单表、深化设计清单表。

配合施工现场管理及项目推进，世博文化公园总控团队持续梳理并滚动更新"三表"，以提前规划、过程跟踪、偏差预警的工作路径对关键路线和关键节点进行有效把控。针对纷繁复杂的建设和施工主体及穿插交错的现场事宜，世博文化公园总控团队基于项目实践总结出的"三表"模式，能够有效应对并厘清多条线工作，实现主次分明，条理清晰。

世博文化公园总控团队管理负责人根据业主计划管理提出的工作要求和总体进度计划，负责细化设计进度计划、督促设计团队执行，并根据实际发生的变化情况督促各区块设计负责人对进度计划进行及时修订、动态管理，将修订完善的计划及时提供业主计划管理负责人。业主计划管理负责人根据新的进度计划，督促各专业条线负责人落实进度计划，并做好业主层面的协调工作。施工期间，计划管理人员应根据施工推进需要，督促做好设计变更的审核和出图工作，提高工作效率。

2）定界面：整合"三图"，统筹施工

在世博文化公园施工阶段，总控团队同业主及施工单位统筹施工组织设计并开展施工界面规划。总控团队基于"三图"，统筹考虑场地布置、交通组织、临时设施、施工水电等，提高公共空间和资源的使用效率和安全性，减少相邻项目的相互影响。

3）审方案：复核图纸，校审变更

设计方案审核、扩初设计审核、施工图设计审核三项工作与规划设计阶段结合主体方案、导则及统一技术措施的编制进行，工程实施阶段总控团队的主要审核工作为图纸现场复核及施工图变更审核，审核标准以总体设计方案和总体设计导则为依据。根据变更具体内容，世博文化公园总控团队各专业条线提出技术审查意见，由业主对应条线负责人发起具体变更流程。

4）巡现场：现场巡查，多方督导

世博文化公园总控团队根据各专业实际，在关键环节、重点时点开展施工现场巡查，了解项目施工进度，检查施工与设计图纸的吻合性，对现场施工不符合设计图纸的内容、不符合设计导则和技术措施要求或效果未达预期的，及时提出整改意见；查找设计与施工衔接上的问题，对现场需要设计跟进的深化设计内容督促设计团队按时完成；根据设计关键节点和难点，及时现场指导、预警。各条线形成巡查报告并提交联合总控团队。

与此同时，在建设工程初步效果呈现至开园前，由总控业主牵头，联合总控和运营按总体、专业、系统等开展针对性的巡场，按照"控效果、控质量、控系统"要求，及时发现问题，督促解决问题，确保景观效果呈现、管线畅通、控制系统稳定、标识引导清晰、人车动线合理，尽量满足招商活动需求和管理配套要求。

11.5 结语

不同于以往常规公园绿地及其配套建筑项目，世博文化公园项目是上海完善生态系统、提升空间品质、延续世博精神、建设卓越全球城市的重大工程，是多功能复合型的综合性公园、历史文脉传承与公共文化创新的城市名片，是时代给建筑师和建设者提出的一个挑战性的命题。2021 年 1 月，上海市委领导调研世博文化公园时指出，要深入践行"人民城市人民建，人民城市为人民"的重要理念，把宜居安居摆在首位，把最好的资源留给人民，为人民打造更多适合休憩的公共空间，持续提升城市能级和核心竞争力。

　　不同于其他项目初始即介入的总控项目，世博文化公园总控团队介入工作已经是项目启动将近两年时间，设计工作已有一定的基础，属于急补总控工作的典型案例。项目复杂度和品质要求高，社会关注度也更高，需要总控团队付出更多的努力与艰辛，团队短时间内迅速进入角色，在进度、质量、投资等各方面加以控制和推进。总控团队面对琐碎的设计成果，回溯项目总体设计理念，不忘初心、提纲挈领地给出总体设计目标，明确核心任务和策略，将各个设计团队重新整合到统一的工作路径中。通过科学的组织架构与高效的工作机制，实现了提升目标、优化细节、解决矛盾，有效推进了世博文化公园又好又快完成的目标（图 11-25 ~ 图 11-27），为社会和人民奉献了美好的城市作品。

图 11-25　世博文化公园秋景（世博花园）

图 11-26　世博文化公园春景（申园）

图 11-27　世博文化公园夜景

参考文献

[1]　上海建筑设计研究院有限公司. 区域整体开发的设计总控 [M]. 上海：上海科学技术出版社，2020.

编后记

　　区域整体开发顺应了当代城市空间治理的新要求，是城市政府实现发展意图，与市场主体共同实施空间资源配置的过程，在对城市社会功能、公共活动、城市形象起重要作用的重点区域开展。2005 年起在世博会和黄浦江滨江开发等城市重大事件背景下，上海陆续对世博地区、虹桥交通枢纽地区、徐汇滨江地区等多个重点地区提出高起点规划、高水平设计、高质量建设的要求，合理的土地出让机制和运营管理模式是实现上述城市区域超前理念和功能整体性、提升形象品质的重要保证。

　　上海院在参与世博 B 片区央企总部基地、徐汇滨江西岸传媒港、上海世博 C 片区世博文化公园等项目建设的多年实践中，形成了可复制可推广的"区域整体开发模式""设计总控"经验，一定程度上为城市发展过程中遇到的城市节约集约程度不高以及环境污染、交通拥堵等"城市病"问题提供了有效的解决方案，顺应城市公共建设与市场开发高度结合的趋势，促进城市核心区域的高质量开发建设。

　　站在 2023 年的时间节点上回顾，上海院致力于打造标杆项目和专业团队，以规划总控、设计总控、工程总控三个阶段的衔接，打通区域整体综合开发的规划、建设、运营全周期。在此衷心感谢上海市规划和自然资源局、市交通委员会、市绿化和市容管理局、市住房和城乡建设管理委员会、市房屋管理局、浦东新区、徐汇区、静安区、虹口区、金山区、嘉定区、上海地产集团等诸多老领导、老专家的辛勤付出和支持，还要衷心感谢对上海院发展始终关注的诸多专家。同时，感谢项目的诸多合作方，包括日建设计、SOM 事务所、大卫·奇普菲尔德事务所、华东建筑设计研究院、中国城市规划设计研究院上海分院、上海规划设计研究院、上海市政设计研究院、上海广境规划设计有限公司、上海地下空间与工程设计研究院、上海市水利工程设计研究院等，正是他们专业细致的工作，充实了本书的技术内涵，为本书内容的成形打下坚实的基础。

区域整体的视角提升了我们对全过程开发建设的认知，诸多项目参与者的宝贵思考与实践分享，也打开了二十年来总控实践的不同角度——随着对于中国城市发展和规划技术趋势的理解逐渐由浅入深，最终凝练成手上的这一本书，谨在此表达我们的感谢之情。

本书编著者

2023 年 5 月

附表　主要案例项目

标题	项目名称	项目时间	规划设计总控单位
面向韧性集约的滨水开发全过程总控技术	上海金山滨海国际文化旅游度假区规划总控	2022—进展中	上海建筑设计研究院有限公司
面向开发赋能的"数字江海"园区实践	宝山"上海长滩"（原名上港十四区—上港滨江城总体开发建设项目）项目设计	2010—进展中	上海建筑设计研究院有限公司
	"数字江海"数字化国际产业城区规划实施设计总控	2021—进展中	上海建筑设计研究院有限公司
面向站城融合的枢纽地区总控模式运用	安亭枢纽综合功能区城市设计	2021—进展中	上海建筑设计研究院有限公司
	苏州北站站城融合 TOD 综合开发	2021—进展中	
	重庆沙坪坝区火车西站周边地块城市设计	2017—2020 年	
面向区域统筹的历史风貌区规划实施	上海张园地区保护性综合开发总体设计2020—2022 年黄浦区与虹口区政合作的城市更新项目	2017—进展中	张园总体设计单位：上海建筑设计研究有限公司、上海地下空间与工程设计研究院历史风貌区系列项目总控单位：上海建筑设计研究院有限公司
面向整体转型的区域规划总控模式	上海北虹桥幸福村片区规划设计和相关专题研究	2019—进展中	上海广境规划设计有限公司上海建筑设计研究院有限公司
面向多主体共建的医学园区总体设计导则	上海新虹桥国际医学园区总体导则	2010 年	上海建筑设计研究院有限公司（总体设计和导则编制单位）
面向城市综合性公园的世博文化公园总控实践	世博文化公园设计总控	2018—进展中	上海建筑设计研究院有限公司上海现代建筑装饰环境设计研究院有限公司华东建筑设计研究总院有限公司上海地下空间设计研究总院有限公司上海市水利工程设计研究院有限公司